I

S. 989
D. 4.

I S 969

Rés. fr. S.
793.

RECHERCHES

SUR

LES VÉGÉTAUX

NOURRISSANS,

Qui, dans les temps de disette, peuvent remplacer les alimens ordinaires.

Avec de nouvelles Observations sur la culture des Pommes de terre.

Par M. PARMENTIER, Censeur royal, Pensionnaire de l'Hôtel royal des Invalides, Apothicaire-major des Camps & Armées du Roi, Membre du Collége de Pharmacie de Paris, des Académies des Sciences de Rouen, de Lyon, de Besançon & de Dijon, Honoraire de la Société économique de Berne, &c.

L'abondance est trompeuse; elle endort & s'enfuit;
La disette effrayante & la faim qui la suit,
Nous arrachent trop tard à notre léthargie;
Surpris, découragé, l'homme est sans énergie;
S'il a su les prévoir, il peut les détourner.

A PARIS,
DE L'IMPRIMERIE ROYALE.

M. DCCLXXXI.

RECHERCHES
SUR
LES VÉGÉTAUX
NOURRISSANS,

Qui dans les temps … disette, peuvent
remplacer les alimens ordinaires.

Avec de nouvelles Observations sur la …
des Pommes-de-terre.

Par M. Parmentier, …
membre de l'Académie de … des Sciences …
des Chirurgiens …
de l'Électeur de Palatin … de …
de Besora, de Lyon, de Dijon, … de …
aire de la Société économique de Berne, &c.

… Il trompe … peine à faire,
Je … échappe à la … de la
Nos … veut … le …
Sur … que … la …
Si … est …

 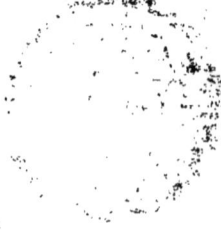

À PARIS,
DE L'IMPRIMERIE … 1781.

AVERTISSEMENT.

EN préfentant cet Ouvrage, j'acquitte deux promeffes ; la première de donner au *Mémoire fur les Végétaux nourriffans*, qui remporta le Prix de l'Académie des Sciences de Befançon en 1772, plus de développement & de publicité qu'il n'en a eu lorfqu'il parut dans le *Journal d'Agriculture* de la même année ; la feconde, de répondre aux Objections qu'on m'a adreffées relativement à la culture & à l'ufage des Pommes de terre apprêtées fous différentes formes. Je defire avoir rempli ce double engagement au gré des hommes éclairés qui, habitant les cantons les plus expofés à manquer de grains, font intéreffés particulièrement à connoître les moyens affurés d'y fuppléer.

Je conviens que la matière qui fait la bafe de ce Recueil, ayant un rapport direct avec la fubfiftance fondamentale du Peuple, j'aurois dû en élaguer beaucoup de détails, peut-être au-deffus de fon intelligence, & ne lui offrir que le précepte clair & dépouillé de tout raifonnement; mais le goût de cet ordre eftimable de Citoyens, n'eft pas de s'inftruire par la voie de la lecture; il n'a fouvent pas le loifir de lire l'extrait le plus abrégé: s'il le lit, ou il ne l'entend point, ou bien il fe prévient contre ce qu'on y propofe, en forte que l'exemple eft le feul moyen qui femble avoir le droit de le perfuader, encore n'eft-ce pas l'affaire d'un moment. J'ai donc eu l'intention, en accumulant ici les expériences & les réflexions, d'éclaircir tous les doutes, & de feconder les efforts des perfonnes bienfaifantes, à qui il convient par leurs places & par leurs lumières d'avoir une opinion & de donner l'impulsion à l'activité générale.

Les Végétaux farineux que j'ai indiqués, offrent aux hommes un genre d'aliment qui supplée à tous les autres, & peut les remplacer de la manière la plus complète dans les circonstances de famine ; ce monstre affreux, prêt à jeter l'effroi, le trouble & la désolation dans la société en faisant taire la voix de la Nature & de la Religion, ne se montre pas chaque fois, il est vrai, avec cet extérieur formidable ; cependant les maladies, les langueurs & la mort décèlent son existence sous la chaumière & dans le plus triste réduit. Le Ministère, empressé de tendre aux malheureux une main secourable, n'est souvent pas averti à temps ; ou on ne peut remplir ses vues paternelles par la rareté des comestibles que l'opulence enlève, car les disettes semblent augmenter la cupidité des riches , & c'eſt toujours pour les pauvres que ſont la plupart des fléaux : tâchons au moins de les ſouſtraire à ceux dont il eſt en notre pouvoir de les préſerver.

Avant de porter un jugement ſur la valeur des reſſources que je propoſe, je ſupplie au moins qu'on ſe tranſporte dans les cantons de nos provinces les plus reculés des grandes villes , près des hommes courbés ſous le poids accablant des travaux les plus pénibles, pour voir & goûter le pain dont ils ſe nourriſſent, on s'aſſurera qu'ils le pré-parent dans les temps d'abondance avec les pois , les petites féves, les haricots, la veſce & l'avoine ; que cet aliment compact , déſagréable & viſqueux , leur coûte ſouvent plus que le meilleur pain de froment ; trop heureux encore quand ils en ont leur ſuffiſance ! Que ſera-ce donc, dès qu'il y aura cherté & diſette ! c'eſt alors qu'on ſera forcé de regarder d'un autre œil le pain de pommes de terre, & celui d'amidon des autres racines farineufes indiquées.

Perfonne n'a fait une épreuve plus défagréable de l'humeur difficile & dénigranté de nos Concitoyens dédaigneux, dans une ville où la manie eft de croire qu'on peut fe paffer de toutes les autres, quoiqu'elle les mette toutes à contribution, & que fouvent fans leur fecours on y auroit manqué de pain. L'ignorance paffionnée & la prévention ridicule, ont prefque été jufqu'à me faire un crime d'avoir ofé montrer qu'il étoit poffible d'en fabriquer d'une matière différente que de blé, & d'avoir déterminé dans la claffe des alimens falutaires, la reffource d'une racine qui fe développant avec fûreté dans l'intérieur du fol, devient un remède à la difette accidentelle des grains, que les gelées, les orages, les grêles & les vents ravagent à la furface.

a iij

Cette vérité a été bien fentie par les Sociétés favantes établies dans les provinces du royaume ; toutes ont accueilli mon travail, perfuadées qu'il pouvoit devenir utile, felon les befoins de chaque canton & les circonftances où fe trouveroient les habitans.

Mais les vues les plus utiles font long-temps contrariées, empoifonnées même par les préjugés : il faut s'y attendre, tel eft le fort des nouveautés de tous les genres ; & malgré les cris infenfés des Cabaleurs dont le fiècle abonde, il faut réfuter paifiblement & fans humeur, ceux qui font difpofés à tout déprimer ; profiter de leurs obfervations fi elles font bonnes, ne faire aucun cas de celles qui lancent le farcafme : s'en fâcher férieufement, ce feroit combler leur efpoir ; ils font affez à plaindre, de ne pas favoir facrifier quelques momens de leur inutile exiftence au bien public.

Beaucoup de gens, il est vrai, sans être dominés par l'amour de contredire, blâment les propositions nouvelles, parce que souvent ils n'y voyent que des prétextes de vexations pour eux & de fortune pour l'auteur ; ils n'y voyent qu'une dérogation révoltante à leur habitude, qu'ils croyent parfaite parce qu'elle leur appartient, ou bien encore une insulte faite à leur industrie, qu'ils supposent au-dessus de celle de leurs voisins. Mais quoique les hommes pour qui on s'occupe le plus utilement, ne soient pas toujours les plus reconnoissans, il faut être assez courageux pour braver leur injustice & leur ingratitude. Quand on est enflammé réellement du desir de servir ses semblables, on ne doit pas être arrêté par la crainte d'encourir leur censure : quiconque cache à la société une vérité précieuse, lui fait un vrai larcin.

Pour peu que l'on veuille examiner

avec quelqu'attention les différens Ouvrages que j'ai publiés fur les alimens, il fera facile d'apercevoir que les faits qui s'y trouvent rapportés, ne font ni l'ouvrage d'une fpéculation oifeufe, ni celui d'une imagination échauffée par quelques fyftèmes : il n'en eft aucun qui ne foit appuyé de l'expérience & de l'obfervation ; d'ailleurs, le Gouvernement eft trop éclairé pour rien adopter aveuglément, & je fuis trop ennemi de toute efpèce de projet, pour jamais en préfenter aucun. Chargé de vérifier, par tous les moyens que la Chimie fuggère, fi les pommes de terre contiennent quelque principe capable de nuire à l'économie animale, j'ai démontré par des expériences multipliées, & un très-grand nombre d'obfervations, que s'il exiftoit un remède propre à prévenir les maux dont on inculpoit leur ufage, c'étoit dans ces Racines elles-mêmes qu'il falloit le chercher ; mais pour conferver aux Pauvres une reffource qui leur fournit à peu de frais une nourriture falutaire qu'on vouloit leur ôter, je me fuis attaché à en augmenter la produc-tion, à couvrir de pommes de terre les terreins incultes que la charrue ne fillonne jamais, & à prouver que leur végétation, prompte, féconde & affurée, ne pouvoit avoir d'inconvénient par rapport à celle des grains, au fuccès defquels elle pouvoit même concourir. Je n'ai donc pas cherché à établir de fyftème ; c'en eft un dangereux que j'ai ofé attaquer & détruire.

Au refte, toutes les critiques diri-gées fur mes travaux, n'ont pu tem-pérer le defir que j'avois d'en perfec-tionner l'objet ; fi quelque chofe eft capable de défoler leurs auteurs, c'eft l'impuiffance où ils font de prouver que mes Recherches aient eu d'autre but

que les progrès de l'Art & le bien
général. Quel autre motif pouvoit
m'animer ? Je ne suis dans aucune
entreprise & ne fais aucun commerce ;
je ne sollicite ni places ni pensions ; je
n'ai point d'hypothèse à établir ou à
défendre : ayant entrevu une vérité précieuse, j'ai tâché de l'appliquer à nos
premiers besoins ; en un mot, j'ai proposé ce que j'avois fait, & ce que je
croyois qu'il conviendroit de faire : ma
tâche est remplie.

C'est maintenant au temps & à
l'expérience à porter la conviction sur
cet objet. Puisse le dernier travail que
je publie, faire naître le desir d'entreprendre de nouvelles Recherches ! Si
entre des mains plus habiles elles tour-
nent au profit de l'Humanité, on me
verra le premier applaudir à leur succès
& leur en témoigner ma reconnoissance.

TABLE

De ce qui est contenu dans cet Ouvrage.

---

* Quoiqu'il n'y ait point d'article coté XXI, cependant il n'y a rien d'omis dans le texte ; toute l'omission ne consiste qu'en ce que l'on a mal coté les articles.

TABLE. XV

FIN de la Table.

ERRATA.

Page 160, *ligne* 14, vicieux, *lisez* vitreux.

229, *ligne* 20, fruits, *lisez* frais.

303, *ligne* 10, à le, *lisez* & le.

305, *ligne* 2, tenaces, *lisez* tenus.

316, *ligne* 5, rinca, *lisez* rima.

RECHERCHES

RECHERCHES

SUR

LES VÉGÉTAUX

NOURRISSANS,

Qui peuvent remplacer dans les temps de difette, les alimens ordinaires.

ARTICLE PREMIER.

De l'Aliment en général.

PARMI les objets réellement utiles, auxquels l'homme confacre fes connoiffances & fes veilles, il n'en eft pas fans doute de plus dignes de l'attention du Gouvernement éclairé, & qui mérite davantage la reconnoiffance des bons Patriotes, que ceux de ces objets qui

A

ont un rapport direct avec les fubfiftances.
Mais il ne fuffit pas de chercher à procurer
l'abondance en multipliant les reffources alimentaires, il eft encore néceffaire que cette
abondance ne préjudicie en aucune manière
à l'économie animale, & de faire en forte fur-
tout de connoître la véritable préparation que
l'aliment exige, foit dans la cuiffon, foit dans
l'affaifonnement, pour devenir plus agréable
au palais, plus approprié à l'eftomac, & enfin
plus efficace dans fes effets nourriffans.

L'appétit réglé, qu'il faut bien diftinguer
de la faim vorace, puifque l'un eft un fentiment qui invite tout animal à manger pour
fa feule confervation, & que l'autre a fa fource
dans la dépravation des liqueurs; l'appétit,
dis-je, ce befoin fans ceffe renaiffant, que le
travail forcé, l'extrême oifiveté, une longue
habitude, le climat ou le tempérament, peuvent
rendre encore plus exceffif, demande, pour
être complètement fatisfait, une plus grande
quantité d'alimens, que n'exige pour l'ordinaire l'entretien de notre exiftence.

Nous obfervons journellement en effet que
dans les comeftibles qui compofent le repas,

tout n'eft pas fubftantiel, tout ne fe convertit
pas également en chyle ; il ne s'agit même
que de vivre dans un milieu chargé de cor-
pufcules nutritifs, pour acquérir en peu de
temps un embonpoint qu'on n'obtient pas
toujours à force de prendre des alimens. Les
Braffeurs, les Bouchers, les Amidoniers,
les Cuifiniers & les Chaircutiers femblent
devoir aux vapeurs végétales ou animales qui
circulent dans l'atmofphère de leur atelier,
cette fraîcheur & cette bonne fanté qui les
diftinguent des autres artifans.

En parcourant avec attention & fans préjugé ce que les Anciens ont déjà écrit fur
la matière nutritive, on s'aperçoit aifément
que, pour chercher à établir une diftinction
marquée entre les différentes efpèces d'alimens
par rapport aux propriétés particulières qui
appartiennent à chacun d'eux, ils ont négligé
d'employer les moyens de s'affurer comment
le principe alimentaire y exiftoit, quel étoit
fon caractère fpécifique, & à quelle préparation il falloit le foumettre avant d'en faire
ufage. Les uns tournant leurs vues principales fur le mécanifme de la digeftion, fe font

A ij

occupés uniquement à difcuter, fi c'étoit par
la trituration ou par la fermentation que
cette opération avoit lieu; les autres ont inter-
rogé par l'analyfe chimique les fucs digeftifs
eux-mêmes, afin d'appuyer fur les réfultats
qu'ils en obtenoient, leur fyftème plus ou
moins ridicule, & une foule d'idées trop marquées de l'empreinte du laboratoire.

Quels pouvoient être, il eft vrai, dans ces
temps reculés les fecours des Chimiftes relativement à la connoiffance des alimens! Ignorant
d'un côté le pouvoir de leur art, bornés de
l'autre à un feul moyen d'examiner les corps,
ils décompofoient précifément ce qu'ils avoient
envie d'extraire, & regardoient les produits
qu'ils en retiroient comme exiftans dans ces
corps, tandis qu'ils n'étoient que le réfultat
du feu immédiat employé; d'où il fuit qu'on
a fait réfider entr'autres la faculté nutritive
dans des fels acides & des fels alkalis. Si on
eût fu alors qu'une fubftance douce & alimentaire, une fubftance âcre & médicamenteufe,
une fubftance aromatique & vénéneufe, préfentent abfolument les mêmes phénomènes
après la diftillation à la cornue; on n'eût

pas aſſurément donné dans tous ces écarts qui ont fait naître tant de contrariétés d'opinions.

Les Modernes, inſtruits par les erreurs de ceux qui les avoient précédés, ne ſe ſont point mépris ſur les réſultats que leur manière d'ana-lyſer fourniſſoit ; ils ont ſongé ſeulement à concilier toutes les méthodes, à en imaginer de nouvelles & de moins équivoques : con-vaincus que les corps n'ayant pas une ſeule façon d'être, il ne falloit pas non plus ſe contenter d'un ſeul moyen de les examiner, ils ont eu recours à l'analyſe par les menſtrues. Ainſi, pour connoître, par exemple, le degré alimentaire d'un grand nombre de végétaux, dont beaucoup d'animaux font leur nourri-ture principale, ils les ont ſoumis à l'action de l'eau miſe en mouvement par le feu, & le produit muqueux ou gélatineux qui en eſt réſulté, a été regardé comme la totalité de la matière nutritive que ces végétaux renfer-moient. Mais ſi l'extrait eſt le compoſé le plus eſſentiel de tout ce qui concourt aux propriétés des corps d'où on le retire, eſt-il poſſible de l'obtenir à part & tel qu'il y exiſtoit

naturellement fans occafionner aucune altération ? C'eft ce qui paroît difficile.

Indépendamment des changemens particuliers que la décoction opère fur l'odeur & la
faveur des corps qui les fubiffent, voyons ce
qui arrive encore aux parties les moins fufceptibles de s'évaporer & de fe décompofer. On
remarque d'abord qu'à peine l'ébullition eft
établie, les corps commencent à acquérir plus
de fermeté, les différens principes qui s'y
trouvoient ifolés, fe rapprochent & fe réuniffent ; c'eft même fur cette propriété qu'eft
fondée l'habitude où font les Confifeurs de
blanchir les fruits avant de les mettre dans le
fluide deftiné à les conferver : mais continuons
de fuivre ce qui fe paffe dans le changement
qu'éprouve une fubftance foumife à l'ébullition. Par les progrès de la décoction, les
parties conftituantes, féparées dans l'état naturel, fe combinent de plus en plus, acquièrent de la molleffe & de la flexibilité ; d'où
il réfulte ce qu'on nomme la *cuiffon*, pendant
laquelle une partie de l'extrait a paffé dans
l'eau ; l'autre eft demeurée adhérente à la
fubftance elle-même, défendue & recouverte

par le tiffu; la troifième enfin s'eft combinée avec la matière fibreufe, & eft devenue comme elle coriace & infoluble.

En vain on continueroit de faire bouillir une fubftance qui a déjà éprouvé l'ébullition dans la vue d'en obtenir l'extrait tout formé qu'il contient; l'eau ne fe charge plus que d'une petite portion, & unit le refte avec la matière folide, ainfi qu'il arrive dans les fubftances végétales ou animales, qui, par des décoctions longues & répétées, arrivent infenfiblement à l'état de fquelette fibreux, fans avoir pu fournir à l'eau aidée de fa chaleur, la totalité des principes que ce liquide étoit en état de diffoudre & d'extraire : l'expérience fuivante fervira à confirmer ce que nous avançons.

Si on met bouillir une livre de blé dans fuffifante quantité d'eau, & qu'on en faffe plufieurs décoctions jufqu'à ce que le grain ne renferme plus rien de diffoluble; qu'on réuniffe enfuite ces différentes décoctions en une feule, on en obtiendra, par le moyen d'une évaporation ménagée, cinq onces environ d'extrait ; doit-on en conclure, comme on a déjà fait, que le blé ne contienne

A iv

que le tiers de son poids de matière nutritive, puisque, suivant les expériences que j'ai faites & publiées il y a quelques années, une livre de ce même grain est en état de procurer à trente onces d'eau au moins une forme & une consistance gélatineuse sans compter la matière glutineuse, muqueuse, extractive, qui s'y trouve encore renfermée!

A l'appui de cette expérience, citons une observation que tout le monde a pu faire. Si on fait bouillir ou infuser dans l'eau la plante la plus succulente, on ne retire que peu d'extrait ; vient-on au contraire à la froisser, à briser le tissu de ses vaisseaux par l'effort du pilon, les sucs qu'ils renferment, séparés, dépurés & évaporés, donnent infiniment plus d'extrait, & d'une nature très-différente : sans doute qu'on n'a pas songé à cette remarque lorsqu'on a établi le degré alimentaire d'une substance sur la quantité de matière extractive qu'elle fournissoit à l'eau en bouillant avec elle, puisque, suivant une pareille opinion, on auroit pu avancer que le liquide, dans lequel on auroit fait cuire des pois, fèves ou lentilles, étant évaporé

en confiftance d'extrait, devoit être confidéré
comme le principe actif de ces femences légumineufes, tandis qu'il ne feroit en partie que
la matière extractive de leurs écorces; le grain,
le fruit, la plante, la chair, après avoir bouilli
long-temps avec l'eau, fe trouvent encore
dans leur premier état d'intégrité, remplis
d'une matière extractive que la chaleur a combinée avec la fubftance fibreufe, au point
d'en former un corps indiffoluble, qu'aucun
menftrue ne peut attaquer.

Mais fuppofons qu'il foit poffible d'avoir
tout l'extrait contenu dans une fubftance végétale ou animale, cet extrait pourra-t-il jamais
fervir par fa nature & fa quantité, à indiquer
le degré alimentaire du corps dont il eft
féparé! Ne voyons-nous pas que les animaux
font d'autant plus abondans en matière muqueufe, qu'ils font plus jeunes! Perfonne ne
contefte qu'un vieux coq fourniffe davantage
de nourriture, proportion gardée, qu'un
poulet; que le veau & l'agneau font moins
fubftantiels que le bœuf & le mouton. N'avons-
nous pas des femences très-mucilagineufes,
telles que la graine de lin par exemple, que

des effais multipliés ont démontré être moins alimentaires que d'autres graines infiniment moins mucilagineufes !

On objectera peut-être encore ici, que l'état & la confiftance de ces extraits muqueux peuvent fervir auffi à déterminer l'intenfité de leurs effets nutritifs ; mais nous pourrions également répondre à ces objections, s'il ne nous paroiffoit pas plus raifonnable de laiffer à l'expérience & à l'obfervation le foin de prononcer fur cet objet. Occupons-nous du mécanifme de l'aliment proprement dit, & tâchons, s'il eft poffible, de bien faire connoître fes propriétés fpécifiques, afin de le découvrir par-tout où la Nature l'a placé : c'eft-là du moins le but principal de nos recherches.

ARTICLE II.

De la compofition de l'Aliment.

PUISQU'IL eft difficile, comme je viens de l'obferver, de déterminer, d'après le réfultat de l'analyfe par la voie sèche & par la voie humide, le degré alimentaire d'une fubftance quelconque, combien la difficulté n'augmente-t-elle pas encore quand il s'agit de vouloir reconnoître, à la faveur de ce double moyen, la propriété particulière qu'on lui attribue indépendamment de celle qu'elle a de nourrir ?

En parlant des différentes fortes de pain dont on fait uſage dans le royaume, j'ai eu foin de faire remarquer que, quoiqu'on prétendît que le pain de froment convînt aux mélancoliques, celui d'épeautre aux eſtomacs foibles, celui de feigle aux tempéramens fanguins, le pain d'orge aux goutteux, le pain de blé de Turquie aux perſonnnes attaquées de la pierre, le pain de farrafin contre le dévoiement, enfin le pain de pomme de terre pour adoucir l'acrimonie des humeurs, il eſt poſſible que le premier jour où l'on fe fera nourri de l'un de ces pains, on ait aperçu quelqu'altération dans l'économie animale, parce que toutes les fois que l'on change d'aliment, de quelque nature qu'il foit, cette économie s'en reſſent les premiers jours ; mais l'habitude en eſt bientôt contractée : ainſi le pain dont on continue l'uſage un certain temps, n'importe fon origine, pourvu que dans fon efpèce il fe trouve de bonne qualité & bien fabriqué, ne conferve que fa faculté alimentaire, comme toute efpèce de vin produit la vertu cordiale & échauffante.

Admettre une fi grande diverfité d'efpèces d'alimens, accorder à chacun un effet particulier qui le caractérife, indiquer les différens mélanges qu'il faut en faire, diftinguer les propriétés qu'ils manifeftent féparément, d'avec celles qu'ils ont, étant confondus & réunis plufieurs enfemble, n'eft-ce pas épuifer les reffources de la cuifine, & donner de l'importance à cet art que l'attrait de la bonne-chère & le luxe des tables ont déjà rendu trop délicat, art qui ne doit cependant fa fupériorité qu'aux affaifonnemens employés avec choix, & non aux qualités alimentaires!

On ne peut douter que fi la connoiffance des alimens eût été approfondie de tous les temps, comme elle l'eft à préfent, tant par le zèle éclairé & patriotique dont font animées les Sociétés favantes, que par la bienfaifance des Hommes placés à la tête des grandes adminiftrations, qui encouragent ceux qui dirigent leur temps & leurs connoiſſances vers cet objet, non-ſeulement il en ſeroit réſulté une foule d'avantages précieux, mais on auroit encore prévenu bien des maux: il étoit réſervé à notre ſiècle de s'occuper ſpécialement de matières relatives aux productions nutritives, & s'il eſt permis de l'avouer, c'eſt aux malheurs des années précédentes que nous ſommes redevables de la plupart des travaux entrepris à ce ſujet.

Convenons cependant que ces excellens Ouvrages, dans leſquels on trouve des théories auſſi profondes que lumineuſes, n'offrent rien de bien utile ſur cette denrée de première néceſſité, la moindre dépenſe du riche, toujours la plus forte du pauvre, & ſouvent la ſeule qu'il puiſſe ſe procurer ; denrée dont l'habitude & les beſoins journaliers aſſurent une conſommation égale & indiſpenſable dans tous les temps. Ces différentes recherches n'ont donc encore rien procuré à l'homme du peuple, à cette claſſe d'autant plus intéreſſante, qu'elle eſt la plus nombreuſe & la plus expoſée à être trompée dans les alimens ſimples qui compoſent ſon repas frugal,

par cela feul qu'elle eſt la plus miſérable, &
que ſa fortune ne lui en permet pas le choix.

Si le ſoin de ſe nourrir & de remplir les
pertes que nous faiſons continuellement, doit
être le premier & le plus indiſpenſable de
tous les ſoins, il eſt bien intéreſſant auſſi de
connoître les propriétés eſſentielles qui caraç-
tériſent les ſubſtances deſtinées à cette fin,
dans la vue d'indiquer ſoit les parties inutiles
ou nuiſibles qu'il faut rejeter, ſoit celles qu'il
eſt bon d'y ajouter, afin d'augmenter encore,
s'il eſt poſſible, leur activité; car il n'arrive
que trop ſouvent que l'aliment ne produit
pas tout ſon effet dès qu'il eſt mêlé & confondu avec une matière hétérogène, qui laiſſe
preſque toujours après elle des traces fâcheuſes
de ſon aſſociation.

Qu'il me ſoit permis d'avertir ici en paſſant,
qu'on ne ſauroit être trop circonſpect lorſqu'il s'agit de propoſer des alimens autres que
ceux qui ſervent à la nourriture ordinaire.
Linnæus a donné une nomenclature de plantes
propres à remplacer les grains en temps de
diſette, ſans en indiquer la véritable préparation. Les Auteurs qui, à l'exemple de ce

grand Naturaliſte, ont voulu rendre la Botanique utile au genre humain, ne ſe ſont pas
aſſez attachés non plus aux moyens de faciliter
l'uſage de leurs reſſources : on les voit tous
les jours annoncer comme des découvertes
nouvelles qu'on peut faire du pain avec le
pied-de-veau, les ſemences de pavot blanc,
l'aſphodèle, &c. par la raiſon que des malheureux preſſés par la faim, s'en ſont nourris
dans des temps de détreſſe ; comme ſi l'hiſtoire
ne nous apprenoit qu'alors la néceſſité ſemble
nous diriger, pour ainſi dire, vers les ſubſtances les plus pernicieuſes : mais j'abrège cette
digreſſion pour m'occuper de la compoſition
de l'aliment.

Dans la multitude innombrable des végétaux que la Nature fait croître pour fournir
à nos beſoins & ſoulager nos maux, il n'y
en a point qui ne contienne en plus ou moins
grande quantité, la matière nutritive, & qui
ne puiſſe par conſéquent ſervir d'aliment à
quelqu'eſpèce d'animal que ce ſoit ; mais cette
matière nutritive ſe préſente ſous des formes
ſi variées, que pendant long-temps on a ſoupçonné qu'il exiſtoit pluſieurs corps auxquels

il étoit poffible d'attribuer la faculté alimentaire: cette opinion s'eft même perpétuée jufqu'à ce qu'on ait mieux connu le mécanifme de l'aliment, fa manière d'être dans les individus qui le renfermoient, enfin quels étoient fes véritables effets dans l'économie animale.

Les phénomènes de la digeftion font voir qu'il y a dans l'aliment appartenant, foit au règne végétal, foit au règne animal, différentes fubftances ayant chacune des propriétés particulières néceffaires à fon effet: l'une eft un mucilage plus ou moins parfait, que l'eau diffout; l'autre eft une matière fapide, fouvent odorante, que nos organes aperçoivent aifément, & que l'on doit confidérer comme l'affaifonnement; enfin la troifième eft un corps folide, indiffoluble, moins varié dans fa forme & dans fes effets que les deux premiers: fa fonction principale eft de lefter l'eftomac.

On conçoit aifément que ces trois fubftances qui conftituent l'aliment en général, fe rencontrent rarement enfemble dans le même individu, & que plus fouvent elles fe trouvent diftribuées féparément dans les différentes
parties

parties de la fructification des Plantes : c'eft à l'art à connoître les moyens de les en extraire, & de les réunir enfuite dans des proportions relatives entre elles, puifque de ces proportions combinées, il doit en réfulter une nourriture plus ou moins efficace & appropriée.

Il faut donc compter dans l'aliment proprement dit, trois fubftances diftinctes, quelquefois réunies enfemble, que fouvent il eft poffible d'obtenir à part, & que l'on peut combiner de manière à ne plus former qu'un corps homogène, fufceptible d'un feul effet, celui de nourrir; il eft vrai que l'on diftingue affez communément cet effet par des épithètes: on dit *nourriture légère, nourriture folide & nourriture groffière;* mais nous reviendrons fur cet objet après avoir développé la nature & les propriétés des trois fubftances particulières, qui, fuivant notre opinion, compofent effentiellement ce corps défigné fous le nom générique d'*aliment.*

ARTICLE III.

De la Matière nutritive.

Si la matière nutritive ne paroît pas avoir

B

la même origine dans la plupart des corps
où elle exiſte, & qu'elle ſoit ſuſceptible d'une
foule de variétés, il faut avouer cependant
que retirée par le moyen de l'eau, & réduite
en conſiſtance d'extrait à la faveur de l'évaporation, elle réunit toujours aſſez de propriétés générales pour faire croire à ſon iden-
tité; ainſi il n'eſt pas permis de douter que
le mucilage diverſement modifié, ne ſoit réellement la matière nutritive, puiſque dès la
naiſſance d'une plante ou d'un animal, ce
mucilage s'aperçoit, & qu'il ne les abandonne
plus que long-temps après leur deſtruction,
quelque changement qu'il leur ſoit arrivé
pendant les différentes époques de la végétation & de la vie.

Les ſignes les plus marqués, auxquels on
puiſſe reconnoître la matière nutritive, ſont
de n'avoir ni ſaveur, ni odeur, ni couleur,
de ne ſe laiſſer diſſoudre que par l'eau, dont
elle partage la tranſparence & la limpidité,
de permettre à ce fluide de ſe combiner avec
elle en très-grande abondance, de paſſer aiſément à la fermentation, & de perdre en
cet état une partie de ſa faculté alimentaire,

d'avoir le toucher collant & vifqueux, de
fe charger de l'humidité de l'atmofphère, de
fe bourfoufler fur les charbons ardens , &
d'exhaler une odeur de caramel ou de pain
grillé; enfin, de fournir par l'analyfe à feu
nu , plus de produits flegmatiques & falins ,
que de produits terreux & huileux. Telles
font les marques les plus fenfibles qui peuvent
fervir à caractérifer la matière intéreffante
dont il eft queftion.

Toutes les fois que la fubftance nutritive
pofsède d'autres propriétés, elle les doit aux
corps étrangers avec lefquels elle fe trouve
en combinaifon; ainfi la fubftance muqueufe
extractive, féparée des feuilles & des racines
toujours humides par le moyen de l'eau, les
gommes qui découlent fpontanément ou par
incifion du tronc & des branches de certains
arbres, le fuc gélatineux qu'on retire des fruits
en brifant le tiffu celluleux qui les renferme,
la matière firupeufe fucrée, qu'on enlève aux
tiges & aux fleurs à la faveur de l'expreffion
ou par le fecours des abeilles; enfin l'amidon,
qu'on extrait des femences farineufes en les fou-
mettant à la fermentation, ne font abfolument

que ce mucilage plus ou moins pur, plus ou
moins parfait, que l'on retrouve encore avec
quelques modifications dans les animaux qui
s'en font nourris.

Les différens états où fe trouve la matière
nutritive placée au milieu d'une infinité de
fubftances de propriétés oppofées & répandues
en même temps dans toutes les parties de la
fructification des Plantes, ces différens états,
dis-je, de la matière nutritive, ont déterminé
à en faire plufieurs claffes que l'on a défignées
fous le nom de *corps muqueux* avec des
épithètes qui annoncent fon impreffion fur
l'organe du goût.

Cependant, quelles que foient les raifons qui
aient pu porter à adopter la diftinction établie
à cet égard, je crois qu'il eft poffible de
divifer la fubftance qui nourrit, en corps
muqueux fapide & en corps muqueux infipide;
fous ces deux dénominations on peut ranger
tous les alimens.

Le corps muqueux fapide femble devoir
fon état à la préfence d'une matière faline,
que la végétation ou le temps ont combinée
au point de n'être prefque plus fenfible à nos

fens. Les racines fucrées, telles que la réglifse nouvelle, le font infiniment plus que quand elles font deffséchées; les tuyaux des graminées dans leur verdeur, les femences farineufes en lait, font plus favoureux qu'après leur parfaite maturité; ils le deviennent encore moins à mefure qu'ils s'éloignent de cette époque : mais indépendamment de la propriété alimentaire qu'a le muqueux fapide, il pofsède encore exclufivement celle de pafser à la fermentation fpiritueufe, & de produire par la diftillation toutes les liqueurs fortes que nous connoiffons.

La feconde claffe du corps muqueux femble avoir été deftinée plus fpécialement à la nourriture de l'efpèce humaine, & la Nature en lui refufant la propriété de fe réfoudre à l'air, & de prendre le mouvement de la fermentation fpiritueufe comme le muqueux fapide, elle lui a accordé en revanche la faculté de fe conferver plus long-temps : on fait, en effet, que les mucilages de l'efpèce des gommes & l'amidon, font, pour ainfi dire, inaltérables dans leur état de pureté & de féchereffe, & que diffous dans l'eau, ils paffent à l'acide fans

donner aucun signe d'esprit ardent; il ne
paroît pas du moins qu'on en soit venu à
bout jusqu'à présent, & si on en a obtenu,
comme le prétendent quelques Auteurs, ce
n'est qu'en raison des substances sucrées qu'ils
y ont mélangées.

La sapidité du corps muqueux de la première classe, est toujours ou acide ou acerbe
ou sucrée; il est rare qu'elle réside dans les
parties des végétaux qui constituent leur odeur
forte & leur saveur piquante : on peut même
avancer que le corps muqueux insipide en est
le correctif dès qu'on a pû parvenir à combiner l'un avec l'autre. La bryone, le mé-
choacan, le colchique, dont les racines,
comme l'on sait, purgent assez violemment,
prises en substance, n'ont presque plus d'effet
drastique après qu'ils ont subi la cuisson.
L'amidon, que ces racines renferment, adoucit
leur âcreté à peu-près de la même manière
que les gommes & les mucilages qu'on associe
mécaniquement aux résines dans l'intention
d'en diminuer l'action trop corrosive.

On s'est donc trompé en croyant que la
vertu principale des végétaux dépendoit de

tous les principes qui les conſtituent, puiſque l'expérience démontre journellement qu'on peut à volonté les réunir, les ſéparer, & changer en entier par ce moyen, leur énergie & leur but. Les fécules des racines dénommées, étant bien lavées, n'ont plus que la propriété nutritive; une ſimple opération, par exemple, ſuffit pour ôter à l'ellébore, ſa vertu purgative, & ne plus lui laiſſer que ſa vertu tonique qu'on développe par le feu: il y a, comme on voit, dans le même végétal, des parties iſolées plus eſſentiellement actives les unes que les autres.

Une longue infuſion, une décoction bruſquée, peuvent diminuer, déranger, anéantir ou développer les ſubſtances qui agiſſent en qualité de médicamens; pluſieurs d'entr'elles doivent même quelque choſe de leur effet à la nature des différens menſtrues qu'on emploie néceſſairement pour les avoir à part, ſur-tout lorſqu'on a encore éguiſé ces menſtrues par des matières ſalines qui ne laiſſent pas que d'ajouter encore au médicament lui-même.

Il n'en eſt pas ainſi de la matière nutritive; l'eau ſans aucun agent, ſuffit pour l'extraire

& la diffoudre : c'eft un produit de la végétation, fur lequel le feu agit comme fur tous
les corps les plus folides, c'eft-à-dire, qu'il
en décompofe une portion, & qu'il laiffe à
l'autre la faculté alimentaire ; mais, comme nous
l'avons déjà obfervé, la matière nutritive ne
conftitue pas feulement l'aliment : elle a befoin
encore d'être affociée à une fubftance qui
puiffe en relever la fadeur ; & cette fubftance
eft nommée affez ordinairement l'*affaifonne-*
ment. Voyons maintenant quelle en eft la
nature !

Article IV.
De l'Affaifonnement.

Quoiqu'on foit fondé à regarder la
fobriété & l'exercice comme un des meilleurs
affaifonnemens des mêts, il ne faut pas croire
pour cela que toutes les fubftances, ajoutées
aux alimens dans des proportions convenables
pour en relever la fadeur naturelle, foient
toujours inutiles ou capables de préjudicier
à l'économie animale : il exifte même une
infinité de matières, dont il feroit impoffible
de tirer un parti avantageux, fi on ne les

affocioit à un corps doué de la fapidité.

Le miel, le fel commun & la crême, furent les premiers & les feuls ingrédiens dont on fe fervit autrefois en qualité d'affaifonnement; depuis on a cherché & trouvé dans toutes les parties des Plantes, la fubftance favoureufe qui produit cet effet : on l'a même découvert dans l'aliment lui-même à l'aide de quelques opérations particulières. Par exemple, le grain, après la germination, eft plus fucré, la viande faifandée eft plus fapide, la châtaigne rôtie a plus de goût; enfin, les farineux acquièrent de la faveur par la fermentation & la cuiffon : voilà donc des fubftances évidemment fades, devenues favoureufes fans l'addition d'aucun affaifonnement étranger.

Les principes qui conftituent le corps mu-queux infipide, font fi intimément unis entre eux, qu'il en réfulte une fubftance neutre, fi j'ofe m'exprimer ainfi, d'autant moins fuf-ceptible d'altération, qu'elle eft plus fade & plus folide, comme la Nature nous l'offre dans les femences des graminées & des légumineux.

Les affaifonnemens ne font donc pas em-ployés feulement pour rendre les mêts plus délicats ou dans la vue de flatter le palais ; ils fervent encore de correctif ; ils contribuent à rendre la nourriture plus favoureufe, plus foluble & plus appropriée à notre conftitution : ils raniment les fibres de l'eftomac & des autres organes deftinés à la digeftion ; enfin, l'aliment, & fur-tout celui qui eft farineux, feroit lourd & indigefte fi on ne l'affocioit avec une matière fapide, fi on ne développoit celle qu'il contient par le moyen connu pour en faire du pain, ou dans certains cas par la cuiffon & la torréfaction.

Nous voyons, en effet, que les Indiens, pour relever la fadeur naturelle du riz, dont ils font leur principale nourriture, ont grand foin de l'affaifonner avec du gingembre. Au Pérou, ne mêle-t-on pas le piment avec le maïs ! Ces pâtes, ces bouillies, ces paftilles, dont les Grecs & les Romains étoient amateurs paffionnés, contenoient toutes fortes d'affaifonnement. C'eft donc un principe certain que les alimens & même les boiffons ne produifent leurs véritables effets, qu'autant qu'ils font fapides. Une eau fade eft pefante à l'eftomac, le pain azyme fe digère difficilement, combien de viandes même des plus ſavoureuſes, qui ſeroient indigeſtes ſans une ſauce piquante, tel eſt le cochon par exemple, pour lequel l'École de Salerne recommande l'accommodage au vin : les gelées des chairs & des parties ſolides des animaux, ne ſeroient pas auſſi alimentaires, ſi on n'y mettoit du ſel ou du ſucre. Enfin, cette condition d'aſſaiſonner les alimens & les boiſſons, s'étend même juſque ſur les médicamens ; ces derniers exigent qu'on leur ajoute une ſubſtance capable de les approprier à l'eſtomac qui doit les recevoir.

Les formes variées, ſous leſquelles ſe préſente la matière nutritive dans les animaux & les végétaux, ne ſont que des modifications qui n'en changent pas l'effet principal ; elle eſt conſtamment muqueuſe, diſſoluble dans l'eau, & plus ou moins alimentaire, au lieu que l'aſſaiſonnement eſt de nature & d'eſpèce différente : quelquefois il eſt âcre & acerbe, d'autres fois acide ou ſalé, ſouvent enfin, il eſt doux & ſucré ; mais ſa propriété eſſentielle conſiſte à aſſaiſonner l'aliment, afin de le rendre plus ſuſceptible de ſe diſſoudre & de ſe combiner avec les ſucs propres de l'animal

qui s'en nourrit : en supposant que le sucre
soit aussi nutritif qu'on le prétend, la pulpe
des cannes d'où on le retire dans l'état brut,
doit l'être davantage.

L'assaisonnement, cette partie constituante
de l'aliment, est pour l'ordinaire salé ou sucré ;
alors il affecte une configuration particulière,
tantôt c'est celle du sel marin, tantôt celle
du sucre dont l'eau est le dissolvant : lorsque
l'assaisonnement au contraire est piquant ou
aromatique, sa nature est plutôt huileuse que
saline, & il se dissout plus volontiers dans
les liqueurs spiritueuses ; mais il réside dans
les différentes parties des végétaux, & sur-tout
dans cette pellicule plus ou moins dure, plus
ou moins épaisse qui les revêt à leur surface
extérieure, & que l'on nomme vulgairement
l'*écorce*, dont aucune partie de la fructification
n'est exempte ; elle paroît être aux végétaux
ce que la peau est aux animaux : à ce sujet,
qu'il me soit permis de hasarder quelques
réflexions, elles ne sont nullement étrangères
à l'objet que je traite.

Sans vouloir examiner ici quelles sont les
fonctions de l'écorce dans l'économie végétale,

nous obfervons que cette partie eft toujours
d'un tiffu plus ferré & plus compacte que
les fubftances qui en font recouvertes ; que
l'extrait féparé par l'eau, eft peu abondant
fans avoir un caractère véritablement muqueux,
& qu'étant deftinée à envelopper les fucs
mucilagineux, elle n'auroit pu les garantir
de tous les accidens fi elle eût été compofée
des mêmes principes : l'écorce doit donc être
d'une nature différente, & ne contenir rien
ou peu de chofe de nutritif.

On remarque en effet, que depuis l'écorce
épaiffe de la plus groffe racine jufqu'à la
membrane mince de la femence la plus imper-
ceptible, cette partie des végétaux eft conftamment douée de faveur, d'odeur & de couleur :
que de ces attributs réfultent toujours le médicament ou l'affaifonnement, mais jamais l'aliment qui par lui-même eft inodore & fade :
la plupart des végétaux exotiques, que l'on
tient dans les Pharmacies pour s'en fervir au
befoin contre les maladies les plus rébelles &
les plus opiniâtres, font des écorces. Le quinquina, la cafcarille, le fimmarouba, la canelle, &c. offrent continuellement des preuves

senfibles de ce que nous avançons; mais, il
nous fuffira de parcourir d'un œil rapide les
parties différentes de plufieurs familles de
Plantes, pour être affurés que c'eft dans l'écorce
ou enveloppe extérieure que réfident leurs
principes les plus effentiels.

Les radix, les raves, les navets, ne font
plus auffi piquans dès qu'on les a ratiffés; la
racine de benoîte n'exhale le gérofle qu'à fa
furface ; la couleur rouge que l'orcanette
communique aux corps gras & huileux, dans
lefquels on la fait bouillir ou infufer, dépend
de fon écorce ; la garance n'eft également
teignante que par cette partie; c'eft dans la
feconde écorce de fureau qu'on a découvert
l'effet diurétique; le fainboïs ou garou n'eft
véficatoire qu'à la faveur de fon écorce ; les
feuilles de la claffe des glayeuls & de beaucoup
d'autres Plantes, n'ont que la fuperficie de
mordicant ; les fleurs des liliacées ne font odorantes qu'à leur furface, ce qui rend leur
parfum fi fugace & fi difficile à fe fixer dans
les fluides employés à deffein de les retenir!
En difféquant plufieurs fleurs colorées, telles
que l'œillet, on a obfervé que le velouté

qui les revêt, eft réellement le fiége de leur odeur & de leur couleur.

Les fruits & les femences préfentent les mêmes phénomènes ; la pelure des fruits à pepin, eft quelquefois très-acerbe, quelquefois auffi très-favoureufe & très-aromatique; la pomme d'api, la poire de rouffelet, doivent à cette pelure tous leurs agrémens: parmi les fruits à noyaux, on remarque que les abricots, la reine-claude & la mirabelle, font délicieux en les mangeant fans les peler; c'eft le contraire pour la pêche. Les fruits à grain, tels que la framboife & les fraifes, ne font fucculens qu'à leur extérieur; dans les baies, les raifins n'ont de couleur que dans leur pellicule. En enlevant l'épiderme de plufieurs femences aromatiques, on les prive entièrement de leur odeur, telle eft la coriandre. Que d'exemples femblables ne pourrions-nous pas accumuler ici à l'égard des animaux, dont la peau eft ordinairement plus fapide & plus colorée que la chair qui en eft recouverte !

D'après ce que nous venons d'obferver relativement à quelques propriétés générales

des écorces, je crois qu'il est permis de tirer
cette conséquence, savoir; que les parties
essentielles des végétaux n'ont jamais été desti-
nées dans l'ordre de la Nature, à entrer dans
la masse de nos alimens, comme matière substancielle ; que quand elles s'y trouvent en
certaine proportion, elles opèrent l'effet du
médicament ou de l'assaisonnement; que si l'on
prépare dans quelques contrées du pain d'écorce
d'arbres, c'est que ces arbres contiennent
dans leur tronc, une moëlle farineuse comme
le palmier-sagoutier, ainsi que je m'en suis
assuré par l'examen de ce pain que j'ai eu
occasion de voir & de goûter; mais alors
l'écorce n'en forme plus la base fondamentale;
elle y fait les fonctions de lest. Arrêtons-nous
sur cette troisième partie qui constitue essentiellement l'aliment ! C'est la dernière qui
nous reste à examiner.

ARTICLE V.

Du Lest fibreux.

CE n'est pas assez que la matière nutritive soit associée & combinée avec une certaine
quantité de substance sapide qui en relève

la

la fadeur; il eft néceffaire encore qu'elle fe trouve mêlée & confondue avec une autre fubftance plus abondante, d'un tiffu plus compact & plus folide, qui puiffe donner, fi j'ofe m'exprimer ainfi, du corps & de l'expanfion à l'aliment : car il ne fuffit pas d'être nourri, il faut encore être lefté; mais le left doit être comme l'affaifonnement dans des proportions refpectives : fa furabondance fatigueroit l'eftomac, les entrailles, & loin d'appaifer la faim, elle ne pourroit que concourir à l'augmenter.

La fubftance deftinée à lefter, varie infiniment moins que celle qui fert d'affaifonnement ou de nourriture; toujours folide & compacte, elle fert de charpente ou d'enveloppe aux fubftances molles & flexibles que renferment tant les végétaux que les animaux : elle eft inattaquable par les différens menftrues, & fournit, étant foumife à la cornue, moins de produits flegmatiques & falins, que de réfidus charbonneux.

Le left eft pour l'ordinaire privé de toute qualité nutritive, ou du moins le mucilage qu'il contient, n'y exifte que comme une de

C

ſes parties conſtituantes, ne pouvant être diviſé que groſſièrement par la maſtication & par la force mécanique des organes digeſtifs; il ne doit pas avoir plus d'action ſur l'aliment que ſur l'eſtomac : ſa fonction principale conſiſte à diſtendre les parois des viſcères, à en remplir la grande capacité, à retarder la digeſtion plutôt que de l'accélérer, à former enfin la matière des excrétions.

Il eſt donc bien certain que le leſt ne produit dans les alimens que ſon propre poids; qu'il paſſe en entier de la bouche dans l'eſtomac, & de l'eſtomac dans le canal inteſtinal, ſans s'atténuer ſuffiſamment pour former du chyle, & ſe changer par conſéquent en ſang; que ſouvent même il entraîne une portion de la vraie nourriture, augmente la ſomme des déjections au point que l'on rend preſqu'autant que l'on mange, d'où il ſuit des ſelles ſolides & copieuſes qui occaſionnent des maux de reins, &c. Auſſi M. de Buffon remarque-t-il que, plus les animaux ſe nourriſſent de ſubſtances peu alimentaires, plus la quantité de leurs excrétions eſt copieuſe & ſolide; or voilà préciſément la poſition de ceux qui font uſage d'alimens, dans la compoſition deſquels il entre beaucoup de ſel, ou qu'une préparation mal entendue a réduits à l'état inſoluble.

Quelques Auteurs, dans l'opinion que les matières terreuſes pouvoient ſervir de nourriture, fondés ſur ce que certains peuples en étoient extrêmement friands, ont ſans doute confondu l'effet du ſel avec celui de la nourriture, comme on prend tous les jours la plénitude de l'eſtomac pour la ſatiété; car tout nous porte à croire que le règne minéral eſt dépourvu de la propriété alimentaire.

Une des conditions néceſſaires pour qu'une ſubſtance ſoit réellement nourriſſante, eſt que l'eau puiſſe l'extraire en partie, & que le produit de l'extraction acquière par ſon évaporation, des caractères que nous avons déſignés dans l'article où il s'agit de la matière nutritive; or la plupart des terres ne fourniſſent à l'eau, dans laquelle on les fait bouillir, que quelques atomes ſalins, & comme pluſieurs participent encore du règne végétal ou animal, dont elles ſont les débris, elles produiſent à la dernière violence du feu, des indices d'alkalicité : il y a donc des terres folubles en partie dans l'eau, mais il n'en n'eſt pas de nourriſſantes.

Je ne diſconviens pas que les hommes & les animaux ne puiſſent avaler de la terre & même des petites pierres; mais on les retrouve encore long-temps après dans leur eſtomac, ſans avoir ſubi aucun changement qui annonce qu'elles aient été attaquées & décompoſées par les ſucs digeſtifs; il ſeroit donc bien difficile de ſe perſuader qu'avec cette reſſource on pourroit vivre en vigueur & en ſanté : on ſait combien cette eſpèce de terre appelée *lac Lunæ, farina foſſilis,* à cauſe de ſa fineſſe & de ſon extrême blancheur, a occaſionné de ſuites fâcheuſes aux Allemands, qu'une faim preſſante a forcé d'en faire uſage dans un temps de diſette.

Je ſais bien encore que la terre fait la baſe de la matière fibreuſe; qu'elle entre même comme partie conſtituante dans la compoſition du corps muqueux qu'on extrait des deux règnes; qu'elle s'y trouve dans tout autre état que quand on l'obtient par la deſtruc- tion de la matière végétale & animale dont elle fait le ſoutien; qu'en paſſant par les

différens filtres, elle ſe combine de manière
à ne plus exercer ſon action qu'avec la totalité des autres principes ; mais réduite à ſon
état groſſier & peſant, elle eſt trop compacte
pour s'atténuer, ſe diſſoudre, & remplacer la
diſſipation des fluides : elle eſt incapable, en
un mot, de faire les fonctions des matières
alimentaires.

Les matières ſolides ne ſont pas les ſeules
qui aient la propriété de leſter l'eſtomac ; les
liquides peuvent agir également de cette manière. L'eau, que l'on regarde comme nutritive, priſe en certaine quantité, ne produit
pas un autre effet ; les liqueurs ſpiritueuſes,
l'eau-de-vie, leſtent auſſi l'eſtomac, avec cette
différence qu'elles enlèvent aux ſucs digeſtifs,
leur humidité, & rétréciſſent la capacité du
viſcère qui les contient : les buveurs d'eau-
de-vie mangent fort peu ; le vin leſte auſſi :
mais il nourrit par le muqueux extractif
qu'il contient encore, & qui a échappé à la
fermentation.

Il eſt donc bien néceſſaire de diſtinguer
dans la compoſition ordinaire de l'aliment,
les trois ſubſtances dont nous venons de

spécifier les caractères les plus généraux; il convient maintenant d'examiner si la nourriture qui en résulte, n'opère point son effet en raison de la matière qui y domine.

ARTICLE VI.

De la Nourriture légère.

Il semble que la Nature ait assigné à l'homme, l'usage qu'il doit faire des dons qu'elle lui prodigue en accordant aux végétaux, qu'elle a le plus évidemment destinés à remplir nos besoins, des propriétés capables de les satisfaire tous ; ainsi les fruits, par exemple, qui renferment beaucoup d'humidité, & la plupart un principe piquant ou aigrelet, paroissent avoir été formés particulièrement pour étancher la soif ; les semences farineuses, plus consistantes & moins savoureuses, pour appaiser la faim ; les écorces, plus sapides, pour assaisonner les mêts ; enfin, les feuilles, les tiges, & presque toutes les racines, extrêmement abondantes en matière fibreuse, pour servir de lest.

Ces quatre ordres de parties des végétaux, malgré la distinction que nous établissons entre

elles par rapport à leurs principes dominans,
ne font dépouillés aucuns de la faculté alimentaire, & le mucilage qu'ils renferment tous,
fous différens états, fe rencontre encore dans
les animaux qui s'en font nourris, mais tellement changé & élaboré, qu'il ne lui refte
plus qu'un feul & même caractère, celui
de gelée.

Si l'efpèce & la quantité de nourriture,
fi la manière de la préparer, devoient toujours être réglées fur l'âge, le tempérament,
le climat, l'habitude & le genre de travail
auquel on eft livré, il feroit également néceffaire que les fubftances végétales & animales,
deftinées toutes entières à fervir d'aliment,
continffent affez d'humidité, afin que la matière nutritive fût toujours dans un certain
degré de molleffe & de flexibilité, pour fe
prêter aux différentes opérations qui doivent
les convertir en chyle.

Toutes les parties qui appartiennent au
règne végétal & animal, je ne faurois trop
le répéter, pofsèdent une matière fufceptible
de nourrir ; mais il y en a dans lefquelles le
temps & les élaborations ont tellement racorni,

defféché & combiné cette matière, que fans
une macération ou une décoction préalable,
il feroit impoffible aux agens digeftifs d'en
obtenir aucune nourriture.

Je fais bien que quand les hommes font
forts, & qu'ils fatiguent par l'exercice, il
n'y a point d'aliment que leur eftomac ne
puiffe digérer; mais, lorfque d'une part la
conftitution eft foible, que de l'autre, l'aliment
a une forte de folidité, il faut bien pour en
obtenir une nourriture légère, féparer la
matière nutritive, & la débarraffer de toute
fubftance fibreufe, telles font les extraits, les
gelées & les robs qu'on retire des bois, des
écorces, des os, des cornes, &c. toutes matières folides qui, divifées & avalées dans cet
état, opéreroient plutôt l'effet du left, que
celui d'une nourriture légère: car enfin, pour
qu'une fubftance nourriffe, il faut qu'au moins
l'eftomac en diffolve une partie.

Le mucilage étendu & combiné avec
l'affaifonnement, accompagné de moins de
left poffible, produira conftamment l'effet
d'une nourriture légère; la chair tendre des
jeunes animaux, le pain le plus blanc & le

mieux levé, quelques fruits fucculens, les plantes les plus aqueufes, les œufs frais, le lait; enfin, toutes les fubftances plus abondantes en parties fluides qu'en parties folides, méritent d'être placées au rang des corps fufceptibles de produire l'effet d'une nourriture légère.

L'affaifonnement doit, comme il a déjà été obfervé, faire partie de l'aliment; mais il faut être en même-temps bien en garde contre fon ufage trop grand, parce que tout ce qui irrite & augmente la circulation, fatigue les organes, & abrège la durée de la vie. M. Tiffot, *dans fon Traité fur la fanté des Gens de Lettres,* remarque que, quoique l'apprêt le plus fimple foit le plus falutaire, il ne faut cependant pas profcrire tous les affaifonnemens de la claffe des mêts deftinés à former la nourriture légère, parce que les fibres lâches de leur eftomac, dont l'action n'eft pas toujours animée par le mouvement, ont befoin de quelques légers ftimulans qui les tirent de leur état d'engourdiffement.

Souvent on défigne la nourriture légère fous le nom d'*alimens médicamenteux,* parce que c'eſt dans l'état de convaleſcence ou durant une maladie chronique, que l'uſage en eſt indiqué par le Médecin; mais il eſt néceſſaire de conſidérer que toutes les fois que l'aliment eſt aſſocié avec le médicament, il n'agit plus comme tel: la caſſe & la manne, ſont très-muqueuſes; la bryone, le pied-de-veau, le colchique ſont très-farineux, cependant toutes ces ſubſtances purgent & ne nourriſſent point: l'aliment a une action douce & tranquille, il répare les pertes de l'économie animale : le médicament, au contraire, a un but entière-ment oppoſé, & opère un effet infiniment plus marqué; il n'y a donc point d'aliment médi-camenteux proprement dit. Celui, auquel on eſt convenu de donner ce nom, n'eſt autre choſe que la ſubſtance nutritive elle-même, la plus pure, la plus atténuée, & dégagée autant qu'il eſt poſſible, de la matière fibreuſe, d'où réſulte la nourriture légère.

Les purées des ſemences légumineuſes, les décoctions muqueuſes, les gelées de corne-de-cerf, &c. portent ſouvent le nom d'*ali-mens médicamenteux*; on prétend même que la plupart poſsèdent des propriétés aſtringentes,

parce que fouvent leur ufage a arrêté des
dévoiemens & guéri des maux d'eftomac. Le
lait, le fucre, le miel, les farineux légers,
le pain bien levé, font encore fuivant ce
principe, des alimens médicamenteux ; c'eft-
à-dire, qu'en nourriffant beaucoup & promptement, ils réparent les pertes & les défordres
en agiffant comme des mucilages doux, peu
affaifonnés & qui ne fatiguent point.

Un bon choix dans les alimens, & beaucoup de prudence pour en ufer, voilà fouvent ce qui devient des remèdes falutaires
dans une infinité de cas. L'expérience fait
voir que les hommes qui ne font pas fuffifamment nourris, ou que leur pauvreté con-
damne à ne fe nourrir que d'alimens trop
groffiers ou détériorés, font radicalement
guéris du fcorbut & de beaucoup d'autres
dépravations des humeurs, par l'ufage d'une
nourriture plus abondante, plus fubftantielle
& plus appropriée aux organes.

J'obferverai en terminant cet article, qu'il
y a une infinité de circonftances où ayant
intention de réparer par une nourriture légère
les forces épuifées, on fatigue l'eftomac en

donnant à ce viſcère, au lieu d'un mucilage
délayé, peu aſſaiſonné, & enfin dépouillé de
leſt, une matière au contraire abondante en
leſt qui offre trop de réſiſtance aux organes
digeſtifs; tels ſont entr'autres le poiſſon &
la viande bouillie, les épinards, l'oſeille, les
chicoracées, toutes ſubſtances enfin, que l'on
rend en partie comme on les a priſes, parce
que la cuiſſon qu'elles ont ſubie dans l'eau,
les a réduites à l'état de ſquelettes fibreux,
incapables de fortifier & de nourrir.

ARTICLE VII.

De la Nourriture ſolide.

SI l'état des ſolides & des fluides qui
conſtituent la machine animale, dépend de
l'eſpèce & de la quantité de nourriture dont
nous faiſons uſage; ſi les bonnes ou mauvaiſes
digeſtions influent d'une manière très-directe
ſur notre exiſtence phyſique & morale,
combien n'eſt-il pas important de connoître,
autant qu'il eſt poſſible, le mécaniſme de
l'aliment, & de faire en ſorte que la matière
qui en réſulte, ſoit abondante & appropriée aux
organes deſtinés à en opérer la digeſtion!

On doit obſerver quelques précautions dans le choix des alimens qui ne ſauroient être indiqués par des règles générales, puiſque chez les uns la viande ſe digère plus aiſément que les légumes, & que cette dernière nourriture eſt préférée par les autres. Perſonne, dit l'immortel Boërhaave, n'eſt en état de preſcrire avec connoiſſance, une nourriture convenable à des gens qui jouiſſent d'une bonne ſanté, à moins qu'on ne ſache l'eſpèce d'altération qu'elle éprouve par les tempéramens particuliers du corps qui doit les recevoir, par le degré d'exercice auquel on eſt accoutumé; il ne ſuffit donc point de proportionner toujours la nourriture au travail, à la foibleſſe des vaiſſeaux & à la délicateſſe des organes de la digeſtion, il faut encore étudier la nature & la propriété des alimens, conſulter ſon eſtomac, &c.

Si les hommes, dont la conſtitution eſt frêle ou délicate, & qui languiſſent dans une ſorte d'oiſiveté, n'ont beſoin que d'une nourriture plus abondante en matière nutritive, qu'en ſubſtance deſtinée à leſter; c'eſt le contraire pour ceux plus robuſtes, & dont la

vie eſt très-active : l'uſage d'alimens aqueux
paſſeroit trop vîte dans les entrailles ; il leur
faut une nourriture plus ſolide, qui exige plus
de travail de la part de l'eſtomac, & y ſéjourne
un certain temps, afin que la grande capacité
de ce viſcère ſoit remplie ſans être ſurchargée.

Quelle que ſoit la nourriture qui réſulte de
l'aliment compoſé, tel que nous l'avons déjà
dit, elle doit avoir deux qualités eſſentielles ;
1.° offrir ſuffiſamment de réſiſtance aux organes
digeſtifs ; 2.° contenir des ſucs propres à réparer les pertes de l'économie animale. Les
hommes livrés à l'étude, qui ne font point
aſſez d'exercice, ne doivent ſe nourrir que
d'alimens légers approchant le plus des humeurs
animales : mais ceux qui ſe fatiguent par un
travail dur & pénible, ſe trouveront infiniment mieux d'alimens ſolides, à cauſe du
grand frottement que ceux-ci éprouvent.

Il ſeroit poſſible de rendre l'aliment léger
ou ſolide à volonté, en l'étendant dans l'eau
ou le concentrant par l'évaporation ; l'eſtomac
eſt ſouvent trop foible pour agir ſur une
maſſe épaiſſe & abondante, les ſucs ne peuvent la pénétrer, la diſſoudre & la changer

en notre propre fubftance, qu'arrive-t-il ! elle
féjourne peu dans l'eftomac, & eft précipitée
par fon poids dans les entrailles, ce qui fait
que l'appétit reparoît bientôt avec plus de
fureur qu'auparavant ; il n'eft perfonne qui
n'ait éprouvé cet effet en mangeant du riz
ou des panades trop épaiffes, des pâtifferies
tenaces ou vifqueufes.

On doit entendre par nourriture folide,
celle qui contient à peu - près un tiers de fon
poids de matière infoluble que nous avons
nommée le *leſt* ; ainſi toutes fortes de pain
bien fabriqué, dans la compofition duquel
il n'entre point de fon, les femences légumineufes, les pommes de terre, la châtaigne,
la chair des animaux adultes, toutes ces fubftances en un mot, formeront une nourriture
folide, fur-tout lorfque l'une eft affociée à
l'autre : c'eft à l'ufage, à l'expérience & à la
raifon à en déterminer la quantité, le choix,
les mélanges & la préparation.

S'il eft néceffaire que l'aliment contienne
autre chofe que la matière nutritive & l'affaifonnement, pour agir en qualité de nourriture fubftantielle & folide, on doit fentir de

refte combien toutes ces poudres ou tablettes nutritives, achetées des fommes immenfes par le Gouvernement, & vantées avec excès par leurs Auteurs, comme des reffources affurées dans les circonftances de difette, ne font nullement propres à juftifier l'idée avantageufe qu'on s'en eft formée. On peut fans doute concentrer la matière nutritive fans anéantir fes effets; mais elle ne convient que dans le cas où la nourriture légère eft indiquée : nous en dirons davantage lorfqu'il s'agira d'apprécier à leur jufte valeur, l'utilité de ces reffources.

Nous le répétons : la feule fubftance propre à nous nourrir, eft le mucilage que la cuiffon rend effentiellement le même dans tous les alimens; mais fi ce mucilage eft abondant, qu'il foit déjà étendu dans une grande quantité de fluide qui le faffe agir promptement & fans fatiguer, alors il devient une nourriture légère; quand au contraire la matière nutritive fera moins délayée, qu'en outre elle fe trouvera mêlée avec une fubftance folide & indiffoluble, elle agira alors d'une manière plus lente, & occafionnera affez de travail à l'eftomac pour le tenir occupé; enfin l'aliment

l'aliment produira l'effet d'une nourriture
groſſière dès que le ſel y dominera. Arrêtons-
nous ſur cette troiſième diſtinction de la nourriture conſidérée par rapport à ſes effets dans
l'économie animale.

ARTICLE VIII.

De la Nourriture groſſière.

L'EXPÉRIENCE & l'obſervation prouvent journellement, ainſi que nous avons déjà
eu l'occaſion de le faire remarquer, que la
quantité de ſubſtance que nous prenons en
qualité d'alimens, n'eſt point néceſſaire abſolument à la nourriture, & que le produit
des digeſtions ne paſſe pas en totalité dans
la maſſe du ſang par les vaiſſeaux lactés; il
eſt bon néanmoins que les alimens ſoient dans
des proportions ſuffiſantes, & atténués de
manière à ce qu'ils n'offrent point à l'eſtomac
trop de travail, & ne fatiguent ce viſcère
par leur état groſſier & indiſſoluble.

Un des moyens d'aſſurer à la Patrie une
riche population, & à l'Agriculture des bras
vigoureux, c'eſt que l'homme du peuple ſoit
bien ſubſtanté, que les alimens dont il fait

D

uſage, renferment aſſez de molécules nutritives pour réparer la diſſipation qui ſe fait
continuellement de nos liqueurs, & qu'elles
ne contiennent aucune ſubſtance capable d'accélérer ou d'affoiblir leurs effets; car ſoit qu'une
nourriture ſe trouve inſuffiſante, ou trop
légère, ou trop groſſière, elle entraîne des
inconvéniens ſemblables qu'il faut éviter.

L'homme qui n'eſt pas ſuffiſamment nourri,
manque de forces pour fournir à ſes travaux
& autres fatigues inſéparables de ſon état;
ſes membres affoiblis par des exercices laborieux ne ſauroient prendre aucun délaſſement:
ne réparant pas à raiſon de ſes pertes, tout
ſentiment en lui s'énerve, il devient très-
ſuſceptible des différentes influences de l'atmoſphère & des autres viciſſitudes.

Lorſque la nourriture eſt trop groſſière,
il arrive d'autres inconvéniens, d'abord elle
occaſionne un grand travail à l'eſtomac : les
ſucs qui en proviennent, ne ſont point aſſez
élaborés, ils produiſent des embarras & des
obſtructions; les réſidus étant très-abondans,
ils engorgent les viſcères, & les excrémens
qu'ils fourniſſent, fatiguent les reins, à

raiſon de leur maſſe & de leur conſiſtance.

Il eſt conſtant que l'habitant des campagnes particulièrement, ſeroit moins aſſujetti aux maladies qui hâtent le terme de ſes jours, en lui donnant de bonne heure les infirmités de la vieilleſſe, s'il pouvoit fortifier ſon corps avec une nourriture ſuffiſante & ſolide, ſans être trop groſſière.

Il ſeroit bien à ſouhaiter que les gens aiſés, accoutumés à dire vaguement que les cultivateurs & les ouvriers ne doivent manger que des alimens groſſiers, vouluſſent bien faire attention que les ſubſtances qui agiſſent ainſi, ſont très-abondantes en matières fibreuſes qui, ne tenant pas long-temps dans l'eſtomac à cauſe de leur peſanteur, ſe rendent bientôt dans le canal inteſtinal, accompagnées de la véritable nourriture qu'elles entraînent; ce qui entretient un beſoin continuel; or n'eſt-ce pas un malheur pour l'économie animale qu'un appétit inſatiable? mais le malheur eſt encore bien plus grand, lorſque dans les ſubſtances deſtinées à appaiſer cet appétit, on trouve le principe qui le fait naître & le perpétue.

D ij

Si, comme nous l'avons dit, la nourriture légère confiste dans le mucilage prefque pur; que la nourriture folide doive renfermer, outre le mucilage, un tiers environ de fon poids de left, on peut établir que la nourriture groffière fera celle où cette dernière partie fe trouvera en proportion égale avec la matière nutritive; ainfi toutes les racines & les plantes potagères, comme les carottes, les navets, les choux, les pommes de terre, les femences farineufes avec une partie de leur écorce fous la forme de *bouillie* ou de *pain*, produiront l'effet d'une nourriture groffière.

Tous les jours on dit & on répète que l'ufage d'un aliment eft nuifible à tel tempérament à caufe de fon mucilage trop épais & trop groffier; mais fuivant toute apparence, on a encore ici confondu le left: car le mucilage eft plus ou moins nutritif relativement au corps d'où on le retire; il eft même poffible de lui donner à volonté la mauvaife qualité qu'on lui impute, il fuffira d'augmenter fa confiftance & fa vifcofité par l'évaporation des parties fluides. Voilà une nouvelle

preuve qui fert à démontrer combien les préparations les plus fimples peuvent influer fur
les effets de l'aliment tantôt léger, tantôt
folide ou groffier, felon la quantité de fluide
qu'on lui laiffera combinée.

S'il y a des circonftances qui néceffitent
l'ufage d'une nourriture légère, il en eft auffi
où la nourriture groffière eft indiquée.
Combien de fois il arrive qu'il ne faut pas
nourrir, mais amufer l'eftomac follicité par
de faux befoins & le tenir fans ceffe occupé !
C'eft alors qu'on eft obligé de manger beaucoup pour fe nourrir peu, que l'aliment
doit fous un très - grand volume, renfermer
peu de matière nutritive & une grande
quantité de left ; quelquefois auffi il faut
fuivre une marche entièrement oppofée,
toutes ces confidérations forment ce qu'on
appelle *régime*.

Il fuit de tout ce nous avons rapporté
jufqu'à préfent, que l'aliment en général, ne
réfide que dans les végétaux & les animaux,
que quels que foient les corps auxquels il
appartient, il eft compofé très-évidemment de
deux fubftances, l'une diffoluble dans l'eau,

l'autre indiſſoluble; mais que pour produire
complétement ſon effet, il 'a beſoin d'être
aſſocié d'un troiſième principe qui eſt la ſapi-
dité, principe qu'il faut emprunter quelquefois
des autres ſubſtances, ou bien que la fermentation & le feu développent dans certains corps
en changeant leur nature.

Si donc l'aliment abonde en mucilage, &
que ce mucilage ſoit ſuffiſamment étendu pour
agir promptement & ſans effort, alors il opé-
rera l'effet d'une nourriture légère; lorſqu'au
contraire la matière nutritive ſera plus con-
centrée, qu'elle ſe trouvera en outre mélangée
avec une ſubſtance ſolide proportionnée, ſon
action ſera ralentie & donnera du travail à
l'eſtomac; enfin l'aliment ne fournira qu'une
nourriture groſſière, ſi ce que nous nommons
leſt, y domine. Ce court réſumé ne ſuffit-il
pas pour démontrer que les trois ſubſtances
qui conſtituent l'aliment, doivent toujours
être relatives à l'eſpèce & à la diſpoſition de
l'individu à nourrir, qu'il eſt néceſſaire qu'elles
agiſſent toujours enſemble & d'une manière
avantageuſe à l'économie animale?

Telles ſont les Obſervations que j'ai cru

devoir réunir ici pour effayer de répandre du
jour fur le mécanifme de l'aliment & fur la
nature de chacune des parties qui le conftituent. Je ne me fuis pas engagé à fuivre tous
ces effets dans les fécrétions qu'il doit fubir,
avant de pouvoir former les parties organiques.
Cette queftion importante eft entièrement du
reffort des Phyfiologiftes. Je vais donc pour-
fuivre mon examen, & m'arrêter maintenant
aux fubftances dans lefquelles la matière alimentaire fe trouve le plus abondamment
répandue dans la Nature, & que l'on connoît
fous le nom générique de *farineux*.

ARTICLE IX.

Des Farineux.

ON appelle en général *les farineux*, toute
fubftance végétale ordinairement blanche, peu
fapide, fe divifant aifément fous l'effort du
pilon ou de la meule, fe combinant avec l'eau,
dont elle partage la tranfparence & la limpidité,
étant fufceptible de trois degrés de la fermentation, & exhalant fur les charbons ardens,
une odeur qu'on défigne fous le nom de
pain grillé.

C'eſt dans les ſemences que la Nature a
répandu le plus abondamment l'aliment farineux ; auſſi ſont-ce ces parties de la fructification des Plantes que les hommes ont choiſies
de préférence pour compoſer leur nourriture
fondamentale ; & l'on ſait que dans les contrées où les racines ſont la ſubſiſtance journalière, la matière farineuſe en eſt toujours
la baſe. On ne la trouve point ſeulement
contenue dans les ſemences & dans les racines ;
elle ſe rencontre encore dans le tronc des
arbres & des arbriſſeaux.

La matière farineuſe n'eſt point un mucilage ſimple, comme on l'a ſoupçonné pendant long - temps ; elle eſt compoſée le plus
ordinairement, d'un véritable ſucre, d'une
ſubſtance extractive & d'une gomme particulière nommée *amidon*. En cet état, elle peut
ſervir en totalité à la nourriture ; mais lorſqu'au lieu de ſucre, c'eſt avec un principe
réſineux ou cauſtique qu'elle eſt combinée,
il faut l'en débarraſſer, comme nous le
dirons par la ſuite, parce qu'alors les autres
principes qui conſtituent le corps farineux,
ne pourroient exercer leurs effets nutritifs :

ils n'agiroient plus que comme médicament.

Le farineux qui mérite de tenir le premier rang, eft fans contredit le froment, foit qu'on le confidère du côté de fa vertu nutritive, foit par rapport à l'excellence de l'aliment qu'on en prépare. Pendant long-temps nous avons vu ceux qui en font le commerce, s'affurer préalablement par différentes épreuves, de fa qualité, fans faire attention en même-temps que ces épreuves offroient des phéno-mènes que ne préfentoient pas les autres grains de la même famille, foumis aux mêmes effais; circonftance qui auroit dû nous con-duire plutôt à la connoiffance du corps parti-culier d'où il dépendoit.

Je crois en avoir dit fuffifamment, pour laiffer deviner qu'il s'agit ici de la matière glutineufe, découverte dans le froment par *Beccari*, & dont l'exiftence avoit été foup-çonnée par les Marchands de grains & les Boulangers, long-temps avant que ce Phyficien n'en eût donné la démonftration. Cette décou-verte, quoique très-importante, fut cependant enfevelie dans l'oubli prefque à fon origine; ce n'eft guère que quinze ans après, que l'attention des Chimistes de tous les pays, se réveilla au sujet de cette matière ; qu'elle devint l'objet de plusieurs thèses soutenues dans différentes Universités, & qu'on l'examina par la voie de l'analyse, dans les Cours de Chimie publics & particuliers.

Éclairé par les travaux de Beccari, de Kessel-Meyer & de Model, jaloux de marcher sur les traces de ces Savans, pour développer de plus en plus la nature & les propriétés des alimens farineux, j'entrepris une suite d'expériences pour répandre du jour sur leurs parties constituantes, & je me flatte que les raisons sur lesquelles je m'appuie, pour établir que la matière glutineuse n'est point la partie principalement nutritive du froment, ainsi que le prétendoient les Chimistes d'après quelques analogies, ont été adoptées, puisque aucun d'eux, que je sache, n'a rien objecté jusqu'à présent de solide à ce sujet.

Il est vrai que pour discuter complétement la question dont il s'agit, j'ai cherché à connoître la place que la matière glutineuse occupoit dans le froment, ses effets au grenier, sous la meule & dans la bluterie ; comment elle ſe trouvoit diſſéminée dans les farines, l'eſpèce d'altération qu'elle y occaſionnoit, à quels ſignes on apercevoit qu'elle étoit viciée, ſes fonctions dans le levain & la pâte, les changemens qu'elle éprouvoit lors de ſa cuiſſon au four ; enfin la forme que lui faiſoit prendre la préparation de la bouillie & du pain. Toutes ces recherches m'ont paru néceſſaires pour l'entière connoiſſance de cette matière vraiment ſingulière, & je m'eſtimerai très - heureux ſi elles peuvent fournir quelques lumières à ceux qui s'occupent de plus grands objets ; je déclare que c'eſt par ce moyen que je ſuis parvenu à expliquer tous les phénomènes qu'offrent deux Arts de première néceſſité, la Meunerie & la Boulangerie.

La propriété qu'a la matière glutineuſe de prendre par le moyen de l'eau, la forme d'une pâte qui reſſemble beaucoup pour le coup-d'œil, aux parties membraneuſes des animaux, telles que le tiſſu cellulaire & l'épiploon, l'état ſpongieux qu'elle acquiert dans ce fluide lorſqu'elle y a bouilli un moment, ſon analogie avec la limphe animale, la ſolidité d'une corne tranſparente qu'elle a dès qu'on en a

féparé l'eau à l'aide de l'évaporation, la
promptitude avec laquelle elle s'altère & fe
corrompt en exhalant une odeur déteftable,
les produits femblables à ceux des animaux,
qu'elle fournit à la cornue; voilà fans doute
les raifons principales qui ont déterminé à
faire regarder cette fubftance glutineufe comme
la partie principalement nutritive du froment.
Joignez à toutes ces confidérations l'idée dans
laquelle on eft que ce grain eft le plus nourriffant entre les graminés, ce qui fuffifoit
pour confirmer cette opinion; combien d'hy-
pothèfes doivent leur exiftence à des conjectures moins vraifemblables !

Une autre circonftance qui a donné lieu
encore à l'erreur, c'eft que d'après toutes
les expériences que j'ai faites, il paroît conf-
taté que le blé eft d'autant plus nourriffant,
qu'il contient moins de fon & plus de matière glutineufe; mais on a oublié de faire
attention que ce blé fi abondant en matière
glutineufe, renferme auffi une plus grande
proportion d'amidon; la quantité de ces deux
fubftances variant en raifon du fol, de la
culture & de la faifon : mais qu'avons-nous

befoin d'entaffer ici les preuves fur une chofe qu'il n'eft plus permis de contefter !

Comme les végétaux que j'ai à propofer pour remplacer en temps de difette nos alimens ordinaires, ne renferment point de fubftance glutineufe, & que la plupart fervent au contraire de réceptacle à l'amidon, je ne puis me difpenfer de fixer de nouveau les idées fur cet objet fi important à la matière que je traite, & de faire en forte de convaincre, je ne dis pas ceux qui craignant d'avouer qu'ils fe font trompés, aiment mieux accréditer des erreurs groffières, que de revenir fur leurs pas, mais l'homme honnête, trop ami de la vérité, pour ne lui pas faire le facrifice de fon opinion.

ARTICLE X.

De la Matière glutineufe du Froment.

IL auroit fallu, ce me femble, avant d'établir des théories brillantes pour prouver que la matière glutineufe eft la partie principalement nutritive du froment, il auroit fallu, dis-je, expliquer d'abord ce qu'on doit entendre par cette expreffion *principalement*

nutritive. Eſt-ce la partie du froment la plus
conſidérable en poids ou en volume, qui feroit
la ſubſtance glutineuſe ! ou bien cette ſubſtance ſous peu de maſſe, renfermeroit - elle
davantage de molécules nutritives ? Quel que
ſoit le parti que l'on prenne, il eſt facile de
démontrer que dans l'un & l'autre cas on
s'eſt trompé ; car le blé le plus riche en
matière glutineuſe n'en contient point deux
onces par livre, & l'effet de ces deux onces
n'eſt point auſſi alimentaire que l'une des
deux autres parties du grain ; éclairciſſons ces
faits par quelques obſervations.

. Tant que l'on s'eſt obſtiné à ne conſidérer . la matière glutineuſe, que ſous la
forme molle, tenace & élaſtique, telle enfin
qu'elle exiſte au moment où on vient de
l'extraire de la farine, ſuivant le procédé
connu ; on s'eſt fait illuſion ſur la quantité
que le blé en renfermoit réellement, parce
qu'on a toujours compté pour matière glutineuſe, toute l'eau dont elle étoit ſurchagée,
laquelle conſtitue ordinairement les deux tiers
de ſon poids ; on pouvoit cependant s'en
aſſurer par les expériences les plus ſimples ,

que le raifonnement auroit dû indiquer
plus tôt.

Il eft impoffible, me fuis-je dit d'abord,
qu'il exifte dans une poudre, douce au toucher, fans grumeaux, aucun corps tenace
& vifqueux, c'eft donc l'eau feule ajoutée
à la farine, pour en féparer la matière glutineufe qui lui imprime ce caractère : en la
ramenant à fa forme primitive, par la fouf-
traction de l'eau, au moyen d'une chaleur
que le blé fupporte à l'étuve fans perdre de
fes qualités, j'aurois bientôt la preuve de la
proportion où elle s'y trouve ; j'ai donc expofé
auffi-tôt à une très-douce évaporation, la
matière glutineufe divifée par petites maffes
jufqu'à ce qu'elle fût affez sèche pour être
mife en poudre ; en cet état, elle avoit
éprouvé un déchet de deux tiers, d'où il
eft réfulté qu'elle formoit à peine le huitième
de la farine.

Il y a des blés tels que ceux qui proviennent des lieux humides ou de terreins ingrats,
dont le produit en matière glutineufe, eft
à peine d'une once par livre ; il y en a
d'autres, au contraire, qui en contiennent

près de deux onces : cette loi eſt générale
pour tous les réſultats de la végétation. Nous
voyons les différentes parties des plantes être
plus ſucculentes, plus ſavoureuſes, plus aromatiques dans les années sèches & chaudes,
que dans celles qui ont été froides & humides. Mais au ſurplus, le meilleur grain ne
renferme guère plus d'un huitième de la
ſubſtance dont nous parlons ; ce fait bien
avéré par des expériences variées & répétées :
nous paſſons à l'examen du ſecond.

Pour connoître l'effet nutritif de la matière glutineuſe, ſéparée de la farine qui la
contient ; j'ai tenu un gros chien pendant
quatre jours à l'uſage de cette matière ; je lui
en donnois tous les matins deux onces deſſé-
chées & réduites en poudre, ce qui faiſoit
près de ſix onces en maſſe élaſtique, mêlées
avec autant de pain ; le ſoir, il dévoroit comme
s'il n'avoit rien mangé de la journée. Pluſieurs fois je le mis au même ordinaire le
ſoir, & le lendemain, l'effet du régime de
la veille ſe manifeſtoit par tous les ſymptômes
d'une faim preſſante ; le jour qu'il mangeoit
quatre onces de matière glutineuſe féchée, il
prenoit

prenoit cependant la partie principalement
nutritive de plus de deux livres de froment;
mais je fais tout le cas qu'on peut faire de
cette expérience iſolée, je ne la rapporte
que parce qu'elle vient à l'appui de l'obſervation ſuivante.

Si la matière glutineuſe étoit la partie
principalement nutritive du froment, pourquoi les autres grains de la même famille qui
n'en contiennent pas un atome, nourriſſent-
ils également bien & à peu-près d'une manière ſemblable ? *Beccari* & *Keſſel-Meyer* ont
cherché en vain cette matière dans tous les
végétaux qui ont la réputation d'être les
plus alimentaires. Les graminés, les légumineux, les racines potagères, n'ont rien fourni
qui reſſemblât à cette matière. Je me ſuis
auſſi occupé de ces recherches, j'oſe dire avec
le même amour pour la vérité; j'ai de plus
examiné le riz & la châtaigne, ſans avoir été
plus heureux.

Dans la perſuaſion que la matière glutineuſe eſt la partie principalement nutritive
des farineux, vu ſon analogie prétendue
avec les ſubſtances animales, on a voulu

E

abfolument qu'elle exiſtât dans les différentes
parties de la fructification des Plantes. En
conféquence, il n'y a point de recherches
qu'on n'ait faites, point de moyens qu'on
n'ait eſſayés pour la démontrer, malgré le
défaut de ſuccès, malgré les efforts inutiles
de ceux qui ſe ſont occupés *ex profeſſo* des
blés & des farines. On eſt bien convenu qu'elle
ſe trouvoit dans le froment & l'épeautre, à
l'excluſion des autres grains, mais en ajoutant
que *peut-être* il y en avoit ailleurs en trop
petite quantité il eſt vrai pour devenir ſenſible; que les hommes enfin avoient le pouvoir
de ne retirer du miel que de trois à quatre
Plantes, tandis que l'induſtrie des abeilles l'obtenoient d'une multitude infinie. Suppoſons
un moment qu'il n'y en eût qu'un gros par
livre, on pourroit l'en féparer, & quand cette
petite quantité exiſteroit, feroit-ce donc à elle
qu'il faudroit attribuer le plus grand degré
alimentaire!

D'autres Chimiſtes partiſans de la même
opinion, ſe ſont flattés d'être plus heureux
dans leurs recherches : deſirant rencontrer la
ſubſtance glutineuſe par-tout, ils ont imaginé

un moyen de la retirer de beaucoup de Plantes ſucculentes ; telles que la bourrache , la cigüe , l'oſeille , &c. mais ils n'ont pas fait attention que la matière glutineuſe , comparable à celle du blé ne peut ſe trouver & ne ſe trouve en effet que dans des ſubſtances sèches comme les ſemences, parce que dès que cette matière touche à l'humidité , elle s'en empare auſſi-tôt, prend l'état glutineux & devient par conſéquent très-ſuſceptible de s'altérer & de ſe corrompre. Ils ont oublié encore que cette ſubſtance glutineuſe ne pouvoit exiſter dans des Plantes acidules , telle que l'oſeille , d'où ils prétendent l'avoir cependant extraite , puiſque de l'aveu de tous ceux qui ſont familiers avec la matière glutineuſe , l'acide végétal eſt ſon diſſolvant naturel. Mais il eſt de toute impoſſibilité à l'art , de donner à cette ſubſtance que l'on ſépare des ſucs dépurés des Plantes virulentes & acidules, qui eſt diſſoute dans l'eau de vegétation , qui ſe manifeſte à la plus douce chaleur, ſous la forme de flocons blancs , qui ſe sèche ſans ſe bourſoufler , il eſt impoſ-ſible, dis-je, de lui donner les propriétés les

plus essentielles de la matière glutineuse,
l'élasticité & la tenacité.

Une substance sèche & pulvérulente, peut
bien exhaler sur les charbons ardens, l'odeur
d'une corne brûlée, donner de l'alkali volatil
à la cornue, passer à la fermentation dans une
atmosphère chaude & humide, sans pouvoir
être comparée à une matière, laquelle en
s'emparant de l'eau avec avidité, acquiert de
la mollesse, de la glutinosité, de l'élasticité,
que l'eau, les acides végétaux, le sucre, le
jaune-d'œuf, attaquent & dissolvent, & qui
introduite dans la pâte des autres grains,
que le froment, donne un pain blanc & plus
léger.

Dans la préoccupation où l'on est toujours
que la substance glutineuse est la partie nutritive de tous les corps qui nous servent
d'alimens journaliers; on a prétendu qu'elle
passoit ainsi des végétaux dans les animaux,
& que toutes nos liqueurs laissoient apercevoir les preuves de sa présence; cependant
la matière glutineuse ne se trouve plus comme
telle sous quelque forme que nous fassions
usage du grain dans lequel elle est contenue

privativement; la cuiffon & la fermentation
ont détruit entièrement fa glutinofité, fon
élafticité & fa continuité; on fait d'ailleurs,
que les animaux herbivores & frugivores,
n'ont pas moins de parties cafeufes dans leur
lait, & de parties fibreufes dans leur fang.

La matière glutineufe fe trouve détruite
dans la bouillie & dans le pain, en tant que
matière glutineufe : une partie qui eft diffoute
par la matière extractive ou fucrée de la farine,
s'eft rapprochée de l'état mucilagineux, l'autre
a été furprife fous-la forme tenace par la
cuiffon & devient infoluble. Ainfi la fubftance
glutineufe n'arrive jamais à l'eftomac, revêtue
de fes caractères particuliers, foit qu'elle produife l'effet de la nourriture ou qu'elle ne
faffe que les fonctions de left, elle eft toujours dans un tout autre état, & l'on doit
préfumer que la portion devenue infoluble,
eft confondue après la digeftion, dans la maffe
groffière qui doit former les excrétions.

La promptitude avec laquelle la matière
glutineufe paffe à la putréfaction & l'alkali
volatil qu'elle fournit à la dernière violence
du feu, ont pu faire foupçonner encore qu'elle

E iij

étoit compofée des mêmes principes que les fubftances animales , & par conféquent fufceptible de nourrir autant qu'elles ; mais cette foible fimilitude doit - elle en impofer dans un temps où l'on fait combien il y a de corps qui fe pourriffent aifément fans être alimentaires ; dans un temps où l'on fait que l'analyfe à la cornue , eft le moyen le plus infidèle pour déterminer les propriétés d'une fubftance quelconque.

Le blanc d'œuf qui fe corrompt aifément, qui devient fpongieux & infoluble par la cuiffon , & donne de l'alkali volatil à la cornue, devroit être fuivant cette hypothèfe, une véritable matière glutineufe & nourrir davantage que le jaune. Les champignons, l'indigo & les autres fécules vertes des plantes, ne préfentent - ils pas les mêmes phénomènes ! enfin les mucilages les plus infipides , tels que la gomme arabique, ne donnent - ils pas auffi de l'alkali volatil à la cornue ! combien de fubftances végétales qui ne font ni glutineufes, ni muqueufes, ni alimentaires, fourniffent ce produit falin, ou du moins quelle eft la fubftance dans la Nature, provenant du règne végétal & animal, qui ne donne point d'alkali volatil!

En réuniſſant les différens phénomènes que le ſon, entièrement dépouillé de farine, préſente dans ſon analyſe, on verra aiſément qu'ils ont une reſſemblance marquée avec ceux de la matière glutineuſe; comme elle, il donne de l'huile & de l'alkali volatil à la cornue, ſans offrir d'alkali fixe dans ſes cendres; comme elle, il s'enflamme & exhale en brûlant une odeur animale, & paſſe dans un temps chaud à la putréfaction; enfin, il ne lui manque que le moyen de s'aglutiner & de ſe réunir en maſſe tenace & élaſtique, pour lui reſſembler parfaitement; cette nouvelle obſervation ne ſert-elle point à démontrer que les propriétés qui ont fait attribuer à la matière glutineuſe, l'effet éminemment nutritif du froment ſont très-équivoques !

Le caractère animal de la matière glutineuſe, n'eſt point auſſi bien établi qu'on le prétend. Si on l'abandonne dans un bocal rempli d'eau, expoſée à une température de deux degrés de glace, elle ſe conſerve ainſi pendant quinze

jours fans paroître éprouver d'altération fenfible ; au bout de ce temps, elle devient
vineufe, puis acide & demeure en cet état
plus de deux mois, fans paffer à la putréfaction. Cette obfervation que j'ai eu occafion
de faire pendant trois hivers, avec les mêmes
circonftances, m'a donné lieu d'expliquer
pourquoi le blé altéré en hiver par une humidité froide, contracte une odeur aigre,
tandis que cette odeur eft putride, quand
l'altération s'opère en été. C'eft encore un
nouvel exemple qui nous avertit combien il
eft effentiel d'être circonfpect dans fes juge-
mens, & de ne pas fe hâter de prononcer
fur la compofition de certains corps, fans les
avoir examinés dans les différentes faifons &
fous tous les afpects. J'avoue qu'entraîné moi-
même par *Beccari* & par les Savans qui ont
adopté fon opinion, il fut un temps où j'ai
cru que la matière glutineufe pouvoit s'aigrir
à la manière de la viande, mais que l'état
putride fuccédoit en un clin d'œil à la fermentation acide.

D'après toutes les expériences que j'ai faites
pour connoître la véritable nature de la

matière glutineufe, je crois être fondé à la regarder comme un mucilage furchargé d'huile d'une nature particulière aux graminés, & qui me paroît beaucoup approcher des huiles graffes; c'eft ce qui m'a déterminé depuis long-temps à préfenter cette matière comme une efpèce de gomme réfine, vu la facilité qu'elle a encore à fe laiffer divifer par les acides végétaux, & la manière dont l'eau, l'éther & l'efprit-de-vin l'attaquent & la diffolvent.

Quelles que foient donc la nature & les propriétés phyfiques de la matière glutineufe, toujours eft-il certain qu'elle forme tout au plus le huitième des meilleurs grains, & qu'elle s'éloigne des propriétés les plus générales du corps muqueux proprement dit; d'où il fuit que quand cette matière opère l'effet nutritif, ce n'eft qu'après avoir perdu par la fermen-tation & par la cuiffon une partie des propriétés qui lui ont fait attribuer la vertu alimentaire pour fe rapprocher du caractère de mucilage; mais alors elle ne produit cet effet que comme ces derniers, & loin d'être la partie principale-ment nutritive du froment, on ne doit la confi-dérer que comme la plus foible. Occupons-nous maintenant du principe des farineux qui méritent à jufte titre notre attention, nos recherches, & l'épithète donnée fi gratuitement à la matière glutineufe.

ARTICLE XI.

De l'Amidon confidéré comme la partie principalement nutritive des Farineux.

LA connoiffance de l'amidon étoit bien imparfaite quand *Beccari* imagina d'examiner le grain qui en contient le plus; celui qui ouvre une nouvelle route ne fauroit tout aplanir : il reftoit donc d'autres expériences à tenter pour parvenir à ce que nous favons tant fur la nature, que fur l'origine de cette matière.

Il feroit fuperflu de rappeler ici la variété d'opinions que l'amidon a fait naître; je me bornerai à le définir, d'après fes propriétés que j'ai approfondies, une efpèce de gomme particulière, une gelée sèche, fi j'ofe m'exprimer ainfi, répandue dans une infinité de végétaux, indépendante de leur odeur, de leur faveur & de leur couleur, jouiffant toujours d'un très-grand degré de blancheur, de

fineſſe & d'inſipidité, ayant le toucher froid
& un cri qui lui eſt propre, inaltérable à
l'air, indiſſoluble dans les véhicules aqueux &
ſpiritueux ſans le concours de la chaleur.

En effet, l'amidon de marrons-d'inde n'a
aucune amertume, celui du pied-de-veau n'eſt
pas cauſtique; l'amidon de la brione n'eſt
pas purgatif, celui des iris eſt inodore : enfin
l'amidon de la filipendule eſt ſans couleur.
Ainſi tous ces amidons, connus en Médecine
ſous le nom de *fécules*, étant bien lavés, n'ont
aucunes propriétés médicinales; ils ſont nourriſſans & voilà tout.

Nous avons fait voir dans l'article précédent,
que la ſubſtance glutineuſe du froment ne
pouvoit être conſidérée comme la partie
principalement nourriſſante des farineux, &
nous en avons établi les raiſons ; il nous ſera
très-aiſé de démontrer le contraire par rapport
à l'amidon, aliment naturel de l'homme, le
plus analogue à ſa conſtitution, & qui fait
ordinairement la partie la plus conſidérable des
végétaux farineux où il ſe trouve répandu :
car le blé le plus médiocre peut en fournir
juſqu'à huit onces par livre, & la farine de

gruau, qui eſt la portion la plus nourriſſante du froment, eſt preſque tout amidon.

Jetons maintenant un regard rapide ſur les autres farineux qui ſervent de nourriture fondamentale aux différens peuples de toutes les contrées de la Terre, & nous verrons que l'amidon en fait la baſe; que c'eſt toujours en raiſon de la quantité où ſe trouve cette ſubſtance, que les farineux poſſèdent une vertu plus ou moins nutritive. Le ſeigle, l'orge, l'avoine, le millet, le riz, le ſagou, le ſaraſin, le maïs, la châtaigne, le coton fromager, la patate, &c. aucun de ces végétaux ne renferme de matière glutineuſe; tous au contraire fourniſſent de l'amidon ou une ſubſtance qui lui eſt analogue.

Exiſteroit-il donc pluſieurs matières auxquelles on puiſſe attribuer la qualité nutritive dans les végétaux! Le ſuc gélatineux des fruits, la ſubſtance ſucrée des tiges & des racines, enfin l'amidon, ſeroient-ils trois matières différentes! Oui ſans doute dans l'état où on les emploie; mais ſi l'on a jamais goûté depuis leur développement juſqu'à leur parfaite maturité, les ſubſtances graminées ou légumineuſes,

en un mot, toutes les parties des plantes d'où
on peut tirer de l'amidon, on reconnoîtra
bien que dans le temps où elles font le plus
fucculentes, où elles paroiffent avoir pris toute
leur extenfion, & n'avoir plus befoin que de
la dernière élaboration qui les rendra farineufes; dans cet inftant-là, dis-je, toutes ces
fubftances font fucrées & muqueufes: il faut
donc en conclure que l'amidon qui en
réfulte, n'eft compofé que de parties fapides,
que la végétation a combinées au point de
faire difparoître pour un certain temps
leur faveur.

Mais, dira-t-on, pourquoi les fucs fucrés
des fruits ne fourniffent-ils point d'amidon,
& pourquoi par une marche oppofée com-
mencent-ils par prendre un goût acerbe avant
leur maturité! C'eft, fi l'on me permet cette
réponfe, que les fruits ne font pas deftinés
par la Nature à acquérir la folidité des grains;
ils doivent leur maturité à une certaine quantité d'eau qui gâteroit bientôt les femences
fi elles en avoient la même abondance. Or,
comme cette abondance leur manque dans le
commencement de leur fructification, ces

fubftances fapides fe trouvent & moins élaborées & plus auftères.

En ne confidérant l'amidon que du côté
de fes propriétés phyfiques, on aperçoit
bientôt qu'il réunit à un très-grand degré,
toutes les qualités qui caractérifent la vertu
alimentaire; d'abord il n'en faut qu'une très-
petite quantité pour donner à beaucoup de
fluide aqueux aidé de la chaleur, une confiftance de gelée femblable en tout point à celle
que nous retirons des fubftances végétales &
animales les plus fubftantielles : enfuite fi on
analyfe l'amidon par la diftillation à la cornue,
on en obtient les mêmes produits que fourniffent le miel, le fucre, & en général tous
les corps doués de la faculté éminemment
nutritive.

Le fagou, cette moëlle farineufe que l'on
retire du tronc de certains palmiers, n'eft autre
chofe qu'un véritable amidon, dont l'effet
nourriffant ne fauroit être contefté puifqu'il eft
indiqué comme tel par les gens de l'art. Autrefois on fe fervoit de l'amidon ordinaire fous la
forme d'*empois* dans les diarrhées; il agiffoit
à la manière des gelées en procurant une

nourriture ſubſtantielle ſans fatiguer l'eſtomac.
Quelle vogue n'a point eu de nos jours celui
qu'on retire des pommes de terre ! L'expérience a ſuffiſamment prouvé que deux onces
d'amidon diſſous dans du lait ou dans de l'eau
avec un peu de ſel ou de ſucre, étoient capables
de nourrir toute une journée un enfant qu'on
vouloit ſevrer, & qu'une pareille nourriture
valoit infiniment mieux que cette bouillie pernicieuſe de farine de froment qui, quoique
préparée avec ſoin, immole chaque année tant
de victimes.

Une Obſervation qu'il n'eſt pas moins
eſſentiel que je rapporte ici, dans la vue de
prouver l'excellence de l'amidon pour la nourriture, c'eſt qu'une Dame ayant remarqué que
une cuillerée de fécules de pommes de terre
étoit capable de donner du corps au bouillon
pour faire une ſoupe copieuſe ſans nuire à
ſa ſaveur, s'eſt déterminée à en faire l'eſſai ;
pendant quinze jours qu'elle continua cet
uſage, elle s'aperçut que le ſoir elle avoit
moins d'appétit que de coutume, ſans trop
ſavoir à quoi en attribuer la cauſe, n'ayant
aucune ſorte d'indiſpoſition : mais à la fin elle

foupçonna que ce pouvoit bien être l'amidon ; elle n'en eut plus aucun doute, lorfqu'après avoir ceffé d'en prendre, elle foupa comme à fon ordinaire.

Mais l'amidon féparé des fubftances muqueufes & extractives auxquelles il eft toujours uni dans l'état farineux, ne pouvant fubir l'action du pétriffage & la fermentation panaire, je lui en ai ajouté la moindre quantité poffible, & le pain que j'en ai obtenu, relevé par quelques grains de fel, a paru très-bon & fort nourriffant.

Il réfulte de tout ce que nous avons avancé fur les farineux, que les différentes parties qui les conftituent, poffèdent chacune la faculté alimentaire en raifon de leur proportion & de leur caractère fpécifique ; que par conféquent la matière glutineufe ne fauroit en être le principe le plus alimentaire, puifque, quelqu'abondante qu'on la fuppofe dans les grains de première qualité, elle s'y trouve tout au plus pour un huitième ; que d'ailleurs elle eft indiffoluble dans l'eau bouillante, & ne paroît point fous la forme de gelée, qualités qui appartiennent effentiellement à la matière nutritive.

Toutes

Toutes ces confidérations, & tant d'autres qu'il feroit inutile de rapporter ici, tendent à prouver que la propriété attribuée fi gratuitement à la matière glutineufe, appartient en entier à l'amidon, à cette fubftance qui conftitue l'état farineux des végétaux fervant de nourriture à tous les peuples de l'Univers, que la Nature a répandue abondamment dans les différentes parties de la fructification des Plantes, à cette fubftance enfin qui reftaure à la manière des gelées, & avec laquelle j'ai fait du pain dont je me fuis nourri pendant trois jours en faifant beaucoup d'exercice fans prendre aucun autre aliment; fi donc la matière glutineufe joue le plus grand rôle dans la panification, l'amidon produit prefque feul tout l'effet nutritif.

C'eft donc parmi les végétaux où il fe trouve de l'amidon qu'il faut chercher la partie principalement nourriffante des farineux, l'aliment par excellence, celui dont nous faifons un ufage journalier; c'eft dans cette fubftance que réfide le principe des farineux, & le degré alimentaire que ceux - ci pofsèdent, ne peut tenir qu'à la quantité d'amidon, ou

F

d'une matière mucilagineuse & gélatineuse qui lui font analogues.

Nous avons cru devoir confacrer les premiers articles de cet Ouvrage à déterminer la nature du principe nourriffant répandu dans tous les végétaux fous des formes variées, en faifant voir en même-temps qu'il y avoit peu de circonftances où il falloit l'employer dans l'état de pureté, & que prefque toujours il étoit effentiel qu'il fût affocié avec d'autres fubftances, dont la réunion formoit l'aliment proprement dit. Il eft à propos maintenant d'indiquer les Plantes qui peuvent fuppléer en temps de difette à la nourriture ordinaire, & quelle en doit être la préparation.

ARTICLE XII.

Des Pommes de terre.

DANS la multitude innombrable des végétaux qui couvrent la furface sèche & la furface humide du Globe terreftre, il n'en eft peut-être point qui mérite davantage de fixer l'attention des bons citoyens, que la Pomme de terre; foit qu'on l'envifage du côté de la culture, ou bien qu'il s'agiffe des reffources

alimentaires que ces racines font en état de
procurer aux hommes & aux animaux pendant
au moins la moitié de l'année, que la Nature
femble fe repofer.

Originaire de la Virginie, cette Plante s'eft
naturalifée fi parfaitement & avec tant de
facilité en Europe, qu'on croiroit à préfent
qu'elle appartient à notre hémifphère. Les
Irlandois la cultivèrent d'abord dans les jardins
par pure curiofité, & ce ne fut guère qu'au
commencement du dix - feptième fiècle qu'ils
effayèrent d'en faire ufage. Sa culture paffa
bientôt en Angleterre, puis en Flandre, en
Allemagne, en Suiffe & en France; elle fe
plaît en effet dans tous ces climats : toutes
les expofitions & la plupart des terreins lui
font propres; trois ou quatre mois fuffifent
pour qu'elle acquierre fon accroiffement &
toute la perfection défirée : la récolte peut
s'en faire plufieurs fois l'année; elle ne
manque prefque jamais : enfin le règne
végétal n'offre rien de plus utile, de plus
fain, de plus commode & de moins difpendieux que la pomme de terre, puifqu'elle
peut fervir également en boulangerie, dans

les cuifines, dans les offices & dans les baffe-
cours.

Si le froment mérite d'être placé à la tête
des femences céréales à caufe de l'excellence
& de la qualité de nourriture qu'il offre, on
peut avancer que la pomme de terre mérite
le premier rang parmi les racines ; il n'exifte
point de Plante auffi féconde, & qui fe multiplie par autant de moyens : le principe de
fa reproduction réfide non - feulement dans
les racines & dans les femences, mais encore
dans les tiges & dans les branches. Citons
quelques faits qui prouveront que l'extrême
multiplication des pommes de terre eft un
exemple bien frappant des grandes reffources de
la Nature pour la régénération des végétaux.

M. *Elleraie* ayant coupé les fommités des
pommes de terre, il les planta dans un carré
de terre où la graine d'oignon n'avoit pas
pris ; elles produifirent des tubercules très-
gros & dans la plus grande abondance : les
racines d'où ces jets avoient été détachés, loin
d'avoir fouffert quelques dommages, ont
donné une production plus forte. Le *Guide du
Fermier* prétend que dans la difette des pommes

de terre , & lorſqu'on ne pourroit point
ſe paſſer de leur nourriture, il ſeroit poſſible
en levant les pelures avant de les faire cuire ,
& les mettant dans la terre au lieu des racines,
de faire produire à chaque œilleton autant que
s'il étoit nourri par la pulpe entière. Cet
Auteur eſtimable ajoute qu'au défaut de leurs
racines, on pourroit ſe ſervir de la ſemence.
Nos feuilles périodiques ſont remplies d'obſervations qui atteſtent qu'un ſeul œilleton
a produit ſouvent juſqu'à trois cents & plus, de
tubercules depuis la groſſeur du poing juſqu'à
celle d'un œuf de pigeon. M. le *Baron de*
Saint - Hilaire m'a écrit qu'une pomme de
terre iſolée & cultivée avec ſoin, en avoit
donné neuf cents quatre - vingt-ſix, dont la
moitié à la vérité étoient fort petites ; la Plante
n'avoit ni fleuri ni grainé. Pluſieurs Sociétés
d'Agriculture ont accordé des Prix aux uns
pour avoir récolté trente milliers peſant de
pommes de terre ſur un champ d'un acre,
qui rapportoit tout au plus mille livres d'orge
ou de menus grains : aux autres pour en
avoir fait produire cinquante ſetiers à un
arpent de mauvaiſe terre ſablonneuſe qui

n'auroit pas rendu en grains la femence qu'on
y auroit jetée. M. *John Howard de Cardington*,
Gentilhomme Anglois, en a planté une efpèce
nouvellement arrivée de l'Amérique, dont la
groffeur & la fécondité font encore plus
confidérables ; il s'en eft trouvé dans le
nombre qui pefoient neuf livres (cette efpèce
rend communément cent vingt pour un) :
deux de ces pommes de terre pefant chacune
une livre, furent divifées l'une en deux
morceaux, & l'autre en trente ; la première
donna deux cents vingt-deux livres de pommes
de terre, & la deuxième, quatre cents foixante-
quatre livres : cette multiplication fi étonnante
a fait avancer à un Cultivateur diftingué,
qu'avec une feule de ces pommes de terre,
il étoit affuré de parvenir à enfemencer la
huitième partie d'un arpent, & voici comment ;
1.° en féparant d'abord tous les yeux qui font
au nombre de trente à quarante ; 2.° en
efpaçant de quatre à cinq pieds chaque œilleton ;
3.° en arrachant les rejetons & en les tranf-
plantant ; 4.° en faifant la même chofe avec les
tiges & les branches, en forte qu'on n'en laiffe
que trois au plus à chaque pied.

Tous ces exemples de fécondité atteftés par les autorités les plus refpectables, & que l'expérience juftifie tous les jours, prouvent combien la force végétative agit dans la tige, la femence, les racines de la pomme de terre, & qu'un petit coin de jardin qui en feroit planté, fuffiroit dans un temps de difette, pour procurer à une famille très-nombreufe, de quoi fubfifter jufqu'au retour de l'abondance. Faffe le Ciel que ce temps foit loin de nous! mais enfin s'il arrivoit, nos malheureux concitoyens en jouiffant de ce bienfait que nous devons à la découverte du nouveau Monde, ne fe trouveroient-ils pas dédommagés en quelque forte de ce préfent fatal apporté prefque en même-temps de ces mêmes contrées?

On a confondu, & on confond encore tous les jours la patate & le topinambour avec la pomme de terre, & malgré les réflexions judicieufes que M. le Chevalier *Muftel* a faites à cet égard, rien n'eft encore plus commun, que de voir les Auteurs donner ces différens noms à la même Plante, ce qui occafionne des méprifes continuelles qu'on ne fauroit trop s'empreffer de prévenir en fixant d'une manière irrévocable les caractères des trois Plantes dont il s'agit. Elles font toutes, il eft vrai, originaires de l'Amérique; leur utilité alimentaire dépend également de leurs racines qui font charnues, fe propagent avec beaucoup de facilité, mais elles appartiennent à des familles diftinctes, n'ayant entre elles aucune reffem- blance dans les parties de leur fructification.

La patate eft de la claffe des *convolvulus;* fes racines font jaunâtres & filandreufes : elles contiennent une matière extractive fucrée très- abondante; cuite dans l'eau ou fous la cendre, fon goût approche de celui de la châtaigne.

Le topinambour ou poire de terre, eft du genre des fleurs radiées, & appartient à la claffe des *corona folis;* fes racines font pivo- tantes, de figure irrégulière & fort aqueufes : la matière extractive qu'elles renferment, eft vifqueufe; on compare leur goût à celui du cul d'artichaud.

La pomme de terre eft un *folanum* ou morelle; fes racines font raffemblées au pied de la Plante en très-grand nombre, attachées les unes aux autres par des filamens chevelus qui s'étendent conſidérablement : elles ſont farineuſes & très-fades.

On a déſigné encore avec auſſi peu de fondement la pomme de terre ſous le nom de *truffe blanche* & de *truffe rouge ;* mais il eſt très-aiſé de diſtinguer également les caractères qui établiſſent la différence entre ces racines & la ſubſtance fongueuſe informe à qui appartient réellement ce nom ; ainſi quels que ſoient la figure, le volume, la couleur & le goût de la pomme de terre, toutes les fois qu'elle ſera compacte, peſante, blanche, ce ne peut être ni la patate, ni le topinambour : il n'y a qu'elle où il ſe trouve de l'amidon, & qui puiſſe par conſéquent ſervir à faire de la bouillie, des crêmes & du pain ; enfin, ce ſont les racines les plus utiles, les plus fécondes & les plus abondantes en nourriture, non-ſeulement des Plantes que nous venons de nommer, mais encore de toutes celles dont l'uſage ſoit connu & adopté.

Quand on réfléchit ſérieuſement que les années les moins riches en grains, ſont extrêmement abondantes en pommes de terre, & *vice verſâ,* on eſt ſcandaliſé de voir l'indifférence que montrent encore certains peuples pour cette espèce de dédommagement dont il ne tiendroit qu'à eux de profiter. La même Plante peut servir à mieux alimenter l'habitant de la campagne & ses bestiaux, d'où il s'ensuivra qu'il sera en état d'en posséder un plus grand nombre, & que la race humaine pourra elle-même s'augmenter, puisqu'il paroît que ce légume est propre à la population, & que la quantité d'enfans qu'on voit en Irlande est dûe à l'usage que les habitans font des pommes de terre, soit parce qu'elles les préservent des maladies du premier âge, soit parce qu'elles donnent à leurs parens plus d'aisance & une constitution plus robuste.

J'en avertis de bonne heure, quoique l'expérience & l'observation prononcent jour-nellement depuis un siècle en faveur des pommes de terre, je n'ai point la présomp-tion de croire que je parviendrai à faire revenir sur leur compte ceux qui ont lancé un arrêt de proscription contre elles, sans en avoir goûté, sans même en avoir vu. Je sais que quand on est prévenu contre un individu quelconque, il est rare que l'esprit

préoccupé ne lui trouve, quoiqu'on diſe pour
déſabuſer, plus de mauvaiſes que de bonnes
qualités, & ſi jamais on revient à ce ſujet,
ce n'eſt qu'après l'avoir long-temps maltraité;
tel ſera peut-être long-temps le fort de la
pomme de terre dans quelques cantons du
royaume.

Je dois prévenir encore avant d'entrer en
matière, que je ſuis bien éloigné de penſer
que la plupart de ceux qui ont élevé la voix
contre l'uſage de la pomme de terre, ſous
quelque forme que ce ſoit, aient publié ce
qu'ils ne penſoient point; ils ſont dans l'erreur
de bonne foi : la ſeule faute qu'on puiſſe leur
reprocher, c'eſt d'avoir fait part de leurs
craintes avant d'en avoir approfondi la ſource;
il s'écoulera bien des années encore avant
de pouvoir oppoſer au torrent des préjugés,
une digue ſalutaire : mais faut-il à cauſe des
obſtacles qu'on rencontre à chaque inſtant,
lorſqu'on veut ſoumettre les habitans des campagnes pour leur propre intérêt à une pratique
avec laquelle ils ne ſont point familiariſés,
faut-il, dis-je, renoncer à les éclairer, &
négliger d'employer auprès d'eux l'exemple,

ce moyen toujours plus puiſſant que les meilleurs Traités ? Faut-il enfin ſe diſpenſer de crier à ces laboureurs qui nous font vivre, eux qui ont tant de peine à ſubſiſter : *il n'y a point de pays au monde à l'abri des diſettes ; les pommes de terre peuvent remplacer tous les grains deſtinés à la nourriture des hommes & des beſtiaux : infiniment moins aſſujetties aux accidens qui anéantiſſent le produit de vos moiſſons, elles deviennent ſans aucun apprêt une nourriture auſſi ſimple & commode, que ſaine & abondante ; pourquoi n'en profiteriez-vous point ? Pourquoi dédaigneriez-vous la culture du végétal qui rend le plus à l'induſtrie humaine, & ſur lequel on diroit que la main bienfaiſante du Créateur a raſſemblé tout ce qu'il eſt poſſible de deſirer, pour trouver l'abondance & l'économie au ſein même de la cherté & de la ſtérilité.*

Ce cri s'eſt déjà fait entendre dans quelques cantons de pluſieurs de nos provinces, où les malheureuſes circonſtances des années précédentes en ont juſtifié la vérité. Bientôt on y entendra répéter ce qu'on dit en Alſace & en Lorraine, à ceux qui forment encore quelques doutes ſur la ſalubrité des pommes de terre : *regardez nos enfans, nos gens, nos beſtiaux qui ſe nourriſſent de pommes de terre, ne ſont - ils pas auſſi ſains, auſſi vigoureux, auſſi contens & auſſi multipliés que dans vos pays à grains ?*

De quels ſentimens ne devons - nous pas être pénétrés pour la mémoire de l'Amiral *Walther Raleigh* qui le premier apporta dans ſa patrie une Plante auſſi productive ! Il faudroit lui ériger une ſtatue, & la reconnoiſſance ne manqueroit pas de faire tomber à ſes pieds, les habitans des campagnes dérobés aux horreurs de la faim par le ſecours unique des pommes de terre.

ARTICLE XIII.

De l'uſage des Pommes de terre en nature.

Les Pommes de terre varient infiniment par leur couleur, leur volume, leur forme, leur conſiſtance & leur goût ; mais ces variétés ne ſont pas toujours l'ouvrage du terrein, de la ſaiſon & des ſoins de la culture, comme on l'a prétendu : elles dépendent d'eſpèces

réellement différentes, puisque les parties de
la fructification de la Plante varient également
entre elles : les fleurs sont, tantôt d'un gris-
cendré & d'un blanc mate, tantôt d'un rose
pâle ou d'un beau bleu ; le vert du feuillage,
la tige, le fruit, ont aussi des dissemblances ;
il y a des pommes de terre hâtives & des
pommes de terre tardives : cependant il paroît
que les principes qui constituent leurs racines,
sont toujours de la même nature ; ils varient
seulement en proportion.

Quoique les bons effets des pommes de
terre en nature, soient constatés par l'usage
journalier qu'en font des nations entières &
plusieurs de nos provinces, elles n'ont pu se
dérober aux traits de la calomnie. Que de
maux imaginaires ne leur a-t-on pas prêtés !
Que de fables n'auroit-on pas débitées contre
elles, si une foule d'Écrivains, faits pour prononcer sur les effets de la nourriture dans
l'économie animale, n'eussent défendu &
justifié celle qu'on retire de ces racines. C'est
à cette occasion qu'en 1771, la Faculté de
Médecine de Paris, consultée par M. le
Contrôleur général sur la salubrité des pommes

de terre, taxées d'occasionner des maladies
dans quelques-unes de nos provinces, donna
le rapport le plus avantageux, bien propre
à faire disparoître toutes les craintes.

Mais comme il ne suffisoit point de rappeler aux particuliers prévenus contre la
pomme de terre, qu'il y avoit plusieurs millions
d'hommes qui subsistoient presque avec cette
seule nourriture dans les provinces d'Allemagne les plus peuplées, de leur citer ce que
dit un excellent Observateur en parlant des
Irlandois, auxquels la pomme de terre sert de
nourriture principale : *ils sont,* remarque-t-il,
robustes ; ils ignorent quantité de maladies dont
d'autres peuples sont affligés : rien n'est moins
rare que de rencontrer des vieillards & de voir
des jumeaux courir autour de la cabane d'un
paysan. J'ai cru devoir me livrer à quelques
recherches & entrer dans des discussions chimiques, afin de dissiper les alarmes, & de
ne plus laisser de prétextes à la prévention.

J'ai donc démontré par une suite nom-
breuse d'expériences, que les pommes de terre
contenoient dans leur état naturel, trois principes essentiels & distincts, examinés chacun à

part ; favoir, 1.° une fubftance pulvérulente & blanche femblable à l'amidon que renferment nos grains ; 2.° une matière fibreufe, légère, grife, de la même nature que celle des racines potagères ; 3.° enfin, un fuc mucilagineux qui n'a rien de particulier, & que l'on peut comparer à celui des Plantes fucculentes, telles que la bourache & la buglofe.

J'ai diftillé enfuite les pommes de terre à la cornue ; elles ont fourni une énorme quantité d'eau qui, fur la fin de l'opération, eft devenue de plus en plus acide : après cela, il a paffé de l'huile légère & de l'huile pefante, femblable à celle qu'on obtient des farineux ordinaires, une livre de ces racines laiffe à peine un demi-gros de réfidu terreux, ayant tout le caractère végétal.

Que produit donc la cuiffon qu'on fait fubir à ces racines pour en former un comeftible ! Elle tend à combiner ces différens principes entre eux, à en former un tout plus foluble & plus digeftible ; inutilement on voudroit divifer enfuite les pommes de terre à la faveur de la rape, & les foumettre à la preffe : il ne feroit plus poffible d'en

exprimer

exprimer une goutte d'eau, ni d'en précipiter une molécule d'amidon.

On sait que le véhicule dans lequel les pommes de terre cuifent, se colore en vert, & qu'en les mangeant elles laiffent quelquefois une petite âcreté affez fenfible à la gorge : or il n'en a pas fallu davantage aux dénigreurs de ce végétal précieux, pour l'inculper de beaucoup de maladies : mais j'ai prouvé encore que cette double propriété n'appartenoit point à la totalité de la pomme de terre ; qu'elle étoit dûe uniquement à la pellicule rouge dont elle eft revêtue à fon extérieur ; que beaucoup de racines préfentent les mêmes phénomènes, telles que les raves qui fe décolorent à mefure qu'elles éprouvent le contact de l'eau bouillante, donnant à celle-ci une teinte verte, & perdant également la faveur piquante qu'on leur connoît ; qu'enfin cette partie colorante verte, que fourniffoient à l'eau l'enveloppe & la pellicule de la pomme de terre, étoit purement extractive fans rien contenir de virulent & de falin.

D'ailleurs, comment cette couleur verte feroit-elle capable de nuire, puifque les

G

pommes de terre cuites fous la cendre, &
qui par conféquent ne l'ont pas perdue, font
auffi faines que celles qu'on a fait bouillir
dans l'eau ; elles ont au contraire par-deffus
ces dernières, l'avantage d'être plus favoureufes & plus délicates, avantage qu'il faut
attribuer à la déperdition du fluide aqueux,
& qui peut encore être dû à cet extrait qui
communique à l'eau la couleur verte.

Quelques Partifans de la pomme de terre,
alarmés de cette couleur verte, & perfuadés
qu'elle réfidoit dans le fuc de ces racines,
ont propofé de l'en extraire, & de le remplacer par de l'eau ; mais il n'exifte peut-être
point de propofition plus abfurde. On fépare
dans nos Ifles le fuc du *magnoc*, parce qu'il
eft réellement un poifon ; j'ai imité également
le travail des Américains pour plufieurs racines
farineufes de nos Plantes indigènes, qui
feroient très-dangereufes fans cette extraction
préalable. Le fuc de la pomme de terre eft
bien éloigné de contenir rien de femblable ;
il lui eft effentiel comme tous fes autres principes lorfqu'il s'agit de la manger en fubftance : pour l'en féparer, il faudroit rompre

l'agrégation, déchirer les réfeaux fibreux qui
le renferment, & ne plus faire ufage du réfidu
exprimé que fous la forme de bouillie, ce
qui, loin de concourir à la falubrité des
pommes de terre, n'en formeroit qu'un aliment fade, pefant & indigefte.

Le règne végétal, je le répète, n'offre
pas une nourriture plus faine, plus commode
& moins difpendieufe que la pomme de terre.
On fait de quelle reffource elle fut en 1740
aux Irlandois ; quantité de familles auroient
été moiffonnées fans ce fecours : l'avidité avec
laquelle on voit les enfans dévorer cet aliment,
la préférence qu'ils lui donnent fur la châtaigne dans les cantons où ce fruit eft la
nourriture journalière, fembleroient prouver
qu'elle eft très-analogue à notre conftitution :
les perfonnes de tout âge & de toutes fortes de
tempéramens, en font ufage fans en avoir jamais
été incommodées. Ces racines ont été dans la
dernière guerre d'Allemagne, la reffource de
beaucoup de Soldats qui, féparés du gros de
l'armée, auroient fuccombé à la fatigue &
à une faim dévorante, s'ils n'euffent trouvé
des pommes de terre qu'ils ont mangées avec

excès, cuites dans l'eau & affaisonnées feulement par l'appétit; plufieurs d'entre eux en ont rapporté par reconnoiffance dans leur patrie, où elles étoient inconnues : ils les ont cultivées avec intelligence, & leur exemple a eu bientôt des imitateurs. Il n'y a plus même de repas un peu fomptuenx où les pommes de terre ne paroiffent avec intérêt fous plufieurs métamorphofes, & la grande confommation qui s'en fait dans la Capitale, démontre qu'elles n'y font plus autant dédaignées.

Si nous nous déterminions à donner ici le fimple réfumé des lettres qui nous ont été adreffées de toutes parts fur l'utilité des pommes de terre confidérées fous leurs différens points de vue, un Volume ne nous fuffiroit pas, & à quoi ce concours de preuves & d'obfervations pourroit-il fervir ! nos racines feules, mieux accueillies, ne diminuent-elles pas tous les jours le nombre de leurs incrédules.

Le prix exceffif où on a porté les grains il y a quelques années, eft encore une époque affez frappante qui a donné occafion d'éprouver dans beaucoup d'endroits, les qualités bienfaifantes des pommes de terre. Un Militaire

diſtingué, faiſant valoir une de ſes Terres, récolta une ample proviſion de pommes de terre; mais connoiſſant la force des préjugés ruſtiques, il ſe douta bien que l'éloquence de l'exemple feroit infiniment plus perſuaſive que tout ce qu'il pourroit dire. Il avoit à nourrir tous les jours cinq chiens, une nombreuſe baſſe-cour en volailles de toute eſpèce, vingt vaches & deux cochons; il déclara à ſes gens que ſon intention étoit que tous les animaux ne fuſſent nourris que de pommes de terre; au moyen de quoi les grains qu'ils auroient conſommés, feroient employés à la nourriture des hommes : ſur ce point il fut exactement obéi, parce que la peine infligée à la déſobéiſſance étoit de congédier le premier d'entre eux qui y contreviendroit; feignant enſuite de croire que la pomme de terre étoit de difficile digeſtion, il leur en interdit l'uſage : ces moyens produiſirent tout l'effet qu'il en attendoit, & c'eſt ainſi qu'il eſt parvenu à rendre cette Plante intéreſſante dans ſon canton.

En conſidérant toutes les propriétés des pommes de terre, on ne peut ſe diſpenſer d'avouer que s'il exiſte un aliment

G iij

médicamenteux, c'est dans leurs racines qu'il se trouve placé. Tous les Auteurs Anglois qui ont parlé des pommes de terre, les regardent comme légéres & très-nourriffantes. *Ellis* qui s'eft beaucoup exercé fur cette culture, leur donne des épithètes les plus pompeufes en les annonçant comme l'aliment le plus analogue à fes compatriotes par rapport à l'ufage où ils font de manger beaucoup de viande. Lémery *dans fon Traité des alimens,* M. Tiffot *dans fon Effai fur les maladies des Gens du monde,* accordent également les plus grands éloges à l'ufage des pommes de terre; mais dans la multitude des faits, dont nous pouvons garantir la vérité, choififfons-en quelques-uns qui puiffent fervir de réponfe aux reproches que l'on fait encore aux pommes de terre.

M. Engel *dans fon Infruction fur la culture des pommes de terre,* affure que plufieurs de fes amis n'ayant prefque vécu pendant trois ans que de pommes de terre, n'avoient éprouvé aucune incommodité, & ne s'en étoient point laffés : il cite entr'autres une Demoifelle âgée de trente-trois ans qui fe trouvant dans un état très-fâcheux, avoit abfolument perdu l'appétit ; fon eftomac ne pouvoit plus rien digérer, il lui prit envie un jour de fe mettre à l'ufage des pommes de terre ; elle en reffentit des effets fi heureux, qu'en peu de temps elle recouvra fa gaiété, fon embonpoint & fon appétit.

Un Marchand d'une conftitution très-robufte ayant été épuifé par une maladie de neuf mois, rendoit les alimens tels qu'il les prenoit ; il s'avifa un jour de manger des pommes de terre, & il s'en trouva fi bien, qu'il me protefta que c'étoit à elles feules qu'il devoit la bonne fanté dont il jouiffoit maintenant.

J'avois un de mes parens de bon appétit, qui faifoit un exercice continuel ; il ne pouvoit manger des femences légumineufes fans avoir auffitôt des aigreurs, il s'étoit aperçu que les pommes de terre ne lui avoient jamais produit de pareils effets. Je connois quelques perfonnes qui ne vivent que de lait & de pommes de terre, les feuls alimens qu'ils aient pu digérer : j'en connois d'autres dont le fang vifoit au fcorbut qui ont été radicalement

guéries par un ufage modéré de pommes de
terre, & bien loin que leur eftomac ait été
fatigué, il avoit acquis plus de force & de
vigueur.

Ces Obfervations, qu'il feroit très-facile
de multiplier, & que notre analyfe des pommes
de terre a confirmées, nous apprennent encore
combien ces racines doivent être exemptes du
foupçon de pefer fur l'eftomac de ceux qui
s'en alimentent, puifqu'elles contiennent jufqu'à onze onces & demie d'eau par livre, &
que les quatre onces & demie de parties folides
reftantes fourniffent à peine un gros de produit terreux.

Une autre objection que l'on fait encore
contre la falubrité des pommes de terre, c'eft
qu'appartenant à une plante de la famille des
folanum, elles doivent avoir une propriété fo-
porifique : mais l'expérience nous a appris
depuis long-temps le peu de confiance qu'on
doit avoir à toutes ces analogies botaniques.
Ne favons-nous pas que *les convolvulus*, par
exemple, qui font âcres, mordicans, cauftiques & qui fourniffent à la Médecine les
purgatifs les plus formidables, offrent auffi aux

hommes dans la patate un aliment doux, fucré, auquel il ne faut que la cuiffon pour s'en fervir comme nourriture : il eft vrai auffi qu'on nous a communiqué quelques obfervations qui pourroient faire croire à la vertu fomnifère du végétal, l'objet de cet article; & comme nous n'avons aucun intérêt à rien déguifer, nous allons les expofer ici.

M. le Baron de Saint-Hilaire, l'auteur d'une culture de pommes de terre que nous nous fommes empreffés de faire connoître, avoit un domeftique, qui après une fièvre maligne ne pouvoit plus retrouver le fommeil; il lui fit manger des pommes de terre à fouper : dès la même nuit il dormit fix heures de fuite, & l'ufage foutenu de cette nourritute lui procura conftamment le même effet, fans changer abfolument rien à fa conftitution.

M. M.*** d'une conftitution maigre, d'une fanté conftamment & également bonne, a fait pendant deux années très-grand ufage de pommes de terre, cuites fimplement fous la cendre & accommodées avec un peu de beurre & de fel. Accoutumé de tout temps à ne prendre que très-peu de nourriture au repas

du soir, il avoit contracté par goût l'usage de
ce souper jusqu'à en manger six ou sept des
plus grosses. Il est bon de remarquer qu'il
mangeoit du pain en proportion ; jamais il n'en
a été incommodé : la circonstance qui lui a fait
abandonner ce manger, c'est que forcé de se
lever matin, il a cru observer qu'il dormoit
d'un sommeil plus profond, & qu'il avoit de
la peine à s'éveiller ; mais il pense que ce qu'il
a éprouvé, provenoit décidément de l'espèce
d'excès qu'il faisoit à cet égard, comme il
en seroit pour lui d'un souper qui auroit passé
les bornes de la frugalité. Lorsqu'il mange des
pommes de terre, il n'éprouve rien de différent
dans son état ordinaire.

Je rapporte cette dernière observation avec
d'autant plus de plaisir, que le Savant qui en
fait le sujet peut être cité comme une autorité en Médecine : si l'excès de cet aliment
porte au sommeil, quel est l'excès qui n'a
point d'effets plus pernicieux ! En supposant
que cette vertu sommifère soit inhérente à la
pomme de terre, elle deviendra absolument
nulle par l'usage continu, ainsi qu'il arrive à
tous les alimens auxquels on a attribué, sans

avoir des raifons plus légitimes, des propriétés particulières : les pommes de terre renfermant beaucoup d'eau, peuvent tempérer l'effervef-cence du fang en lui donnant plus de confif-tance, fans néanmoins l'épaiffir.

De toutes les propriétés qui rendent les pommes de terre fi recommandables dans nos campagnes, c'eft, fuivant le témoignage de la Faculté de Médecine de Paris, d'améliorer le lait des animaux & d'en augmenter la quantité; elles ont produit un femblable effet fur les nourrices des pauvres enfans de la paroiffe Saint-Roch : voilà au moins ce qu'atteftent les Médecins de cette paroiffe dans leur certificat imprimé : favoir, que cette nourriture eft non-feulement plus propre à la fanté que toutes celles que les malheureux font en état de fe procurer, mais qu'elle prévient encore une multitude d'infirmités auxquelles les enfans font affujettis, & qui en fait périr un grand nombre, telles que les ulcères, les maux d'yeux, l'atrophie, &c.

Les pommes de terre, comme mêts, fe déguifent de mille manières différentes, & perdent dans les accommodages le goût fauvage qu'on leur reproche : elles font partie de la soupe des pauvres de la Charité de Lyon, & la base du riz économique qui se distribue chez les Sœurs-grises de la paroisse Saint-Roch à Paris. On prépare avec ces racines, des beignets, des gâteaux & des tartes, qui imitent tellement les tartes d'amande, qu'elles en imposent aux plus grands connoisseurs. On en fait différentes sortes de fromages, une boisson cafféiforme, des pâtés de légumes, des hachis, des boulettes, de la purée & de la bouillie ; elles sont excellentes en salade, à l'étuvée, au roux, à la sauce blanche avec la morue & la merluche, en friture, à la maître-d'hôtel & sous les gigots ; on en farcit des dindons & des oyes rôtis ; enfin, je ne cesserai de le dire, la pomme de terre est une sorte de pain que la Nature offre tout fait aux hommes, & qui n'a besoin que d'être cuite dans l'eau ou sous la cendre pour devenir un aliment digestible & très-nourrissant.

L'extrême facilité avec laquelle la pomme de terre se prête à toutes sortes de métamorphoses sous la main habile du Cuisinier, m'a fait naître l'idée d'en composer un repas entier auquel j'invitai pluſieurs Amateurs éclairés, choiſis dans les différens ordres ; le dîner fut gai, & ſi, comme on l'a ſouvent avancé ſans preuves, nos racines ſont aſſoupiſſantes, lourdes & indigeſtes, elles produiſirent ſur les convives un effet abſolument contraire : c'eſt ainſi, je crois, qu'il faut s'y prendre quand on veut combattre avec quelques ſuccès, les préjugés toujours prêts à s'armer contre les objets utiles auſſi-bien que contre les nouveautés agréables.

ARTICLE XIV.
Des Pommes de terre mêlées avec la farine des différens grains.

TANT que les pommes de terre n'ont été conſidérées en France que comme un légume de plus offert au luxe de nos tables, leur utilité alimentaire a été peu ſentie ; on n'a donc commencé à s'en occuper ſérieuſement que quand on a entrevu la poſſibilité de les convertir en pain, c'eſt-à-dire, d'augmenter le volume de celui que l'on prépare avec la farine des différens grains. J'avouerai que dès 1771, examinant ces racines par la

voie de l'analyfe, j'avois déjà cet objet en
vue, perfuadé que fous la forme de pain,
elles deviendroient un fupplément dans les
temps de difette de grains, & que dans tous
les cas ce feroit pour les habitans des cantons
qui cultivent beaucoup de pommes de terre,
un moyen certain d'en prolonger la durée
d'une récolte à l'autre, & de les approprier
encore à la nourriture, lors même qu'elles
ne valoient plus rien à être mangées en
fubftance.

Les effais qu'il a fallu tenter pour parvenir
à un but auffi defiré, ont été très-multipliés,
puifqu'il a été néceffaire de s'écarter de la
route ordinaire, & de fuivre une marche
toute oppofée; on les feroit connoître encore
s'il s'agiffoit de ménager le temps & les dépenfes de ceux qui auroient l'envie de fe
livrer aux mêmes recherches. Mais comme
ce problème eft réfout dans toute la géné-
ralité dont il eft fufceptible, je me conten-
terai d'inférer dans cet article quelques réflexions fur ce qu'il y a de plus intéreffant
à connoître à l'égard du pain, dans la compofition duquel on a introduit des pommes

de terre fous des états variés, à des dofes différentes & avec plufieurs efpèces de farine.

A peine s'eft-on aperçu que les pommes
de terre mêlées & confondues dans la pâte
ordinaire, difparoiffoient à la faveur du pétriffage, de manière à ne plus préfenter après
la cuiffon qu'un tout homogène & parfaitement levé, que l'on a cru réellement avoir
changé ces racines en un véritable pain. L'enthoufiafme n'a pas tardé à gagner les efprits ;
les méthodes ont varié ; chacun a vanté la
fienne, d'où il eft réfulté que quantité de perfonnes, féduites par une apparence illufoire, ont
dit & répètent encore continuellement qu'elles
ont préparé, vu ou mangé du pain de pommes
de terre : on a même été jufqu'à fe difputer
l'honneur de l'invention, quoique les Irlandois
aient eu recours à ce fupplément prefqu'auffitôt
qu'ils ont commencé l'ufage des pommes de
terre. Leurs tentatives à ce fujet fe trouvent
confignées en plufieurs endroits des Tranfac-
tions Philofophiques ; j'y renvoie ceux qui
conferveroient l'efpoir de former un jour
quelques réclamations à ce fujet, en les in-
vitant fur-tout de ne plus confondre le pain

dans lequel entre la pomme de terre, & celui résultant de ces racines seules & sans mélange.

Une circonstance qui a donné la plus grande vogue à l'opinion avantageuse qu'on a prise de ce pain, soi-disant de pommes de terre, annoncé comme supérieurement économique, ce sont les Sociétés d'Agriculture qui, jalouses de concourir au bonheur des provinces du royaume où elles sont établies, ont cherché les moyens de le perfectionner. Celle de Rouen, entr'autres, animée par le zèle éclairé de M. le Chevalier *Mustel*, l'un de ses Membres, a signalé son zèle & son patriotisme à cet égard; nous leur avons l'obligation de connoître différentes méthodes pour la fabrication du pain mélangé dont il s'agit.

Les premiers essais, quelqu'imparfaits qu'ils soient, sont toujours accueillis avec transport, principalement quand la matière qui en est l'objet se trouve avoir quelque relation avec la subsistance des hommes les plus indigens; mais avec les vues les plus louables & les meilleures intentions, il est rare qu'on ne renchérisse encore sur les avantages qu'il est possible d'en retirer. Faire entrer dans une pâte composée

de

de farine, de levain & d'eau, une racine aqueufe pour un tiers ou pour moitié, fans nuire à la perfection du réfultat, ne pouvoit qu'offrir une perfpective heureufe fous le point de vue économique, & il a fallu que l'expérience apprit que cette épargne n'étoit point en raifon de la quantité du fupplément employé.

Une autre circonftance à laquelle on n'a fait aucune attention, & qui méritoit cependant qu'on s'y arrêtât, c'eft que la pulpe de pomme de terre qu'on mêle avec la pâte de froment, augmente tellement l'effet mécanique de la matière glutineufe contenue dans ce grain, qu'elle bouffe beaucoup à l'apprêt & au four, en forte que le pain, après la cuiffon, eft d'une légèreté extrême, tient peu dans l'eftomac & paffe trop rapidement dans les fecondes voies.

En admettant que la pomme de terre forme la moitié du poids de ce pain, il ne faut pas croire que l'aliment foit augmenté d'autant par la préfence de ces racines, il n'y en a tout au plus qu'une partie dont l'effet nourriffant puiffe équivaloir à une même quantité de farine de froment. Appuyons ceci d'un exemple: Je

H

fuppofe deux pâtes d'une égale confiftance; l'une fera compofée de quatre livres de pulpe de pommes de terre & autant de farine de froment, l'autre de huit livres de farine de ce grain fans mélange; la première fournira moins de pain, qui contiendra plus d'eau & ne nourrira pas autant que la feconde maffe, parce qu'enfin la pomme de terre ne fauroit produire qu'un tiers au plus de fon poids en matière farineufe, comparable à la farine de nos grains, le furplus n'eft que l'eau de végétation qui tient les principes de ces racines écartés les uns des autres & dans un état de divifion extrême.

Quant à la difparition des pommes de terre dans le mélange mentionné, ce phénomène n'a pas plus de droit de caufer de la furprife que celui que l'expérience journalière nous met continuellement fous les yeux, lorfqu'on affocie, par exemple, avec la farine de froment des fruits pulpeux, tels que le potiron, la citrouille, les tiges herbacées des plantes, les racines charnues; toutes fubftances qui fans être farineufes pourroient, à l'inftar de nos tubercules, s'affimiler avec la pâte de froment, de manière à ne plus être reconnues que par l'organe du goût, doit-on conclure, comme on l'a fait, que ces ſubſtances ont été transformées en pain! ou bien qu'en doublant ou en triplant ainſi la maſſe panaire, la faculté alimentaire a reçue un pareil accroiſſement! Pluſieurs faits atteſtent le contraire; & les habitans du pays de Vaud, entr'autres, qui ont beaucoup mangé de ce pain de froment mélangé, ſe ſont plaints qu'ils s'en raſſaſioient difficilement.

On auroit tort, ſans doute, d'inférer de cette obſervation que la préſence des pommes de terre ſoit capable de nuire à l'effet nutritif des corps auxquels on les joints, qu'il faudroit par conſéquent renoncer à l'uſage de les mêler à la farine des différens grains; mais encore une fois elles ne ſauroient alimenter qu'en raiſon de la quantité de matière ſubſtantielle qu'elles renferment, & il feroit ridicule d'exiger qu'une racine aqueuſe fût auſſi nutritive qu'une ſemence sèche qui a beſoin d'être combinée avec un fluide pour agir en qualité d'aliment.

S'il eſt des circonſtances où on doit avoir recours au ſupplément de la pomme de terre, pour la fabrication du pain blanc de froment, c'eſt lorſque ce grain ne ſe trouveroit point en proportion avec la conſommation journalière. Comme il eſt l'aliment ordinaire des citadins & des gens à leur aiſe, peu importe qu'il ſoit plus ou moins ſubſtantiel ; il n'eſt ſouvent qu'un acceſſoire aux autres alimens qui compoſent le repas. Il n'en eſt pas ainſi des farines biſes du même grain : elles n'ont point autant de viſcoſité que les blanches ; les pommes de terre qu'on y mêleroit donneroient au pain plus de volume, de légèreté & de qualité.

Le ſeigle eſt après le froment le grain le plus intéreſſant ; l'un & l'autre mélangés ou ſéparément donnent, étant bien travaillés, un très-excellent pain, ſans qu'il ſoit néceſſaire d'y rien ajouter ; mais quand on n'en a pas ſuffiſamment, & qu'on eſt obligé d'en faire venir de fort loin & que l'on paye fort cher, c'eſt alors que la pomme de terre, ſi on en avoit proviſion, deviendroit une épargne pour les autres grains qui ſervent à la claſſe la plus indigente.

S'il eſt important de circonſcrire l'uſage d'employer la pomme de terre pour groſſir le volume du pain de froment & de ſeigle, nous croyons devoir faire remarquer que cet emploi ſeroit extrêmement ſalutaire pour l'orge, le ſarazin, le maïs, l'avoine, le millet, &c. dont on prépare du pain dans différens cantons du royaume, lequel compoſé de farine pure ou mélangée, eſt conſtamment lourd, compacte & de mauvais goût. Dans ce cas l'aſſociation des pommes de terre à parties égales, apporteroit des changemens heureux à tous ces réſultats, en donnant plus de liant & de viſcoſité à la pâte, en favoriſant le mouvement de fermentation, en affoibliſſant & même en détruiſant le goût déſagréable, particulier à chacun de ces pains.

Nous devons cette obſervation à M. le Chevalier *Muſtel,* connu par d'excellens ouvrages, & qui réunit à une longue expérience la connoiſſance des pays étrangers qu'il a parcourus. C'eſt, je le répète, dans ce cas particulier que la quantité du pain ſera non-ſeulement augmentée, mais la qualité en ſera meilleure : avantage bien ſenſible pour le plus grand nombre des pauvres, & même des cantons entiers qui ne conſomment que ces ſortes de grains, parce qu'ils ſont au plus bas prix, & que leur fol n'eſt propre qu'à cette production. C'eſt donc en faveur de cette claſſe qu'il faut indiquer une méthode qui puiſſe épargner ſur la quantité des grains, & procurer encore une amélioration réelle dans la qualité. Je vais dans cette vue indiquer la recette de la compoſition de ce pain; elle pourra ſervir de modèle pour tous les pains qu'on ſe propoſeroit de compoſer de cette manière avec tous les farineux indifféremment, pourvu qu'ils ſoient propres à la panification. Nous allons d'abord décrire une machine que M. le Chevalier *Muſtel* a imaginée pour broyer en peu de temps & très-facilement une grande quantité de pommes de terre à la fois.

Deux cylindres de bois, d'environ un pied de diamètre & de deux à trois pieds de long, poſés horizontalement & parallèlement, compoſent toute la machine. On adapte une manivelle à l'extrémité de l'axe d'un des deux cylindres: un homme en tournant cette manivelle fait tourner le cylindre auquel elle eſt adaptée, & le frottement qui réſulte de ſa rotation fait tourner l'autre cylindre, mais dans un ſens oppoſé. C'eſt le même jeu que celui des cylindres pour les calendres & pour les laminoirs de plomb.

Une efpèce de coffre en forme de trémie de moulin, mais plus alongé, eft fufpendu au-deffus & entre les deux cylindres: c'eft dans cette efpèce de trémie qu'on met les pommes de terre cuites, & qui tombent entre les deux cylindres à mefure que le broyement fe fait; un récipient pofé deffous, & que l'on a foin de vider de temps en temps, reçoit la pâte qui tombe continuellement en lames très-fines. Il faut que ces cylindres foient pofés de manière qu'il ne refte au plus qu'une demi-ligne d'efpace entre les points de contact.

On prend la quantité qu'on veut de pommes de terre ainfi écrafées & broyées; on les mêle avec le levain préparé dès la veille fuivant la méthode ordinaire à la totalité de la farine deftinée à entrer dans la pâte, en forte qu'il y ait moitié pulpe de pommes de terre & moitié farine; on pétrit bien le tout avec l'eau chaude néceffaire; quand la pâte eft fuffifamment apprêtée, on la met au four, en obfervant qu'il ne foit pas autant chauffé que de coutume, de ne pas fermer la porte auſſitôt & de la laiſſer cuire plus long-temps: ſans cette précaution eſſentielle la croûte du pain ſeroit dure & caſſante, tandis que l'intérieur auroit trop d'humidité & pas aſſez de cuiſſon.

Toutes les fois qu'il s'agira de mêler les pommes de terre avec la pâte des différens grains, ſoit pour en épargner une partie, ſoit dans la vue d'en améliorer le pain, c'eſt toujours ſous la forme de pâte tenace & glutineuſe qu'il faut réduire ces racines, parce que ce n'eſt qu'en cet état qu'elles donnent du liant à la farine des menus grains qui pèchent tous par ce côté.

Les autres méthodes de préparer la pomme de terre avant de la mêler avec la farine, ne ſont pas à beaucoup près auſſi avantageuſes que celle de la cuire: on peut réduire ces méthodes à deux principales: il s'agit dans la première de prendre ces racines crues, de les raper & de les employer ainſi ſans rien perdre de leur ſuc & de leur parenchyme; la ſeconde conſiſte à les couper par tranches, à les porter au four, & enſuite au moulin pour les réduire en farine. Mais le pain qui réſulte de l'une & de l'autre mixtion, eſt bis, compacte & de mauvais goût.

Quand toutes ces méthodes feroient moins défectueuſes qu'elles ne le font réellement, elles manquent abſolument le but qu'on fe propoſe, celui d'épargner les frais de cuiſſon & de manipulation; car il en coûtera autant pour le moins à raper ou à deſſécher les pommes de terre : non-ſeulement il faut les cuire, mais encore les écraſer & les manier afin de leur donner la conſiſtance & la forme d'une pâte tenace & viſqueuſe, pour qu'elles produiſent les effets que nous avons détaillés précédemment.

Réſumons. On ne peut donc douter que fi le froment & le feigle étoient extrêmement rares, & que leur cherté obligeât les hommes à chercher dans les autres grains de quoi y ſuppléer, il ne fut préférable d'avoir recours au mélange des pommes de terre; elles ſerviroient en outre à donner aux autres farineux qui reſteroient à notre diſpoſition, un degré de bonté de plus. On fait que dans des temps de diſette, le beſoin, incapable d'aucunes recherches quand il eſt exceſſif, conduit toujours la main fur les objets les plus éloignés du but qu'on fe propofe, & dont les effets font directement oppofés à nos efpérances.

Mais dans la circonftance où il n'y auroit d'autres reffources pour fubfifter que des pommes de terre en abondance, c'eft alors que leur converfion en pain feroit avantageufe, puifqu'il y a des hommes tellement habitués à vivre de pain, qu'ils croiroient n'être point nourris fi l'aliment ne leur étoit préfenté fous cette forme. Nous allons rapporter de nouveau cette préparation qui doit fervir de bafe pour celle de tous les farineux que j'indiquerai bientôt comme propres à remplacer les alimens ordinaires lorfqu'ils nous manqueroient.

ARTICLE XV.

De la Fabrication du pain de Pommes de terre fans mélange.

AVANT de fonger à transformer les farineux en pain, il eft néceffaire de les y rendre propres par quelques opérations préli-minaires qui mettent leurs parties conftituantes en état de fe combiner avec l'eau, & d'ac-quérir par ce moyen une molleffe & une flexibilité favorables au mouvement de fermentation qui doit s'y établir. Tel eſt le but principal du travail que nous allons décrire; il doit précéder naturellement celui que le Boulanger emploie pour parvenir à produire un pain quelconque.

De l'Amidon de Pommes de terre.

Après avoir lavé à pluſieurs repriſes les pommes de terre dans l'eau pour en détacher la terre & le ſable qui s'y trouvent adhérens, on les diviſe à l'aide d'une rape de fer-blanc montée ſur un chaſſis de bois, & poſée ſur un tamis; on le vide à meſure qu'il ſe remplit, dans un plus grand vaſe; la pomme de terre rapée offre une pâte liquide qui ſe colore à l'air: on étend cette pâte dans plus ou moins d'eau; on agite avec un bâton ou avec les mains, & on verſe le tout dans un tamis placé au-deſſus d'un autre vaſe: l'eau trouble qui paſſe à travers, entraîne avec elle l'amidon qu'on trouve dépoſé à la partie inférieure; on jette l'eau rougeâtre qui furnage le dépôt, & l'on en ajoute de nouvelle juſqu'à ce qu'elle ceſſe d'être teinte.

Lorfque cette première opération eft achevée, on imite précifément le travail de l'Amidonnier ; on décante le précipité bien lavé, on le diftribue par morceaux fur des planches ou fur des tamis expofés au foleil ou dans un endroit tempéré, pour lui enlever l'humidité furabondante ; à mefure qu'il fe sèche, il perd le gris - fale qu'il avoit pour paffer à l'état blanc & brillant : c'eft un véritable amidon qui, tamifé à travers des bluteaux d'un tiffu ferré, acquière une tenuité comparable au plus bel amidon de froment.

La matière reftée fur le tamis, quoique dépouillée d'amidon & d'extrait, peut encore fervir à la nourriture des beftiaux, à-peu-près comme le fon ; on peut même la faire fécher & la mettre en poudre pour s'en fervir, ainfi que nous aurons occafion de le dire dans la fabrication du pain bis de pommes de terre. Il eft des circonftances où il ne faut rien perdre, & notamment les objets de première néceffité.

REMARQUES.

L'obfervation la plus effentielle à faire ici, c'eft que les pommes de terre, quelles que ſoient leurs variétés & les états où elles ſe trouvent au moment de leur emploi, pourvu qu'elles ſoient crûes, donnent conſtamment de l'amidon, qui ne diffère que par la quantité ; ainſi, on pourroit conſacrer à cet objet les pommes de terre qui auroient été ſurpriſes par la gelée, par la germination, ou qui pêcheroient du côté de la maturité.

Si on avoit beſoin d'employer l'amidon ſur le champ, que la circonſtance ne permît point de s'en approviſionner ou d'attendre qu'il fût ſéché & tamiſé, il ſeroit poſſible de s'en ſervir auſſitôt qu'on l'auroit ſéparé ; mais alors il faudroit avoir la précaution de défalquer l'eau qui s'y trouveroit pour moitié environ. Nous croyons même avoir remarqué que dans l'état humide il rend la pâte un peu plus tenace & le pain plus blanc.

Il eſt très-poſſible, ſans doute, d'abréger l'opération de la rape, ainſi que quelques patriotes zélés l'ont déjà indiqué, en propoſant des meules armées de pointes de fer qui en feroient les fonctions. Nous prévenons ſeulement qu'un inſtrument qui diviſeroit les pommes de terre en les coupant ou en les

broyant, ne rempliroit nullement l'objet qu'on
se propose, parce qu'il ne s'agit pas ici d'exprimer leur suc ni de réduire leurs parties
intégrantes en petits morceaux ; il faut rompre
leur agrégation, déchirer les réseaux fibreux,
& forcer l'amidon qui s'y trouve renfermé de
s'en dégager.

J'ajouterai encore à ces observations, que
quoique toutes les espèces de pommes de terre
soient susceptibles d'être converties en pain,
celles qui sont rondes, dont la surface est
grise, fourniffent ordinairement plus d'amidon :
chaque livre en produit depuis deux jusqu'à
trois onces ou environ ; mais, comme nous
l'avons déjà remarqué, la saison, le terrein &
la culture influent pour beaucoup sur cette
proportion.

De la Pulpe de Pommes de terre.

Quand les pommes de terre sont cuites
convenablement dans l'eau ou sous les cendres,
on les pèle au sortir du feu, & par le moyen
du rouleau de bois ou des efforts de la main,
on les écrase sur une table. A peine ont-elles
perdues leur forme qu'elles commencent déjà à

fe lier, à fe réunir & à préfenter une pâte qui devient de plus en plus fpongieufe & élaftique, fans qu'il foit néceffaire d'y ajouter aucun autre fluide; on continue de travailler la pulpe juf-qu'à ce qu'il n'exifte plus de grumeaux: alors on la met de côté, & on convertit ainfi de fuite la totalité des pommes de terre qu'on a fait cuire.

Comme les pommes de terre ne contractent la tenacité de la pulpe qu'autant qu'elles font encore chaudes, & que, par une fuite de cette conféquence, la pulpe elle-même perd de fon liant & de fa vifcofité à mefure qu'elle fe re-froidit, on pourroit éviter l'embarras de cuire plufieurs fois dans la journée ces racines, en les mettant, cuites & pelées, tremper un mo-ment dans l'eau bouillante deftinée au pétrif-fage; elles acquerroient la faculté de reprendre fous le rouleau la glutinofité qui leur eft fi effentielle, & dont on ne peut fe paffer pour le travail du pain.

On pourroit encore conferver la pomme de terre, réduite à l'état de pulpe, l'efpace de deux jours & même plus, fuivant la faifon, fans qu'elle fût expofée à fe détériorer; il feroit alors inutile de répéter cette opération à chaque cuiſſon & pétriſſage, ce qui éviteroit de l'embarras. Il eſt vrai qu'alors elle a moins de tenacité & ne reſſemble pas autant à la matière glutineuſe du froment, avec laquelle il eſt cependant très-important qu'elle ait la plus grande analogie, ſoit par ſon élaſticité, ſoit par ſa viſcoſité; les autres propriétés chimiques qui diſtinguent ces deux ſubſtances entre elles, étant abſolument indifférentes pour l'objet de la panification.

REMARQUES.

Il en eſt des pommes de terre comme des racines potagères & même des graines légumineuſes; la nature de l'eau influe ſingulièrement ſur leur bonne & prompte cuiſſon; en faiſant bouillir l'eau on diminue ſa crudité. Mais il ne faut jamais que les pommes de terre y nagent, ni que le vaſe qui les renferme, ſoit découvert, parce que l'eau venant à être réduite en vapeurs, a beſoin d'être refoulée pour mieux s'inſinuer dans la texture de chaque tubercule, pénétrer & combiner plus parfaitement les parties conſtituantes,

d'où

d'où il réſulte qu'elles ſont plus tôt cuites &
ont plus de goût. Cette obſervation convient
à toutes les ſubſtances végétales, charnues &
aqueuſes qui ne doivent pas être noyées d'eau
quand il s'agit de les cuire, à moins qu'elles ne
contiennent une matière qu'il faille extraire,
alors on ne ſauroit trop employer de ce véhicule.

Nous avons fait remarquer que la préparation de l'amidon admettoit indifféremment
toutes les eſpèces de pommes de terre dans
tous les états poſſibles : on ne doit pas eſpérer
le même avantage pour obtenir de la pulpe ;
car, ſi les pommes de terre rouges ou blanches,
longues ou rondes, groſſes ou petites, gelées,
germées ou non-mûres, fourniſſent de l'amidon
ſemblable en qualité, il n'en eſt pas de même
de leur pulpe ; cette préparation exige du
choix : les rouges ſemblent acquérir, par la
cuiſſon & par le broiement, le caractère d'une
pâte plus tenace & plus élaſtique ; elles méritent donc, par conſéquent, la préférence
pour l'objet en queſtion ; il eſt même très-
important qu'elles ſoient ſaines & exemptes
de tout défaut.

Il feroit impoſſible de faire du pain de

I

pommes de terre pur, sans le concours de la pulpe; c'est cette pulpe seule qui donne la tenacité & le liant à l'amidon qui en est absolument dépourvu. Je conviens que le rouleau employé à cette préparation, n'expédie pas beaucoup; mais, puisque l'extraction de l'amidon a déjà été abrégée par un moulin substitué à la râpe, il y a tout lieu d'espérer que le rouleau employé à la pulpe éprouvera aussi quelques réformes heureuses. On peut réfléchir sur la machine que M. le Chevalier *Muſtel* a imaginée. Il seroit seulement à souhaiter, qu'une fois la pâte broyée, un instrument la reprît pour augmenter la continuité & la viscosité qu'elle n'a point au sortir des cylindres.

Du Levain de Pommes de terre.

On mêle une demi-livre de pulpe de pommes de terre avec autant de leur amidon & quatre onces d'eau chaude : on porte le mélange dans un endroit chaud ; au bout de quarante-huit heures environ, il doit exhaler une odeur légèrement vineuse, alors on ajoute à cette première masse une nouvelle quantité d'amidon, de pulpe & d'eau chaude, que l'on expofe à la même température & le même efpace de temps, ce qu'il faut répéter encore une fois : la pâte aigrie ainfi fucceffivement, peut être confidérée comme un premier levain.

On délaye le foir ce premier levain dans de l'eau chaude, on y mêle parties égales d'amidon & de pulpe, dans la proportion de la moitié de la pâte ; en forte que fi on veut en obtenir vingt livres, on préparera dix livres de levain : dès que le mélange fera exact & complet, on le mettra dans une corbeille, ou on le laiffera dans le pétrin pendant la nuit, ayant foin de le bien couvrir & de le tenir chaud jufqu'au lendemain matin.

REMARQUES.

La préparation longue & embarraffante du premier levain, n'aura plus lieu dans la continuité des fournées, parce qu'on mettra de côté chaque fois que l'on cuira, un morceau de pâte, à l'exemple des perfonnes qui fabriquent chez elles le pain néceffaire à la confommation de leur famille ; alors il ne fera plus queftion ni de laiffer aigrir une pâte d'avance, ni d'attendre fix jours pour obtenir une fubftance capable d'agir en qualité de levain.

On pourroit encore s'épargner l'embarras de la préparation de ce premier levain en introduifant d'abord une portion de levain de pâte ou de levure de bière fans le mélange de l'amidon & de la pulpe; nous obferverons même qu'il n'acquiert le vrai caractère d'un bon levain, qu'à mefure qu'il s'éloigne de fa première formation, & que cette loi eft commune pour tout levain compofé fuivant cette méthode, fût-ce même celui de froment, dont le pain eft toujours mat & lourd dans le commencement de l'emploi d'un pareil levain. Si je me fuis déterminé à indiquer une préparation auffi longue, c'étoit pour prouver que la pomme de terre pouvoit fervir de premier élément au levain, & qu'elle avoit, comme les grains, la faculté de fubir la fermentation panaire fans le concours d'aucun agent étranger.

Comme il n'y a point de balances dans tous les ménages, & qu'il eft d'ailleurs plus facile d'eftimer le poids par la mefure, on

parviendra bientôt à connoître ainfi la pefanteur de l'amidon; celle de la pulpe s'acquerra
également par ce moyen, parce que les pommes
de terre pour être réduites à cet état, ne
fouffrent prefque pas de déchet, & qu'elles
font toujours employées fous l'une ou l'autre
formes à parties égales.

De la Pâte de Pommes de terre.

Pour préparer la pâte, on place le levain
au milieu de l'amidon environné de la pulpe
divifée par morceaux; on délaye ce levain
avec de l'eau chaude, à laquelle on ajoute
un demi - gros de fel par livre de mélange;
& quand tout eft confondu par le pétriffage,
on fait fubir à la pâte les différentes opérations qui peuvent augmenter fa vifcofité &
fa ténacité, c'eft-à-dire, en la foulevant, la
raffemblant, la battant, & non en y enfonçant
les poings, ainfi que cela fe pratique mal-
adroitement dans les campagnes & dans la
plupart des villes pour la fabrication du pain
en général.

Auffitôt que la pâte eft pétrie, il faut la
divifer, la façonner en pain, la diftribuer par

quarteron, par demi-livre, par livre & deux
livres dans des febiles où des panetons d'ofier
revêtus intérieurement de toile bien faupoudrée de petit fon où d'amidon, afin d'empêcher l'adhérence de la pâte qui a lieu
aifément fans cette précaution ; on recouvre
ces panetons avec une toile mouillée, on les
laiffe dans un endroit chaud l'efpace de deux
ou trois heures, plus ou moins, fuivant
la faifon.

REMARQUES.

Comme il eft aifé d'avoir des pains de
différente confiftance avec la même farine,
en variant feulement la quantité d'eau qu'on
emploie au pétriffage, il s'enfuit qu'on pourroit
obtenir de la même efpèce de pommes de
terre, & par le même procédé, un pain plus
léger & plus ferme. Il fuffiroit de tenir la
pâte plus mollette ou plus folide, & d'être
très-agile pour la manier, par rapport à la
difpofition qu'elle a de fe rompre.

On pourroit auffi varier la quantité de
fel, & en mettre plus ou moins d'un demi-
gros par livre de pâte ; quant à la température

de l'eau, elle doit toujours approcher de l'état bouillant, & il n'y a pas à craindre qu'elle détruife, comme dans le froment, la glutinofité de la pâte : à ce degré, elle concourt au contraire à fa formation ; c'eft ainfi que fouvent on parvient au même but par des voies différentes & oppofées.

Le temps qu'exige une pâte pour prendre le degré de fermentation convenable ne pouvoit être déterminé d'une manière invariable puifqu'il eft réglé fur la faifon ; il n'y aura que l'expérience & l'obfervation qui apprendront combien il faut laiffer la pâte de pommes de terre à s'apprêter. Nous remarquerons feulement que c'eft à peu-près dans tous les temps & dans tous les lieux, un peu plus que celle de froment.

De la Cuiffon de la Pâte.

Le levain ayant été préparé la veille au foir, le pétriffage exécuté convenablement, la pâte tournée auffitôt & diftribuée dans des febiles ou dans des corbeilles enveloppées de toile ou de couvertures mouillées, il faut attendre un intervalle encore de deux à trois

heures pour mettre le feu au four, lequel
demande deux heures pour être échauffé dou-
cement & également ; alors on enfourne la
pâte dont on mouille encore la furface : elle
y demeure une heure ou deux au plus, &
après cela on la retire du four fuivant les
règles prefcrites.

REMARQUES

Ceux qui fe propofent de faire du pain
de pommes de terre, doivent auparavant fe
rendre familiers les détails de la Boulangerie.
Je me fuis arrêté à montrer les petites diffé-
rences que le pain qui nous occupe, exige
dans fa manutention ; il lui faut une fermentation foutenue long - temps, & un four
très - doux.

Afin de déterminer à ne négliger aucune
des précautions que j'indique, il eft néceffaire
quelquefois de rendre raifon de leurs effets ;
or fi je recommande de tourner la pâte auffitôt
qu'elle eft pétrie, c'eft dans la crainte qu'étant
en maffe, fa vifcofité qui eft déjà très-foible,
ne foit détruite au point qu'on ne puiffe plus
la manier & la façonner ; en tenant humide

la ſurface de la pâte, on empêche qu'elle ne ſoit ſaiſie tout d'un coup par la chaleur, & que devenue trop bruſquement dure & épaiſſe, elle n'apporte quelques obſtacles à la cuiſſon du centre & au reſſuiement de la mie.

ARTICLE XVI.

Du Pain de Pommes de terre.

Si l'on a ſuivi la méthode qui vient d'être indiquée dans l'article précédent, nous oſons aſſurer, d'après des expériences répétées & variées, que la pomme de terre qui n'a pu juſqu'à préſent être convertie en pain bien levé, ſans le mélange d'une farine quelconque employée dans la proportion de parties égales au moins, n'exige aucun ſecours étranger pour prendre la forme de cet aliment : tout l'art conſiſte à ſoumettre ces racines à deux opérations préliminaires avant de leur appliquer le travail ordinaire de la boulangerie.

Le pain de pommes de terre eſt donc compoſé de moitié amidon & moitié pulpe, d'un demi-gros de ſel par livre de mélange ; l'eau qui forme le cinquième environ de la maſſe générale, ſe diſſipe en entier durant

la cuiffon, en forte que pour obtenir une
livre de ce pain, il faut trois livres & demie de
pommes de terre, c'eft-à-dire, neuf onces
d'amidon & autant de pulpe ; mais il eft important de remarquer que dans ce déchet nos
racines n'ont perdu que leur humidité furabondante. La matière nutritive qu'elles renferment, loin d'avoir été affoiblie dans fes
effets, n'a pu que beaucoup gagner par la
fermentation panaire qui, comme l'on fait,
améliore tous les farineux indifféremment, en
augmentant leur volume & leur diffolubilité.

On pourroit obtenir des pommes de terre
un pain bis encore plus économique. Pour
cet effet il faudroit faire fécher ces racines
ainfi que la matière fibreufe reftée fur le tamis
dans l'extraction de l'amidon ; après avoir
réduit l'un & l'autre en poudre, on y mêleroit
une même quantité de pommes de terre cuites
& fous la forme de pulpe, en procédant de la
manière décrite plus haut : dans ce cas, on fe
difpenferoit de peler la pomme de terre, vu
que le pétriffage, exécuté par des bras vigoureux, achève de divifer la peau ; mais ce pain
bis, quelque foin que l'on prenne pour fa

fabrication, il faut l'avouer, eft toujours compact, ferré & de mauvais goût.

Comme le procédé du pain de pommes de de terre paroît compliqué, & qu'il feroit très-poffible de le manquer fi on ne fe faifoit aider les premières fois par un Boulanger adroit, & affez exempt de préjugés pour exécuter à la lettre ce que je prefcris, il fuffiroit d'introduire dans la pâte un peu de levure de bière délayée dans l'eau, pour obtenir, trois heures après, un pain bien conditionné, ainfi que l'ont fait quelques perfonnes qui, doutant d'abord de la poffibilité de cette converfion d'après quelques effais infructueux, font venues me demander d'où dépendoit la réuffite. La levure, je le répète, eft le feul ferment qu'on devroit employer dans ce cas, par-tout où la brafferie eft connue.

Convaincu que l'unique moyen de faciliter l'intelligence d'un procédé, c'eft de l'exécuter fous les yeux de ceux auxquels il eft important d'en communiquer les détails, & de ne leur laiffer aucuns doutes, il n'eft pas de circonftances dont je n'aie profité : dans cette vue, je ne me fuis donc pas borné à répandre la manière de faire du pain de pommes de terre par la voie de l'impreffion; j'ai encore rendu témoins de cette expérience les hommes de tous les états : à l'Hôtel royal des Invalides, à l'École militaire, au Collége de Pharmacie. Mais fans l'authenticité qu'il falloit abfolument lui donner, le pain de pommes de terre fe feroit perfectionné fans bruit & dans le filence, ainfi qu'il avoit été cherché & trouvé.

La Normandie étant une des provinces du royaume où la pomme de terre a trouvé le plus de contradicteurs, malgré les Écrits patriotiques qu'a publiés M. le Chevalier *Muftel*, pour enrichir fa patrie de cette production intéreffante, j'ai exécuté le procédé concernant ce pain au Hâvre de Grâce & enfuite à Rouen, dans le laboratoire de M. *Defcroizilles*, Démonftrateur royal de Chimie, qui depuis l'a répété avec le même fuccès. Quel autre motif pouvoit m'animer, que le defir unique d'infpirer le plus grand intérêt en faveur d'un végétal avili & regardé feulement comme propre à nourrir & à engraiffer nos beftiaux ! Quiconque a pu me prêter d'autres intentions, ne connoît guère le défintéreffement de mes vues.

Quoique la fabrication du pain de pommes de terre ait été exécutée avec fuccès par différentes perfonnes, je ne difconviens pas qu'elle ne foit encore au-deffus de l'intelligence des gens de la campagne pour lefquels j'écris; mais on la rendroit bientôt plus aifée avec une poignée de farine de froment, de feigle ou d'autres grains; la pâte alors prend plus de confiftance & de vifcofité; elle lève mieux & plus parfaitement; enfin, le pain a plus de qualité. Il me femble déjà entendre mille voix s'élever contre ce moyen, & crier qu'*il n'eft pas nouveau puifque c'eft-là précifément ce que tout le monde a fait.* Je demande, avant qu'on ne prenne un parti, de vouloir bien faire attention à l'éclairciffement qui fuit.

La plus grande dofe de pommes de terre qu'on foit parvenu à introduire dans la pâte des différens grains, c'eft parties égales; or, je crois avoir démontré que ces racines ne fourniffent tout au plus qu'un tiers de leur poids de matière fubftantielle; & que pour produire une livre de nourriture comparable à celle d'une même quantité de pain de froment, il falloit employer trois livres de pommes de

terre au moins, de manière que fi un feul
homme confommoit par année environ cinq
cents livres de blé, le fupplément en queftion
ne pourroit en épargner qu'un quart au plus.
Mais ici la chofe eft abfolument différente ; ma
pâte de pommes de terre eft prefqu'auffi folide
que celle qui réfulte des meilleurs farineux, &
une livre donne communément trois quarterons de pain qui nourrit très - bien. Or,
un douzième de farine que je propofe d'ajouter, deviendroit toute la dépenfe ; & il arri-
veroit qu'avec cinquante livres de grains,
fuffifans à peine pour la fubfiftance d'un
mois, on auroit du pain toute l'année.

. Le pain de pommes de terre tel qu'on l'a
compofé jufqu'à préfent, ne mérite nullement
qu'on le qualifie de ce nom, puifque ce font
toujours les farines avec lefquelles on le prépare qui y dominent ; mais celui dont il s'agit eft
tout le contraire. On peut donc les diftinguer
par ces nuances : du pain de froment mélangé
avec des pommes de terre, du pain de pommes
de terre mélangé avec du froment ; enfin le
pain de pommes de terre fans mélange.

Que d'avantages l'économie ne retireroit-elle

point de ces différens pains! il y a des cantons qui, dans les temps d'abondance, ne produifent pas affez de grains pour nourrir leurs habitans plus des deux tiers de l'année. Les pommes de terre remplaceroient ceux qu'on tire de l'Étranger fouvent à grands frais. Ces mêmes cantons n'auroient-ils retiré que le douzième de leur récolte ordinaire, ils auroient du pain toute l'année; enfin s'il y avoit difette totale de grains & abondance de pommes de terre, le pain de ces racines compléteroit la fubfiftance journalière, & remplaceroit l'aliment habituel fans aucun inconvénient.

En infiftant fouvent fur les circonftances où l'on pourroit avoir recours à ma propofition, je defirerois éclairer ceux qui, par amour du bien public ou par des préoccupations particulières, pourroient prendre de mon travail, une opinion trop haute ou trop défavantageufe. Quant aux critiques qui jugent les travaux fans en approfondir l'objet, & qui, nageant dans l'abondance, s'imaginent que leurs concitoyens ne font pas plus expofés qu'eux à manquer de pain ou à le manger fort mauvais ; je ne puis me flatter de changer leur difpofition.

La pomme de terre ayant des détracteurs, il étoit naturel qu'on effayât de donner du ridicule à celui qui s'en montroit le défenfeur zélé ; mais je ne me fuis jamais aveuglé ; fans doute, on a dit trop de bien & trop de mal du pain de pommes de terre. L'enthoufiafme fait naître des contradicteurs ; la critique trop févère produit quelquefois le découragement : tant que mon travail n'offrira qu'un phéno-mène chimique qui renverfe les principes établis, je croirai n'avoir procuré à la fcience qu'un feul petit fait propre à rendre cir-confpects ceux qui fe hâtent de prononcer d'après les règles générales. Mais fi ce travail peut devenir utile à la fociété, fi l'expérience & l'obfervation le fimplifient au point de le mettre à la portée du bon Cultivateur accou-tumé à vivre de pain, & qu'environné de terreins à pommes de terre, il parvienne à pré-parer avec ces racines fon aliment journalier, c'eft alors que je croirai avoir acquis quelques droits à la reconnoiffance des bons Patriotes. Tel eft le langage que j'ai toujours tenu ;

l'envie,

l'envie, ce tyran de toutes les découvertes, pourra s'exhaler à fon aife.; je ne m'exprimerai jamais différemment. La nourriture principale du peuple eft ma follicitude; mon vœu, c'eft d'en améliorer la qualité & d'en diminuer le prix.

ARTICLE XVII.

Du Bifcuit de mer fait de Pommes de terre.

A PEINE le procédé du pain de pommes de terre a-t-il été rendu public, que les hommes, faits par leur état & par leurs lu-mières pour apprécier la valeur de cette expé-rience & l'utilité dont elle pourroit devenir un jour, s'emprefsèrent de me communiquer les réflexions les plus judicieufes à ce fujet. M. *Maillart de Mefle,* entr'autres, ancien Intendant des ifles de France & de Bourbon, qui s'eft beaucoup occupé de tous les objets d'économie pendant fes différentes adminiftra-tions dans les Ports du Roi & fur les Efcadres, m'écrivit pour m'engager d'effayer de faire du bifcuit de pommes de terre, en ajoutant com-bien cet effai feroit intéreffant s'il réuffiffoit.

K

On préfume avec quel empreffement je dus accueillir une propofition qui pouvoit rendre l'aliment de la pomme de terre encore plus général, étendre fes reffources fur tous les ordres de citoyens, & prolonger fa durée un temps infini. J'entrepris donc une nouvelle fuite d'expériences pour feconder les vues defirées, & j'en offre aujourd'hui les réfultats, aux rifques de faire dire encore aux gens mal préoccupés, que mon deffein eft de vouloir qu'on fe paffe de blé dans cette manutention.

Pour préparer le bifcuit de pommes de terre, on mêle un peu de levure de bierre ou de levain de froment délayé dans l'eau chaude, avec une livre d'amidon de pommes de terre & autant de leur pulpe; quand le mélange eft parfait, on le porte dans un lieu tempéré où il demeure l'efpace de fix heures environ.

On étend ce levain ainfi préparé dans fuffifante quantité d'eau très-chaude; on le mêle avec fix livres de pulpe de pommes de terre & pareille quantité d'amidon; on forme du tout une pâte que l'on pétrit long-temps; on en détache enfuite des morceaux pefant trois

quarterons, que l'on aplatit de manière à ne
leur donner que vingt-quatre pouces de circonférence, & quinze à ſeize lignes d'épaiſſeur.

Quand la pâte eſt diviſée & façonnée, on
la diſtribue ſur des tablettes, & une heure
après on la met au four en la piquant avec un
fer armé de pluſieurs dents, pour empêcher le
bourſouſflement & favoriſer l'évaporation de
tous les points. Comme cette pâte a peu d'eau,
la cuiſſon en devient plus difficile; il faut la
laiſſer au four plus long-temps que le pain:
c'eſt au moins deux heures, d'autant plus que
cette cuiſſon doit être pouſſée très-loin.

Le biſcuit, au ſortir du four, doit être
dépoſé dans un endroit chaud, afin qu'il puiſſe
ſe refroidir inſenſiblement, & perdre l'humidité qui s'en exhale perpétuellement tant que
la chaleur ſubſiſte. Il eſt bien eſſentiel de ne
le renfermer que cinq à ſix jours après ſa
fabrication, & de le tenir autant que la choſe
eſt poſſible dans un endroit très-ſec.

Le biſcuit ordinaire de froment perd un
quart de ſon poids au four, en ſorte qu'il
faut toujours employer trois quarterons de
pâte la plus ferme pour en obtenir une

demi-livre. Notre biscuit éprouve à-peu-près
un déchet semblable : l'eau qui sert à délayer
le levain & qui suffit pour le pétrissage, se
dissipe entièrement avec un peu de celle qui
constitue essentiellement la pulpe.

On prépare avec le blé différentes sortes de
biscuit, suivant le temps que l'on se propose
d'être en route & le pays que l'on a à parcourir.
Plus les climats qu'on parcourt sont froids &
secs, moins le biscuit est sujet à se gâter : la
première altération qu'il éprouve c'est d'attirer
l'humidité de l'air, de se moisir dans l'intérieur & de contracter une mauvaise odeur qui
le rend bientôt la pâture des vers. On pourroit toujours parer à cet inconvénient si les blés
dont on se sert étoient parfaitement secs, si les
farines se trouvoient bien moulues, & qu'on
n'en séparât point, comme cela se pratique en
quelques endroits, la farine de gruau, la plus
sèche, la plus favoureuse & la plus nutritive
du grain, enfin la plus propre au biscuit.

La qualité du biscuit n'est pas toujours dûe
à celle des grains avec lesquels on le fabrique;
elle dépend souvent du procédé dont on se
sert. Chaque Nation semble avoir adopté une

manipulation particulière; l'une emploie beaucoup de levain, l'autre très-peu; il y en a qui
paroiffent n'en point mettre du tout : c'eft
cependant à la quantité de levain que le
bifcuit doit en partie fa faveur. Celui de
pommes de terre étant naturellement fade, il
feroit poffible d'y ajouter un gros de fel par
livre fans nuire à fa confervation.

On peut varier les efpèces de bifcuit fuivant
le degré de cuiffon qu'on leur donne, &
produire également du pain bifcuité, du bifcuit praliné & du bifcuit. J'ai vu cette année,
à l'Orient, du bifcuit de froment à bord de
plufieurs Bâtimens pris fur les Anglois, qui
étoit fans couleur, & reffembloit plutôt à de
la pâte deffèchée qu'à du bifcuit.

Réuni avec M. *Cadet* le jeune pour abréger
la manipulation du pain de pommes de terre,
nous avons auffi multiplié concurremment les
expériences, dans la vue de perfectionner le
bifcuit dont il s'agit; & après nous être affuré
qu'il avoit les caractères généraux du bifcuit
ordinaire, qu'il fe caffoit net, qu'il étoit
fonore, qu'il trempoit très-bien dans l'eau
fans s'émietter, nous nous fommes fait un

devoir de le foumettre à l'examen de M.
Maillart du Mefle & de plufieurs Négocians
qu'on peut citer comme autant d'autorités;
leur opinion a été extrêmement favorable à
ce bifcuit. Le Miniftre de la Marine a daigné
l'accueillir & le protéger, en obfervant que
le feul moyen de conftater s'il feroit poffible
de le conferver auffi aifément que le bifcuit
de froment, étoit d'en faire paffer à Breft
quelques quintaux, afin qu'il pût en être
embarqué fur un ou plufieurs Bâtimens. Ses
intentions ont été complètement remplies: mais
on a tout lieu de craindre qu'il n'ait été la
proie de quelques Corfaires ennemis.

Mais s'il eft permis de faire quelques
conjectures d'après l'état où fe trouve ce bifcuit & la nature du corps farineux dont il
eft compofé, on peut préfumer avec vraifem-
blance qu'il bravera les voyages de long cours,
& que fans vouloir prétendre le comparer au
bifcuit ordinaire, il a un mérite fur ce dernier
en ce que la pomme de terre n'ayant ni matière
fucrée, ni fubftance glutineufe, le bifcuit qui
en réfulte, doit être moins fufceptible d'attirer
l'humidité de l'air & de fe corrompre.

La pomme de terre croît abondamment par-tout, & particulièrement dans nos Ifles dont elle eft originaire, en forte qu'on y jouiroit de l'avantage précieux d'approvifionner les Navires qui y relâchent, fur-tout lors de la cherté des blés & dans les circonftances où les hafards de la mer rendent les communications difficiles & moins fûres.

Nous avons déjà fait mention de la propriété anti-fcorbutique que quelques Auteurs accordent à la pomme de terre ; M. *Magellan* vient de communiquer à l'Académie des Sciences des Obfervations qui prouvent que l'ufage de cette racine peut guérir en effet le fcorbut : à combien plus forte raifon pourra-t elle prévenir cette maladie fi redoutable pour les Matelots ! Ainfi cette claffe d'hommes auffi eftimable qu'elle eft utile, trouveroit dans l'aliment quotidien le préfervatif ; il feroit même préférable d'embarquer une certaine quantité de ce bifcuit dans tous les temps : il deviendroit le régime de ceux dont le fang viferoit au fcorbut.

Pourquoi n'embarqueroit-on point encore les différentes efpèces de pain de pommes de

terre que nous avons décrites, & qui se tiennent frais assez long-temps? Pour en faire
l'épreuve, M. le Chevalier *Mustel*, remit
à M. d'Anbournay, Secrétaire perpétuel de
l'Académie des Sciences de Rouen, deux
pains composés de froment & mélangé avec
des pommes de terre & nouvellement cuits,
qui les confia tout cachetés à un Capitaine de
navire prêt à mettre à la voile pour l'Es-
pagne, en lui recommandant d'en laisser un
en plein air, & l'autre dans sa chambre; le
Capitaine revint de sa course & même d'une
autre traversée dix mois après. On goûta les
deux pains qu'on trouva très-bons; ce fait
qui atteste les avantages de ce pain pour la
Marine, se trouve consigné dans les regis-
tres de la Société Royale d'Agriculture de
Rouen.

Dans le même temps que M. *Maillart du
Mesle*, m'engagea d'essayer à faire le biscuit
en question, je reçus une lettre d'un Ministre
d'État avec une boîte remplie de pommes de
terre cuites, coupées par tranches & séchées,
sous le nom de *gruaux*: elle venoit d'Alsace,
la personne qui l'envoyoit, mandoit que

les pommes de terre réduites à cet état, fe
confervoient depuis neuf ans, fans qu'on y
eût aperçu de mitte ni la moindre altération,
ajoutant qu'une bonne ménagère du canton,
en préparoit de cette manière chaque année,
pour s'en fervir pendant l'été, en qualité de
légume ; que depuis trente ans, le coffre où
elle tenoit fa provifion , n'avoit jamais été
tout-à-fait vidé , & que la tranche du fond
étoit auffi faine que celle de deffus.

Je me déterminai en conféquence à examiner d'une manière plus approfondie que je
ne l'avois pu faire il y a neuf ans , dans mon
Ouvrage économique des pommes de terre ,
les diverfes préparations que cette racine étoit
en état de fournir , fous une autre forme que
celle du pain & du bifcuit : je les crois dignes
de figurer dans un Recueil deftiné à indiquer
les fupplémens les plus indifpenfables , dont
il foit permis d'ufer avec fécurité , lorfque la
Nature nous refufe nos alimens ordinaires.

ARTICLE XVIII.

Des gruaux, du salep & du sagou de Pommes de terre.

EN réduisant la pomme de terre sous différentes formes, nous ne prétendons point qu'elle acquière en même temps toutes les propriétés médicinales, attribuées à chacune des substances avec lesquelles nous l'assimilons; notre intention est seulement d'indiquer les ressources salutaires que cette racine peut encore offrir à l'homme, dans l'état de maladie, lorsque ces substances lui manqueront.

Des gruaux de Pommes de terre.

Sous le nom de gruaux, on comprend assez ordinairement les semences graminées, divisées grossièrement par les meules, & purgées en partie de leur enveloppe corticale; la manière de s'en servir tient encore au premier usage que l'on fit des farineux: elle consiste à les délayer & à les cuire dans un véhicule nutritif. Or les pommes de terre bouillies & cuites avant d'avoir été séchées, ne sauroient être regardées comme des gruaux;

c'eſt plutôt une eſpèce de *ſalep* ainſi que nous le ferons voir bientôt.

Dès que les pommes de terre ſont nettoyées & pelées, on les coupe par tranches, on les étend enſuite ſur des tamis recouverts de papier, puis on les place ſur le four d'un Boulanger; bientôt elles ſe retirent, perdent de leur tranſparence, & deviennent en vingt-quatre heures aſſez friables pour ſe laiſſer briſer ſous l'action du pilon & des meules : lorſqu'elles ne ſont que concaſſées, on les peut déſigner ſous le nom de *gruaux,* & ſous celui de *farine* quand elles ſe trouvent réduites en poudre fine.

Les tranches de pommes de terre ſéchées, ſont ridées & ternes à leur ſuperficie, & blanchâtres intérieurement; en les mangeant, on croiroit avoir du blé ou du ſeigle ſous la dent : elles ſont un peu plus difficiles à cuire que les racines entières & fraîches; elles prennent en outre une couleur griſe-foncée, & leur ſaveur eſt un peu différente.

La farine qu'on obtient des pommes de terre ſéchées, eſt douce au toucher, mais ſa couleur eſt d'un gris-ſale ; ſi on en forme une boulette avec de l'eau, elle ne contracte presque point de ténacité; délayée & cuite comme on fait les gruaux dans du lait, du bouillon ou quelques décoctions mucilagineufes, elle en trouble la tranfparence, prend la confiftance de bouillie, exhale l'odeur de la colle de farine, & a une faveur moins agréable que la pomme de terre elle - même qui n'a pas été defféchée.

En vain on fe flatteroit que la mouture & la bluterie qui ont tant influé fur la qualité des farines, pourront bonifier celle des pommes de terre; la matière extractive qu'elles contiennent n'ayant pas été combinée pendant l'opération qui les a defféchées, elle fe développe au point de devenir très-fenfible aux yeux & au goût dans toutes les préparations où cette farine entre, foit dans le pain de froment qu'elle rend mat & bis, foit dans la bouillie qui eft d'une couleur fauve & d'un goût défagréable : il eft vrai qu'on peut la corriger par le moyen du fucre ou des autres aromates.

D'après ce qui vient d'être remarqué, on doit diftinguer la farine de pommes de terre de leur amidon, puifque l'une eſt la réunion des différentes parties conſtituantes rapprochées par l'évaporation du fluide aqueux, & que l'autre n'en eſt qu'un des principes que la végétation a formé, & qu'on en ſépare très-aiſément pourvu que ces racines n'aient point éprouvé l'action du feu.

La farine de pommes de terre peut ſe conſerver long-temps ſans s'altérer; il ſuffit qu'elle ſoit parfaitement sèche & qu'on la tienne à l'abri de l'humidité & des animaux deſtructeurs pour leſquels elle devient un appât; elle m'a paru après un an auſſi bonne que le premier jour de ſa préparation, & je ne me ſuis jamais aperçu qu'au retour du printemps la germination s'y établît, & qu'elle changeât de couleur ainſi qu'on l'a avancé à deſſein ſans doute d'inculper de plus en plus l'uſage d'un pareil aliment.

Il ſeroit infiniment plus expéditif de ſoumettre les pommes de terre toutes entières à l'exſiccation; mais l'expérience m'a prouvé depuis long-temps que quelque petites qu'elles ſoient, on ne ſauroit parvenir à en ſouſtraire la totalité du principe aqueux : elles s'amolliſſent

& fe gâtent plutôt que d'exhaler le reftant de l'humidité qui s'oppofe à leur broiement; fouvent j'ai expofé pendant quelques heures des pommes de terre à une chaleur de trente à quarante degrés, à l'effet de les empêcher de germer; ce moyen eft bien capable de leur ôter cette faculté, mais l'organifation en fouffre beaucoup: ces racines à moitié deffé-chées, ne font plus auffi délicates après leur cuiffon, & on ne peut plus les conferver long-temps fans qu'elles ne s'altèrent au-dedans.

Comme il eft très-difficile de nettoyer les pommes de terre à caufe de leur inégalité & de les peler quand elles font crues, à moins qu'on ne les laiffe tremper un certain temps dans l'eau, on pourroit choifir pour cet objet celles qui font unies, & faifir l'inftant de la récolte pour en ôter la peau; on chargeroit de cet ouvrage les femmes & les enfans.

Je ne puis cependant me difpenfer de faire obferver que malgré les foins qu'on prendroit pour éplucher, nettoyer, fécher & moudre les pommes de terre, leur gruau ou leur farine n'en réuniront jamais tous les avantages; de quelque manière qu'on les apprête, on doit donc pas en eſpérer d'avoir ſous cette forme un aliment auſſi agréable qu'il eſt ſain : quelle différence quand on a fait précéder la cuiſſon à la deſſiccation ! On obtient deux réſultats qui n'ont de commun que la même ſource.

Du Salep de Pommes de terre.

Les racines bulbeuſes de tous les *orchis* étant cuites, nettoyées, ſéchées & réduites en poudre, portent le nom de *ſalep ;* on ſait de quel uſage eſt ce *ſalep,* lorſqu'il s'agit de procurer une nourriture ſubſtantielle & facile à digérer. La pomme de terre qui ſubit une préparation ſemblable, s'en rapproche au point que non-ſeulement elle peut lui être ſubſtituée dans beaucoup de circonſtances, mais ſuppléer encore en cas de beſoin aux racines fraîches juſqu'à la prochaine récolte.

Quand les pommes de terre ſont voiſines de la cuiſſon, on les pèle au ſortir du feu, on les coupe par tranches, & on les porte au-deſſus ou dans le four d'un Boulanger auſſi-tôt que le pain en eſt tiré ; trente heures après elles ſont ſuffiſamment ſéchées, & ont perdu les trois-quarts de leur poids.

On s'épargneroit l'embarras de diviser les pommes de terre par quartiers, sur-tout lorf-qu'il s'agiroit ensuite de les mettre en poudre en les réduisant d'abord en pulpe par le moyen que nous avons indiqué, en les étendant par couches minces dans une étuve ; mais il ne faut les cuire & les pulper qu'à mesure qu'on les sèche, dans la crainte qu'elles ne s'aigriffent.

La pomme de terre cuite, coupée par tranches & séchée, acquiert la transparence & la dureté d'une corne transparente ; elle se casse net, & présente dans sa cassure un état vicieux ; elle n'attire pas l'humidité de l'air ; elle se réduit difficilement sous l'effort du pilon ; elle produit une poudre blanchâtre & sèche semblable à celle de la gomme arabique. Cette poudre se diffout dans la bouche, & donne à l'eau un état muqueux ; telles sont les propriétés les plus générales du *salep*.

On s'est servi avec beaucoup de succès en Suisse, en Alsace, d'un instrument propre à broier les pommes de terre ; c'est un tube cylindrique, dont le fond est percé de petits trous comme une écumoire, & à travers lequel

on

on fait paffer la pomme de terre bouillie après
l'avoir pelée & mife à fécher lentement ;
il en réfulte une efpèce de vermicel : c'eft
ainfi qu'on pourroit imiter les pâtes de Gènes
& d'Italie, en mêlant la poudre de pommes
de terre avec la pulpe, en y ajoutant les
affaifonnemens ufités ; ce mélange fe durcit
aifément, & renfle très-bien dans l'eau aidée
de la chaleur.

Si les Obfervations d'*Ellis* & de M.
Magellan, au fujet de la propriété anti-fcorbutique des pommes de terre, font confirmées par des expériences en grand & comparées, fi cette propriété, comme il y a tout
lieu de le penfer, réfide dans la matière
extractive ; ces racines en cuifant & en féchant
n'ayant rien perdu, feront dans ce cas encore
plus efficaces que leur pain & leur bifcuit
qui en font dépouillés en partie ; elles auront
fur les pommes de terre fraîches, l'avantage
d'occuper moins de place, de pouvoir être
ferrées par-tout, de fe conferver plus long-
temps, & de devenir en un moment par le
moyen d'une ébullition dans l'eau, un aliment
fain & doux, comparable à celui de la pomme

L

de terre elle-même. On pourroit dans la
faifon la plus morte de l'année, en former
la pulpe qui entre pour moitié dans la fabrication de leur pain, & ce feroit un moyen
affuré de vivre de ces racines dans un temps
où on ne les a plus en nature.

Les pommes de terre en *falep* n'altèrent
pas, comme leur farine, la blancheur du pain
de froment où elles entrent, ainfi que les diverfes préparations de gelée ou de bouillie; elles
confervent leur couleur, leur odeur & leur
faveur, parce que durant la cuiffon la matière
extractive s'eft confondue avec l'amidon & le
parenchyme; au lieu que la fimple defficcation
agit fur chacun de ces principes en particulier, &
leur fait éprouver une forte d'altération, ce qui
rend les pommes de terre féchées fi inférieures
à celles qui ont fubi une cuiffon préalable.

Pour adminiftrer les pommes de terre en
guife de falep, on les réduit d'abord en poudre
très-fine; on en prend une once que l'on fait
bouillir un quart-d'heure dans un demi-fetier
d'eau; on la paffe enfuite à travers un linge;
on y ajoute un peu de fucre & d'écorce de
citron. Quand la diffolution eft refroidie, il

en réſulte une ſorte de gelée blanchâtre, que l'on donne de deux heures en deux heures, à la doſe d'une ou de deux cuillerées, ſuivant l'exigence des cas. Mais quand on veut en faire une tiſane mucilagineuſe, comparable à l'eau de riz ou d'orge perlé, on étend cette quantité dans une ou deux pintes d'eau, dont on peut augmenter l'agrément par quelques ſirops convenables à la maladie.

On ne manquera pas d'objecter ici que mon nouveau ſalep n'eſt jamais que la pomme de terre, dont les différens principes ſe trouvent rapprochés par l'évaporation de leur humidité ſurabondante; & qu'on ne peut pas la regarder, dans cet état, comme analogue à une racine bulbeuſe dont le mucilage eſt extrêmement atténué. Je réponds que la cuiſſon que je fais éprouver aux pommes de terre, en forme également un mucilage ſur lequel la deſſiccation agit enſuite; elle en détruit la viſcoſité & le rapproche de l'état de gelée. Je l'ai donné d'ailleurs avec ſuccès dans les cas où le ſalep eſt indiqué, dans les coliques bilieuſes, dans les dévoiemens & dans toutes les maladies qui dépendent de l'âcreté de la lymphe. Mais je n'ai pas envie de dogmatifer en Médecine, ni d'enlever aux riches leur falep qu'ils achettent vingt francs la livre: celui dont je parle coûtera fort peu de chofe, & on me permettra de le nommer *le falep* des pauvres gens.

Du Sagou de Pommes de terre.

Le *fagou* eft, comme l'on fait, la fécule que l'on fépare par les tamis & le lavage, d'une moëlle farineufe contenue dans le tronc de certains palmiers très-communs aux Moluques. Cette fécule, qui ne fe diffout que dans l'eau bouillante, qui augmente confidérablement de volume & fe convertit en une gelée tranf-parente, n'eft autre chofe qu'un véritable amidon. Or, je crois avoir prouvé que cette matière étoit homogène dans la Nature comme le fucre, quel que foit le corps qui la renfer-moit. L'amidon de pomme de terre peut donc complètement remplacer le *fagou*.

La figure de petits grains fous laquelle on nous apporte le *fagou*, & fa couleur rouffe, viennent du degré de chaleur que les Indiens lui ont donné pour le fécher. On connoît la méthode d'extraire l'amidon de pommes de terre; il feroit poffible auffi de le faire reffembler parfaitement au fagou, fi on croyoit qu'une defficcation un peu vive pût influer fur fes propriétés économiques.

Quand on veut faire cuire le fagou de pommes de terre, on en met plein une cuiller à bouche dans un poêlon pour le délayer peu-à-peu dans une chopine d'eau chaude ou de lait; on place le poêlon fur un feu doux, & on remue fans difcontinuer pendant une demi-heure environ; on y ajoute du fucre & des aromates, tels que la canelle, l'écorce de citron, le fafran, l'eau de fleur-d'orange, l'eau rofe, &c.

On peut encore préparer le fagou de pommes de terre avec de l'eau de veau, de poulet ou avec du bouillon ordinaire, de la même manière que l'on cuit la femoule ou le riz au gras; on le tient plus ou moins épais fuivant le befoin & le goût de ceux pour lefquels on le prépare : il feroit poffible d'en faire plufieurs prifes à la fois, pour le chauffer à mefure qu'on en auroit befoin. On fait que la délicateffe trouve également ſon compte dans l'amidon de pommes de terre, & qu'on en peut faire des crêmes excellentes & des pâtiſſeries fort légères.

Combien d'eſtomacs foibles de conſtitution, ou fatigués par les excès de la table ou par les maladies, qui ne peuvent digérer d'alimens ſolides, ſe trouveroient ſoulagés & même guéris par l'uſage du *ſalep* & du *ſagou* de pommes de terre ? L'un & l'autre procureront un aliment ſain, qui ſe digérera aiſément, & remplira les mêmes indications que le ſalep & le ſagou proprement dit. C'eſt un reſtaurant pour les convaleſcens, les enfans & les vieillards. Le *tapioca* des Américains, qui n'eſt que l'amidon le plus blanc & le plus pur du *magnoc,* donne des bouillons excellens & très-ſalutaires dans les maladies d'épuiſement & de conſomption.

Les pommes de terre, je le répète, peuvent remplacer dans les temps d'abondance le *ſalep* & le *ſagou :* deux ſubſtances qu'on nous apporte de loin, & que cette circonſtance ſeule peut laiſſer ſoupçonner de mélanges infidèles. Si ce ſont des ſpécifiques dans nos maladies, leur prix exhorbitant empêche les malheureux

d'y atteindre & d'en profiter ; les fubftituts
que je propofe ne coûteroient prefque rien : il
faut quatre livres de pommes de terre pour
obtenir une livre de falep, & fix livres de
ces racines fourniffent une livre de fagou.

Les préparations pour amener les pommes
de terre à l'état de falep & de fagou, ne fauroient entraîner dans de grandes dépenfes :
dans le premier cas, il faut cuire, fécher &
moudre ces racines ; dans le fecond, au contraire, il eft néceffaire de les râper crues, de
les paffer à travers un tamis & de les laver.
Faudra-t-il donc toujours mettre à contribution les deux Indes pour fatisfaire nos
principaux befoins, & n'attacher de prix
qu'aux chofes qu'on nous apporte à grands
frais, & qui ont le mérite de naître fous un
autre hémifphère ?

ARTICLE XIX.

*Des Semences & Racines farineufes, dont
il eft néceffaire d'extraire l'amidon.*

APRÈS avoir démontré par tout ce que
l'expérience & l'obfervation nous apprennent,
que la partie principalement nutritive des

L iv

farineux est l'amidon; que cet amidon séparé
des corps où il se trouve contenu, réuni
ensuite à des matières pulpeuses, glutineuses,
muqueuses, passe à la fermentation, & se
change en un véritable pain; je ne dois plus
m'occuper qu'à chercher dans les végétaux
qui en fournissent, de quoi suppléer à la
disette des grains & des autres substances alimentaires, dont l'usage est le plus ordinaire,
& sera toujours préférable.

On a été long-temps dans l'opinion que
les semences étoient le seul réceptacle de
l'amidon, & qu'elles appartenoient à la grande
famille des graminées; mais il n'est plus permis
de douter maintenant qu'il ne se rencontre également dans les légumineux, dans une infinité
d'autres semences & de racines de différentes
classes. J'oserois presque avancer qu'il n'y a
point de parties de la fructification des Plantes
où il ne se trouve contenu, qu'il est le même
quel que soit le corps d'où on l'extrait, que
l'amidon des semences n'est pas plus atténué
que celui des racines, & que les marrons d'Inde
en fournissent d'aussi doux que le froment.

J'ai déjà dit que je croyois que les fruits

à baïes, à grains & à noyaux ne pouvoient
pas contenir d'amidon vu que leur pulpe étoit
trop mollaſſe pour contenir un corps ſolide
& lui ſervir d'appui. Je n'avois pas la même
conjecture à l'égard des fruits à pepins, dont
la chair étant plus ferme, pouvoit bien devenir propre à cet effet; il eſt vrai que mes
recherches à ce ſujet avoient été infructueuſes.
Pendant mon ſéjour à Rennes, j'en fis part
à M. Duval, Apothicaire . & Chimiſte fort
inſtruit, qui ſoupçonnoit déjà, d'après quelques
expériences plus heureuſes que les miennes,
que les fruits de cette claſſe renfermoient
de l'amidon; nous vérifiames enſemble ſi ſes
ſoupçons étoient fondés, & nous trouvames
effectivement de l'amidon dans certaines pommes
douçâtres à cidre, tandis que d'autres d'une
ſaveur aigre, n'en donnoient pas un atome.

Cette différence dans les fruits du même
genre, m'a paru aſſez intéreſſante pour mériter
quelqu'attention, & depuis mon retour de
Bretagne, j'ai profité de la ſaiſon pour ſuivre
pluſieurs expériences relatives aux pommes &
aux poires; leurs détails ne ſeroient pas abſolument étrangers ici, mais je dois éviter d'en rendre
compte, dans la crainte qu'on ne diſe que

pour multiplier encore les moyens de préparer
du pain, mon projet est d'enlever à la Normandie son cidre & au deffert ses plus grandes
reffources: j'aurois beau rappeler tout ce que
j'ai écrit pour prouver que perfonne n'a dé-
claré une guerre plus ouverte, que moi, à
tous ceux qui atteints de la manie de vouloir
tout convertir en pain, propofent journellement de donner cette forme à beaucoup de
corps qui n'y font pas propres, & d'altérer par
leurs mélanges ceux que la Nature femble
avoir voués plus fpécialement à cette préparation, on ne m'en prêteroit pas moins les
idées les plus folles & les plus ridicules.

Voilà donc l'amidon, non-feulement dans
les racines, dans les écorces, dans les tiges &
dans les femences, mais encore dans les fruits;
refte maintenant les feuilles & les fleurs, dans
lefquelles je n'affurerois pas qu'on ne parvînt
à l'y découvrir un jour, d'autant mieux que
plufieurs d'entr'elles examinées, m'ont déjà
fourni un mucilage qui s'en rapproche beaucoup; alors on dira : tous les organes des
Plantes font propres à la formation de l'amidon
comme à celle du fucre; deux fubftances, dont
la nature & les propriétés font différentes.

Ici on ne manquera point de m'arrêter par
mes propres paroles, puiſque j'ai avancé que
le ſucre rendoit la matière nutritive plus alimentaire ; mais c'eſt parce qu'il la rend plus
ſoluble & plus aiſée à être digérée, car par lui-
même le ſucre ne paroît pas jouir de cette
faculté : il ne remplit, comme nous l'avons
déjà établi, que l'office d'aſſaiſonnement dans
les comeſtibles. Ainſi, il ne conſtitue pas plus
l'effet nutritif du blé que la matière glutineuſe, parce qu'il s'y trouve comme cette
dernière en trop petite quantité ; que d'ailleurs
ils ne ſont pas revêtus l'un & l'autre des caractères principaux qui appartiennent à la matière
nutritive ; & qu'enfin, il exiſte beaucoup de
corps qui ſont très-ſubſtantiels ſans rien offrir
de ſucré ni de glutineux.

L'opinion contraire vient de ce que le
ſucre ſe rencontre dans preſque toutes les
ſubſtances alimentaires ; qu'il n'y a point d'animaux pour leſquels il ne ſoit un attrait ; que
les cannes qui en ſont le réſervoir le plus
abondant, ſervent dans nos Iſles quand elles
ſont exprimées, à nourrir & à engraiſſer les
beſtiaux qui en ſont très-friands : mais la

Nature ne nous offre jamais cette matière
faline que mêlée & confondue avec des fubftances extractives, mucilagineufes, très-alimen-
taires, de manière qu'elle eſt toujours dans
l'état de muqueux fucré; or ſi à la Cochin-
chine, on mange du fucre au lieu de pain, ſi
les Nègres-marrons s'en nourriſſent également,
c'eſt qu'au fortir de l'intérieur des cannes fous
une forme mielleufe, il eſt un corps compofé,
que l'art de le rafiner détruit pour le ramener
à l'état fimple d'un vrai fel eſſentiel.

Le miel paroît plus muqueux & plus nutritif
dans les nectaires des fleurs qu'après que les
abeilles l'ont dépofé dans leurs ruches; l'élaboration qu'il a fubie dans l'efpèce de digeſtion
qu'elles en ont faites, a rendu le vrai fucre
que le miel contient, plus pur, plus nu &
plus fenfible à nos organes, de même que
toutes les opérations que l'on fait fubir au
fucre pour le débarraſſer des entraves muqueufes dont il n'eſt jamais exempt : le *vefou*
ou le miel de la canne, eſt plus nourriſſant
que la *mofcouade*, & cette dernière l'eſt davantage que la *caffonade*, qui perd de cette
propriété à mefure qu'elle fe rapproche de

l'état de ſucre candi ; car je ne prétends pas dire que le ſucre très-pur ne la poſsède encore un peu : quelles ſont les ſubſtances végétales, excepté celles qui agiſſent comme médicament, qui ne ſoient plus ou moins alimentaires ?

Je demande donc à ceux qui viennent d'avancer, ſans en donner aucune preuve, que le ſucre conſtitue le principal effet nutritif du blé & des autres farineux, que tout ce qui n'en contient point, eſt peu ou point du tout alimentaire, je leur demande pourquoi ce ſel eſſentiel forme-t-il à peine le ſeizième du froment, & ne ſe rencontre-t-il point dans les pommes de terre ! Pourquoi peut-on enlever aux gelées végétales le ſucre qui s'y trouve, ſans qu'elles ceſſent pour cela d'être des gelées ! Pourquoi détruit-on dans certains farineux leur ſucre par des préparations, telles que la fermentation, l'expreſſion, la lotion ; & ſont-ils après cela plus nourriſſans ! on ne me répondra point ſans doute que la fermentation a reſpecté le ſucre dans les farineux au point qu'il y en a moins dans le grain que dans le pain qui en réſulte ; que la caſſave que l'on a épuiſée de l'eau de végétation eft plus fucrée que la racine de magnoc.

Mais ne fait-on pas bien que le fucre ne domine nullement dans les graminées & les légumineux qui fervent de nourriture aux Européens, & qu'il eft encore moins fenfible dans les végétaux dont les autres peuples de la Terre font leur aliment principal. Le *magnoc*, le *falep*, le *fagou*, la *gomme arabique*; le *coton-fromager*, le *rima*, font des corps muqueux très-fubftanciels fans doute; ils ne donnent cependant pas un atome de fucre : les parties conftituantes de ce fel effentiel peuvent bien y exifter, avoir une propriété nutritive; mais réunies, combinées par la végétation & fous forme faline, elles produifent plus fpécialement l'effet de l'affaifonnement.

Auffi ce fameux axiome des Anciens, que les Chimiftes de nos jours ont tant cherché à faire valoir, *omne dulce nutrit*, n'eft nullement le corps muqueux fucré comme ils le prétendent, mais bien un mucilage infipide, une gelée fèche, comparable à la gomme arabique ou à l'amidon qu'on peut rendre à volonté des corps muqueux fucrés par les mélanges. Mais je reviens à mon objet, dont je ne me fuis écarté que pour difcuter une queftion trop importante à la matière que je traite ici, pour ne point me permettre encore cette digreffion.

Comme la plupart des femences & des racines farineufes, dont je parle dans ce point de vue, ont toujours été réputées ne contenir aucun principe alimentaire faute de favoir qu'elles avoient de l'amidon, que cet amidon étoit l'effence des farineux, qu'on pouvoit le mettre à part, & après cela lui donner la forme panaire, on les a toujours réléguées parmi les fubftances vénéneufes, dans lefquelles la Médecine a cherché des fpécifiques, & les Arts, des reffources que l'expérience & l'obfervation n'ont pas toujours juftifiées.

Je ne me fuis pas borné à donner une nomenclature sèche & ftérile des végétaux fauvages que je vais indiquer comme fupplément aux grains & à la pomme de terre, je parle des tentatives qu'on a faites pour tâcher de les rendre utiles, & des réfultats particuliers qu'on en a obtenus; j'ai penfé que cette extenfion ne déplairoit point, d'autant mieux qu'en 1771, lorfque j'ai préfenté ce travail au concours, il a obtenu le suffrage d'une Compagnie savante à laquelle je me fais gloire d'appartenir : je déclare même que si j'ai pu avoir le bonheur d'être utile, c'est aux encouragemens de l'Académie de Besançon que j'en suis redevable.

Des Marrons d'Inde.

L'arbre qui porte les Marrons d'Inde, est originaire de l'Asie septentrionale ; il nous a été apporté par *Bachelier :* le premier fut planté au Jardin de Soubise, le second au Jardin royal, & le troisième au Luxembourg

Le marronnier d'Inde croît aisément en Europe où il s'est parfaitement naturalisé. Les Botanistes l'ont désigné sous le nom d'*Hippocastanum vulgare T ;* mais il n'a guère servi jusqu'à présent qu'à faire l'ornement de nos allées & de nos jardins à cause de l'épaisseur & de l'agrément de son ombrage. Nous voyons quelle est sa vitalité par une espèce d'épitaphe inscrite sur une coupe transversale du second des marronniers d'Inde cultivé dans notre pays & déposée au Cabinet du Roi : *il fut planté au Jardin du Roi en 1656, & il est mort en 1767.*

Les

Les fleurs du marronnier d'Inde font difpofées en rofes; leur tiffu eft extrêmement
ferré ainfi que celui de leurs étamines; c'eft
ce qui fait qu'elles réfiftent davantage aux
gelées, aux vents & à la pluie, trois fléaux
des fleurs, & qu'elles fructifient affez conftamment comme certains poiriers qui ont, comme
le marronnier d'Inde, l'avantage de ne fleurir
qu'après les gelées.

Il paroît qu'on s'eft beaucoup exercé fur les
marronniers d'Inde & fur leur fruit. *Zanichelli,*
Apothicaire à Venife, a publié une Differtation
Italienne concernant les cures qu'il a opérées
avec l'écorce de cet arbre; il la compare,
d'après fes propres obfervations & l'analyfe chimique, au quinquina : plufieurs Médecins ont
depuis confirmé l'opinion de ce Pharmacien.
M.rs *Cofte* & *Villemet* remarquent auffi, dans
leurs *Effais botaniques,* que l'écorce du marronnier d'Inde en décoction ou en fubftance,
pouvoit remplacer celle du Pérou.

De bons Patriotes fe font également exercés
fur le fruit du marronnier d'Inde; que de
tentatives effayées pour le dépouiller de fon
infupportable amertume ! chacun a cru être

M

parvenu au but desiré. M. le Président *Bon*
a proposé dans les Mémoires de l'Académie
royale des Sciences de Paris, *1720*, de faire
macérer ce fruit à plusieurs reprises dans des
lessives alkalines, & de le faire bouillir ensuite
pour en former une espèce de pâte qu'on
puisse donner à manger à la volaille; on a
même cherché dans quelques cantons où il
régnoit une disette de fourrage, à accoutumer
les chevaux & les moutons à s'en nourrir
pendant l'hiver.

Mais il paroît que les marrons-d'Inde dans
cet état, ne sont pas une nourriture saine,
puisque jusqu'aujourd'hui la proposition est
demeurée sans exécution ; les lotions & les
macérations en effet, ne sauroient enlever le
suc & le parenchyme dans lesquels réside
l'amertume des marrons d'Inde : le changement que peuvent produire ces opérations,
c'est d'en diminuer l'intensité.

D'autres croyant impossible à l'Art d'enlever l'amertume du marron d'Inde pour en
obtenir ensuite un aliment doux, se sont
efforcés d'appliquer ce fruit à divers usages
économiques; on a cru être parvenu à en

faire une poudre à poudrer en le mettant
ſècher & le réduiſant en poudre. Un Cordon-
nier a préparé avec cette poudre une colle
qu'il a exaltée comme très-utile au Papetier,
au Tabletier & au Relieur ; on en a encore
fait des bougies que l'on a d'abord beaucoup
vantées, mais ce n'étoit que du ſuif de mouton
bien député, & rendu ſolide par la ſubſtance
amère du marron d'Inde : le prix qu'elles coû-
toient, les a bientôt fait abandonner.

Dans un Ouvrage qui a pour titre, *l'Art
de s'enrichir par l'Agriculture*, l'Auteur propoſe de râper les marrons d'Inde dans l'eau,
de les y laiſſer macérer pendant quelque
temps, & de laver enſuite avec cette eau
les étoffes de laine. M. *Deleuze* les indique
auſſi d'après quelques expériences, comme
très-bons pour le roui du chanvre.

Enfin il y en a qui, perſuadés que les
marrons d'Inde étoient moins propres à nous
ſervir d'aliment ou dans les Arts, que de
médicament, les ont enviſagés ſous ce dernier
point de vue. On les a donc employés en fumi-
gation & comme ſternutatoire ; on prétend
que pris intérieurement, ils arrêtent le flux de

fang; les Maréchaux s'en fervent pour les chevaux pouffifs: j'ai vu un Soldat Invalide fujet à l'épilepfie, manger des marrons d'Inde, dont l'ufage, à ce qu'il m'affura, avoit éloigné fenfiblement les accès de fon mal. Une Religieufe de l'Hôtel-Dieu de Paris, a été auffi témoin des bons effets du marron d'Inde dans un cas femblable; elle convient à la vérité, que ce remède n'a pas une réuffite égale fur tous ceux à qui elle l'a adminiftré.

Malgré le défaut de fuccès mérité ou non, il paroît qu'on n'a encore découvert, reconnu, aperçu dans le marron d'Inde, aucune propriété capable de le faire adopter pour des ufages conftans & familiers; auffi un Particulier a-t-il voulu dernièrement faire porter à l'arbre des fleurs doubles, dans le deffein de l'empêcher de produire des fruits dont la chute incommode & bleffe les paffans: fes expériences faites aux Tuileries & au Luxembourg, ont été fans fuccès.

On a encore effayé de changer le marronnier d'Inde, ou du moins fon fruit par l'opération de la greffe; on y a donc enté un pêcher qui a produit des fruits énormes

pour la groſſeur, mais qu'il n'étoit pas poſſible de manger par rapport à leur exceſſive
amertume. M. de *Francheville*, de l'Académie
de Berlin, prétend qu'en tranſplantant le
maronnier d'Inde dans une terre fertile, & le
greffant de lui-même & ſur lui-même juſqu'à
trois fois ſuivant les méthodes uſitées, on
pourroit ôter à cet arbre ſon amertume ordinaire, & lui faire porter, ſans changer ſon
eſpèce, des fruits d'un auſſi bon goût que
les marrons de Lyon; je crains que la choſe
ne ſoit pas poſſible, & j'en ai dit les raiſons
dans ma lettre à M. *Cabanis*, inférée dans
mon *Traité de la Châtaigne :* une pareille
expérience néanmoins eſt bien digne d'être
eſſayée; il vaut mieux ſans doute s'occuper
des moyens de multiplier nos productions,
que d'en tarir la ſource.

Il eſt cependant certain qu'on peut retirer
du marron d'Inde, la partie farineuſe qu'il renferme, en former une nourriture ſaine, ſans
amertume, & analogue à certains pains, comme
nous le ferons voir dans l'article où il s'agira
de la préparation que doivent ſubir toutes les
ſubſtances végétales que je détaille ci-après.

M iij

Du Gland.

IL existe autant d'espèces de gland, qu'il y a de différentes sortes de chênes ; quelques Botanistes en comptent plus de quarante inconnus aux Cultivateurs ordinaires.

Le chêne, *Quercus cum longo pediculo*, *C. B. Robur L*, est un arbre à chattons dont on a tiré un meilleur parti que du maronnier d'Inde, pour plusieurs usages économiques ; il est utile dans toutes ses parties : son écorce, son aubier, ses feuilles, son fruit, les noix de gale, le champignon ou agaric, les plantes parasites, les lichens, les insectes colorés qu'on y rencontre, sont autant de dons précieux que cet arbre prodigue ; il y en a peu par conséquent d'aussi utiles, de plus renommés, j'ose ajouter, d'aussi respectables. Faut-il s'étonner si nos anciens Gaulois avoient tant de vénération pour leurs Prêtres, auxquels le chêne, doué de tant d'avantages, servoit d'asyle, de temple & de symbole !

Le gland, & sur-tout sa cupule, est employé en Médecine comme astringent. *Tragus* dit avoir vu donner avec succès des glands pilés à des perfonnes qui piffoient le fang pour avoir avalé des cantharides; on les faifoit prendre autrefois aux femmes nouvellement accouchées pour appaifer leurs coliques : les bêtes fauves & les cochons les dévorent avec avidité.

Les fruits ou femences du chêne, peuvent encore fervir de nourriture aux hommes; ils ont été celle de nos premiers parens fuivant le rapport des Hiftoriens de l'Antiquité qui en ont vanté l'ufage & le goût: mais il y a grande apparence que les glands dont ils parlent, n'étoient nullement ceux qui croiffent dans nos forêts, lefquels ont une faveur amère & auftère; fi ceux que l'on vend dans les marchés, & que l'on fert fur la table des habitans des pays méridionaux, comme l'on fert ici les châtaignes, leur reffembloient, il feroit difficile de les manger en fubftance quelle qu'en fût la préparation.

On affure que l'on fait du pain de glands, dont on fe nourrit dans quelques contrées de l'Afrique & de l'Amérique; on y eut recours en 1709, & quoique d'un goût défagréable, la confommation ne laiffa pas

que d'en être confidérable. Dans les dernières
guerres d'Allemagne, on prépara auffi de ce
pain, & voici comment : après avoir fait
bouillir les glands pour les éplucher, on les
mettoit fécher, & réduits en farine on en
faifoit des galettes, ou, comme l'a fait un
Citoyen de Vienne en Autriche, on la mêloit
avec la farine de froment ou de feigle, dans
la proportion de trois parties de celle-ci contre
une de la première.

Mais, quoiqu'on affure que le pain de
glands pur ou mélangé, foit favoureux &
nourriffant, je doute qu'un pareil pain ne
foit pas toujours lourd & de mauvais goût,
Linnæus affure bien qu'on ne feroit pas mal
de les rôtir avant de les moudre, mais la
torréfaction & la cuiffon ne fauroient leur
faire perdre l'âpreté qui les caractérife.

De l'Ariftoloche ronde.

DE toutes les Plantes qui s'appellent
Ariftoloche, il n'y en a pas de plus vantée
que celle dont il eft queftion ici : *Ariftolochia
rotunda flore ex purpurâ nigro C. B. Pin.*
Elle croît naturellement dans les pays chauds,

toutes les haies du Languedoc & de la Provence en font remplies : elle fleurit au printemps.

Les racines d'ariftoloche ronde font groffes, tubéreufes, charnues, arrondies, couvertes d'une écorce brune ; l'intérieur eft jaunâtre, ayant une faveur âcre & amère : la tige eft farmenteufe & s'élève à la hauteur de deux pieds ; les feuilles font alternes, en forme de cœur, obtufes : les fleurs font d'une feule pièce d'un jaune pâle.

On fe fert de la racine d'ariftoloche ronde en décoction & en fubftance, comme vulné-raire, apéritive & anti-putride ; fon fuc eft employé par les Chirurgiens contre les chairs fongueufes & les caries. Mais il paroît que la Médecine vétérinaire en fait un ufage plus fréquent ; elle eft indiquée dans tous les ouvrages confacrés à cette partie de l'art de guérir, & particulièrement dans celui de M. l'Abbé Rozier. Ce Phyficien patriote dit en parlant des ariftoloches, qu'on les emploie pour les chevaux dans les cas analogues à ceux de la Médecine, à des dofes différentes.

De l'Aſtragale.

LES Botaniſtes ont donné ce nom à quarante-deux eſpèces de Plantes, la plupart exotiques, & c'eſt dans cette claſſe que ſe trouve rangé l'arbriſſeau d'où découle la gomme adraganth ſi connue en Pharmacie; la régliſſe appartient auſſi à une eſpèce d'aſtragale.

L'aſtragale, *Aſtragalus ſcandens fraxini folio*, eſt une plante grimpante, qui s'élève à une très-grande hauteur; des aiſſelles de ſes feuilles, ſortent des grappes de fleurs papillonnacées, tantôt purpurines & tantôt blanches, d'une odeur très-douce de violette; ſes racines ſont des tubéroſités charnues, attachées enſemble par un ligament, & ſe multiplient beaucoup.

Cette plante croît aiſément ſur les chemins dans les pays chauds; on attribue à ſa ſemence & à ſes racines beaucoup de propriétés médicinales que l'expérience n'a pas confirmées: elle ſert plutôt à l'ornement des jardins, & pour nous ſervir des expreſſions de *Tournefort*, lorſqu'il rencontra cette plante dans le Levant, il n'eſt guère poſſible de rien voir de plus beau en fait de plante, qu'une aſtragale de deux pieds de haut, chargée de fleurs depuis le haut jufqu'au bas de la tige.

De la Belladone.

C'EST ainfi que les Italiens nomment le *Solanum lethale* des Botaniftes, parce que leurs femmes préparent avec le fuc ou l'eau diftillée de cette plante, une efpèce de fard dont elles fe frottent le vifage pour en blanchir la peau. Il paroît que les Anciens ont voulu parler de la belladone, lorfqu'ils difent qu'elle enivre, rend furieux, occafionne la mort en raifon de la quantité qu'on en a pris.

La belladone croît affez abondamment dans les forêts, auprès des murs & le long des haies ombragées; fes racines font longues & charnues, jaunes en-dehors & blanches inté-rieurement; fes feuilles font plus larges que celles de la morelle des jardins : fes fleurs font difpofées en cloche, & il leur fuccède des fruits prefque fphériques, remplis d'une liqueur un peu fucrée.

On ne connoît guère d'Ouvrages de Méde-cine-pratique, dans lefquels il ne foit queftion des effets pernicieux de la belladone. Le fait le plus récent qu'on puisse citer à ce sujet, est celui arrivé en 1773 à des Enfans-de-chœur de l'Hôpital général de Paris qui avoient mangé de ce fruit, & que M. *Brun*, Chirurgien-major de cette Maison, parvint à guérir par le moyen de l'émétique, des lavemens, des boissons acidules, édulcorées par du sucre ou du miel.

Le vinaigre, & en général tous les acides végétaux, peuvent être regardés dans ce cas, aussi efficaces que l'alkali volatil pour la morsure de la vipère; ils affoiblissent constamment les propriétés des plantes purgatives & vénéneuses. On sait que les accidens causés par le *stramonium*, sont combattus par le vinaigre; que le suc de citron est le moyen le plus assuré pour modérer l'activité de l'*opium*, & remédier aux effets dangereux de l'abus qu'on en a fait; que l'oximel scillitique & colchique opère différemment que ces racines bulbeuses prises séparément en substance. On ne sauroit trop souvent rappeler ce qui peut servir à conserver la santé & la vie des citoyens.

On se sert à l'extérieur des feuilles de la belladóne pour calmer les douleurs, & elles

entrent dans plufieurs compofitions du Difpen-
faire de Paris ; quelques Médecins ont tenté
de les faire prendre en infufion dans des cas
défefpérés, & ils l'ont annoncé comme un
fpécifique dans les cancers : mais, comme on
l'obferve très-judicieufement dans la Phar-
macopée de Londres, on ne fauroit trop fe
défier des remèdes qui portent ce nom.

De la Biftorte.

S'IL exifte une racine qui n'ait pas l'apparence farineufe, c'eft fans contredit celle qui
appartient à la Biftorte, *Biftorta major radice
magis & minùs intortâ. C. B. Pin.* Cette
racine eft brune-foncée à l'extérieur, d'un
rouge couleur-de-chair intérieurement, garnie
de plufieurs filets chevelus ; elle pouffe des
feuilles oblongues & pointues, d'un vert-foncé
en-deffus, d'un vert-pâle de mer en-deffous :
fes tiges font élevées d'un pied, & foutiennent
à leurs extrémités des fleurs à étamines de
couleur purpurine, rangées en épi ; à ces
fleurs fuccèdent des femences à trois coins.

La racine de biftorte qui eft la feule
partie de la plante d'ufage, a une faveur

extrêmement acerbe ; aussi l'a-t-on placée au nombre des plus puissans stiptiques végétaux ; comme telle on s'en sert en décoction & en substance : elle entre dans plusieurs compositions officinales de réputation ; mais ce n'est qu'avec beaucoup de circonspection qu'on doit l'employer, ainsi que tous les astringens dont on a furieusement abusé autrefois.

Quoique l'amidon ne soit pas très-sensible dans la racine de bistorte, il y a tout lieu de croire qu'il l'est davantage dans d'autres espèces de la même classe. *Gmelin* rapporte que les Samojedes mangent au lieu de pain la racine de la plante nommée *Bistorta Alpina, media & minor*, que l'on dit être très-nourrissante ; elle est fort commune dans le Nord. M. de *Haller* parle dans ses Opuscules d'une plus petite bistorte qui pourroit servir aux mêmes usages ; celle dont il est question ici, n'est pas plus rare dans les pays chauds & sur le sommet de nos plus hautes montagnes.

De la Bryone.

LA Bryone couleuvrée ou vigne blanche, *Bryonia aspera sive alba, baccis rubris C. B.*

Pin. eft un genre de plante dont les fleurs
font difpofées en baffin; elle pouffe des tiges
menues qui ferpentent & fe replient: fes
feuilles reffemblent un peu à celles de la vigne
quant à la forme feulement, car elles font beaucoup plus petites, plus blanches & plus velues;
il leur fuccède des baies pleines d'un fuc qui
excite des naufées: fa racine eft groffe &
charnue, jaune en-dehors & blanche en-
dedans, ayant une odeur très-fétide, contenant un fuc très-âcre qui purge violemment,
& avec lequel *Arnaud de Villeneuve* & *Mathiole*
affurent avoir guéri des épileptiques. *Ray*
obferve que la pulpe de cette racine, appliquée en cataplafme fur les parties affligées de
la goutte, leur procure du foulagement; on
dit encore que ce cataplafme fond les loupes
& les tumeurs fcrophuleufes. Toutes les Phar-
macopées font auffi mention d'une fécule que
l'on retire de la racine de bryone, & dont
les vertus en Médecine font regardées maintenant comme très-équivoques.

La racine de bryone a été examinée chimi-
quement par Geoffroy le Médecin, il nous
apprend par l'analyfe qu'il en a faite, que cette

racine contient un sel essentiel tartareux, ammo-
niacal, uni avec une huile âcre & fétide. Tels
font à peu-près les résultats que l'on obtient
toujours des végétaux actifs ou non, d'après
lesquels on ne peut deviner s'ils contiennent
une matière résino-extractive, une substance
fibreuse & de l'amidon.

En réfléchissant sur quelques propriétés médicinales & économiques de la racine de bryone,
M. *Morand*, Médecin, la compare avec celle de
magnoc, dont les Sauvages des Antilles & tous
les Habitans des Indes occidentales, font leur
nourriture ordinaire. La Plante croît par-tout
sans culture; elle se plaît dans les haies, dans
les vignes & sur-tout dans les bois.

Du Concombre sauvage.

JE crois devoir placer le Concombre sauvage immédiatement après la bryone, parce
que cette dernière est comprise dans la classe des
cucurbitacées, & qu'elle a aussi beaucoup de
propriétés physiques analogues à la première.

La plante que je décris, *Cucumis sylvestris
asininus dictus C. B. Pin.* a une longue racine
épaisse, charnue & blanche; ses tiges sont

rampantes

rampantes & rudes., ſes feuilles arrondies & verdâtres, ſes fleurs en cloche & d'une ſeule pièce, ſes fruits longs d'un pouce & demi environ, ayant la figure d'une olive : pour peu que l'on y touche, ce fruit s'écarte avec violence, & jaillit un ſuc aſſez cauſtique pour occaſionner une très-grande irritation aux yeux qui en ſeroient frappés.

La ſeule partie du concombre ſauvage, uſitée en Médecine, c'eſt le fruit auquel on donne la forme d'extrait; il paroît même que c'eſt le premier extrait dont les Anciens ſe ſoient ſervi; ils l'appelèrent *elaterium*, dénomination qu'employoient ordinairement les Grecs pour exprimer tout purgatif violent : ce remède fameux dans l'Antiquité, étoit préparé avec une ſorte de myſtère; il ſemble un peu délaiſſé, c'eſt néanmoins un excellent hydragogue que M. *Bourgeois* préconiſe beaucoup.

Le concombre ſauvage eſt très-commun dans les lieux incultes des pays méridionaux de la France, le long des chemins & dans les décombres; on le cultive dans les jardins des environs de Paris, & il n'en eſt pas moins très-actif dans ſes effets.

Du Colchique.

LA racine du Colchique ou Tue - chien, *Colchicum commune, C. B. Pin.* eſt compoſée de deux tubercules blancs, dont l'un eſt charnu & l'autre barbu, enveloppés de quelques tuniques ; les feuilles ne paroiſſent qu'après les fleurs qui reſſemblent à celles du lys blanc.

Cette Plante a un avantage particulier, c'eſt que ſes oignons ou tubercules, enlevés au moment où ils vont ſe développer, & expoſés enſuite à ſec ſur une cheminée, fleuriſſent ſans aucun autre ſecours ; on connoît le colchique du printemps & le colchique d'automne : les bulbes doivent être recueillies avant la floraiſon.

On portoit autrefois le colchique au cou en amulette, pour ſe préſerver de la peſte & des maladies contagieuſes ; ſa réputation eſt maintenant plus brillante. M. *Storck* qui paroît s'être occupé uniquement de recherches ſur les différentes plantes vénéneuſes, n'a pas oublié le colchique ſous la forme d'oximel ; j'ignore ſi cette plante mérite réellement tous les éloges qu'il lui prodigue ; mais M. *Villemet,* Apothicaire à Nanci, a guéri par ce moyen plufieurs hydropifies confirmées.

Le colchique vient dans les prés & fur les montagnes ; fa racine, mêlée aux alimens, tue les chiens, d'où lui vient fon nom françois. Il régna en 1774, le long des petites rivières des environs de Paris, une maladie fur les bêtes à cornes qu'on attribua au colchique : les fymptômes principaux étoient une toux sèche, accompagnée d'une fièvre inflammatoire & putride ; on ne la fit ceffer qu'en arrachant la plante.

Les hermodactes, dont on fe fert en Médecine, & que l'on tient dans les Pharmacies toutes defféchées, font les racines d'une plante qui, fuivant le témoignage de *Tournefort,* eft un véritable colchique qu'il a rencontré dans l'Afie mineure. Cette claffe de plantes eft très-circonfcrite ; on diftingue à peine trois efpèces de colchique.

De la Filipendule.

LA Filipendule, *Filipendula major an Molon Plinii, C. B. Pin.* eft fort commune dans

toutes les provinces de France; ſes feuilles
ſont très-découpées, & portent au ſommet
de la tige, un bouquet de fleurs blanches
diſpoſées en roſe: ſes racines ſont des tubercules attachés à des fibres aſſez déliées, &
reſſemblant à des olives alongées, de couleur
rougeâtre à l'extérieur, & blanche intérieurement, d'une ſaveur douce, aſtringente,
mêlée d'amertume, ayant une odeur très-
aromatique.

On ſe ſert quelquefois de la racine de
filipendule dans les diſſenteries & les dévoiemens; deſſéchée & réduite en poudre, elle
eſt employée pour les hémorroïdes & les
ſcrophules, parce qu'il fut un temps où l'on
croyoit trouver une reſſemblance entre les
glandes ſcrophuleuſes & hémorroïdales, &
les tubercules de la filipendule, préjugé qui
étoit fort étendu, & dont on connoît maintenant le ridicule.

Pluſieurs Auteurs, & entr'autres *Rudbeck,*
prétendent que la filipendule a ſervi d'aliment
avant qu'on fût ſe nourrir de grain, & qu'on
y a eu recours dans les temps de famine;
auſſi D. Xavier Manetti n'a-t-il pas oublié

de l'inſérer dans une de ſes Diſſertations ſur les Plantes qui peuvent tenir lieu de pain.

De la Fumeterre bulbeuſe.

LA Fumeterre bulbeuſe, *Fumaria bulboſa radice non cavâ C. B. Pin.* eſt un genre de Plantes, dont les fleurs ont quelqu'apparence des fleurs légumineuſes ; mais elles ne ſont compoſées que de deux feuilles qui forment une eſpèce de gueule à deux mâchoires : ſes feuilles ſont extrêmement découpées, d'un vert-clair ; ſes racines reſſemblent à de petits oignons blancs & charnus, d'une ſaveur un peu piquante.

Le nom de *fumeterre* & ſes uſages en Médecine, ſont connus. On met cette Plante au nombre des amers ; on n'emploie que ſes feuilles qui ſont ſingulièrement recommandées dans les maladies de la peau ; mais c'eſt toujours la grande fumeterre à racine creuſe, dont on uſe comme médicament ; car il ne paroît pas que celle qui a la racine charnue, jouiſſe de cet avantage : elle eſt cependant fort commune dans les environs de Paris.

De la Flambe ou Iris.

CE genre de Plante eſt de la grande famille des liliacées, & il paroît que 'c'eſt dans la racine que réſident les propriétés pour leſquelles on l'emploie en Médecine, du moins eſt-ce la ſeule partie qui ſoit d'uſage.

La Flambe, *Iris vulgaris germanica ſive ſylveſtris C. B. Pin.* a les feuilles larges d'un pouce, longues de plus de deux pieds; ſes fleurs ſont de pluſieurs couleurs, & reſſemblent à l'arc-en-ciel, ce qui leur a fait donner le nom d'*Iris*.

La racine de la flambe, dit M. *Adanſon*, eſt un tubercule rond, charnu, qui, quoiqu'enveloppé de feuilles, formant autour d'elles autant de gaines diſpoſées par étages, doit être regardée comme une racine traçante, mais fort raccourcie, puiſqu'elle ſe reproduit, ainſi que toutes les racines traçantes, par ſa partie ſupérieure, au moyen d'un tubercule qui ſe forme au-deſſus dès qu'il a commencé à ſe produire, ce qui la diſtingue des bulbes qui ne ſe reproduiſent que par le côté, leſquelles d'ailleurs ne ſont pas de vraies racines, mais des tiges en raccourci, ou, ſi l'on veut, des yeux ou des bourgeons.

Cette racine peut-être ſubſtituée ſans inconvénient à celle de l'Iris de Florence, elle n'eſt pas, il eſt vrai, auſſi aromatique, elle étoit autrefois en Médecine d'un uſage plus fréquent qu'elle ne l'eſt aujourd'hui : elle entre encore dans quelques compoſitions officinales; c'eſt un bon ſternutatoire; on en prépare auſſi une fécule dont on ne fait pas plus de cas maintenant que de celle de la bryone.

La flambe croît abondamment dans les champs, dans les blés; on la cultive même à cauſe de ſa fleur qui contribue à l'ornement des parterres : on diſtingue pluſieurs eſpèces d'iris ou flambe, dont les racines ſont également farineuſes, & peuvent ſervir par conſéquent aux mêmes uſages : ce ſont des feuilles d'une eſpèce de flambe qui fourniſſent le plus beau vert-d'iris.

Du Glayeul.

LE caractère de cette Plante ne diffère pas beaucoup du genre des flambes ou iris; ſes feuilles ſont ſeulement plus étroites &

terminées en pointe, ce qui lui a fait donner le nom de *gladiolus* ou *petite épée*.

La racine du Glayeul, *Gladiolus major byſantinus C. B. Pin.* eſt tubéreuſe & charnue; la tige s'élève à deux pieds environ; ſa fleur eſt compoſée d'une ſeule feuille découpée : à chacune de ſes fleurs, il ſuccède un fruit gros comme une aveline.

Toutes les eſpèces de glayeul viennent aſſez aiſément par-tout; le glayeul fétide ou ſpatatule, qui ſent le gigot rôti, le glayeul jaune, ſe rencontrent dans les prés, dans les champs, dans les marais : mais la vertu principale réſide dans leur racine qui chaſſe & expulſe les eaux, fond les tumeurs viſqueuſes & tenaces de l'eſtomac.

De l'Hellébore.

PERSONNE n'ignore combien les Anciens étoient prévenus en faveur de l'Hellébore; c'étoit le meilleur & l'unique purgatif qu'ils connuſſent : il eſt vrai que les plus ſages d'entr'eux ne l'employoient qu'avec les plus grandes précautions, ſoit pour diſpoſer le malade ou pour préparer le remède. La partie âcre que l'hellébore contient, rendoit fon ufage quelquefois très-fufpect; c'eft de cette partie âcre que plufieurs Médecins & Chimiftes ont cherché à priver cette racine: les uns ont employé les femences aromatiques, les autres les liqueurs acides; il y en a enfin qui l'ont fait bouillir dans l'eau, parce qu'ils avoient remarqué que l'ufage d'une forte décoction d'hellébore, n'étoit jamais fuivi des accidens funeftes qui accompagnent cette racine. Mais il faut convenir que la préparation qu'a publiée M. *Bacher,* eft fupérieure à toutes celles qu'on a fait connoître jufqu'à préfent, pour obtenir l'extrait qui fait la bafe de fes pillules toniques & anti-hydropiques.

Nous ne parlons ici que de l'hellébore noir à feuilles de renoncule ou d'aconit: *Helleborus niger ranunculi folio, flore globofo C. B. Pin.* Cette plante croît affez abondamment aux environs de Paris; fes racines font noires à l'extérieur & très-blanches dans l'intérieur, d'une faveur âcre & mordicante.

De l'Impératoire.

IL eft peu de racine auffi pénétrante &

auffi aromatique que celle de l'Impératoire;
elle eft longue & affez épaiffe, brune à l'extérieur, jaunâtre intérieurement : fa faveur eft
très-âcre & amère, elle pique fortement la
langue, & échauffe toute la bouche.

Les feuilles de l'impératoire, *Imperatoria
major*, font longues comme la main, divifées
en trois fections, découpées fur les bords,
d'un vert très-agréable; fa tige s'élève à la
hauteur de deux pieds environ : elle eft creufe,
canelée; fes fleurs font difpofées en parafol.

La racine d'impératoire a été fameufe en
Médecine. *Hoffman* l'a vantée pour guérir la
ftérilité & la froideur des maris, mais fon
principal effet, c'eft d'être fudorifique; elle
a été mife au nombre des remèdes nommés
alexipharmaques; elle eft plus active que la
racine d'angélique, avec laquelle elle convient
à certains égards : rarement on la donne feule;
elle entre dans quelques remèdes de réputation,
tels que l'eau thériacale & l'orviétan. Cette
plante fe rencontre communément fur les
Alpes, fur les Pyrénées & fur les montagnes du
Mont-d'or, d'où on nous apporte la racine
toute féchée.

De la Juſquiame.

DE toutes les plantes que le règne végétal fournit, il n'en eſt point dont l'action s'exerce plus manifeſtement ſur les fonctions du cerveau, que la Juſquiame, ſoit qu'on la prenne intérieurement, ou bien qu'elle ſoit appliquée à l'extérieur; on ne ſauroit donc employer trop de prudence & de circonſpection dans ſon uſage, ſur-tout d'après les Obſervations de *Dioſcoride*, de *Boërhaave*, de *Vogel* & de *Haller*, qui rapportent, chacun en particulier, des effets extraordinaires occaſionnés par les feuilles, les ſemences & les racines de la juſquiame.

La racine de Juſquiame, *Hyoſciamus major vulgaris C. B. Pin.* eſt longue, épaiſſe, brune en-dehors, & blanche intérieurement; ſes tiges ſont lanugineuſes, cylindriques, épaiſſes & rameuſes; ſes feuilles ſont nombreuſes, amples & d'une odeur forte: ſes fleurs naiſſent en épi, & ſont d'une ſeule pièce, en entonnoir, jaunâtres ſur les bords & veinées de pourpre; il leur ſuccède un fruit à deux loges qui contient pluſieurs petites ſemences arrondies, plates, & de couleur cendrée.

L'odeur de la jufquiame eft fort affou-
piffante & porte à la tête. M. *Ingen-hous*,
dans fes Expériences fur les Végétaux, affure
qu'il n'a point trouvé de plantes vénéneufes
qui euffent une influence plus nuifible fur
l'air, au milieu de l'été principalement, que
la jufquiame; car vers l'automne, lorfque les
nuits font froides, elle a perdu la moitié
environ de fa qualité malfaifante.

Cette Plante qui eft vifqueufe & fétide,
n'eft pas rare aux environs de Paris; on la
rencontre dans les campagnes, auprès des
villes, dans les foffés, dans les fumiers, dans
les décombres.

De la Mandragore femelle.

LA Mandragore, *Mandragora flore fub-
cæruleo purpurafcente C. B. Pin.* eft une Plante
fans tiges, à fleurs en cloche; fes feuilles
fortant de terre, elles font plus étroites, plus
noires, plus fétides que celles de la mandragore mâle : fa racine eft longue & charnue,
divifée en deux branches, brune en-dehors
& très-blanche intérieurement.

Il eft étonnant combien on a débité de fables fur les effets particuliers de la racine de mandra- gore; l'une & l'autre viennent naturellement dans les pays chauds & fur les bords des rivières : la racine a une odeur très-fétide, & purge violemment; on ne s'en fert point ordinairement à l'intérieur, extérieurement elle eft calmante & réfolutive.

De l'Œnanthe.

L'ŒNANTHE ou la Filipendule aqua- tique, *Œnanthe apii folio C. B. Pin.* eft fort commune dans les endroits humides aux en- virons de Rennes; elle s'élève jufqu'à huit pieds de haut; fes feuilles reffemblent beau- coup au perfil : fes fleurs font en ombelle & rofacées; fon fruit eft divifé en deux femences ftriées, oblongues, canelées fur le dos : fes racines font des tubercules en forme de navets fufpendus par des fibres longues qui s'étendent horizontalement dans la terre. On appelle cette plante en Bretagne l'*Herbe aux hémorroïdes ;* le peuple croyant fe guérir de cette maladie par fon moyen, il en porte dans la poche.

La racine d'œnanthe eſt apéritive. M. *Bonnamy*, Profeſſeur de Botanique, regarde cette plante auſſi terrible pour les taupes que la noix vomique l'eſt aux autres animaux, avec cette différence que ce n'eſt pas en ſubſtance qu'il faut la donner, mais en décoction, dans laquelle on fait bouillir des noix caſſées, que l'on jette enſuite dans les taupinières.

Il y a une autre œnanthe à feuilles de cerfeuil, très-commune en Angleterre où elle eſt appelée *langue morte*; c'eſt en effet un poiſon très-violent: dix-ſept de nos priſonniers, dans la guerre de 1744, ayant pris cette Plante pour du céleri ſauvage, ils en mangèrent la racine avec du pain & du beurre; deux en moururent, & les autres furent à l'extrémité. C'eſt encore la même Plante qui a été funeſte, il y a quelques années, à pluſieurs de nos Soldats françois en Corſe.

De la Patience.

L'OSEILLE, le bon-henri & les épinards qui ſe rencontrent ſi abondamment dans nos champs, & qu'on a perfectionnés par la culture, font des Plantes regardées par les Botaniftes comme de véritables patiences, de même auffi que la parelle des jardins & des marais, le fang de dragon ou la bête faüvage de *Galien*, le lapathon-violon, la rhubarbe des Moines, & enfin la patience fauvage, dont on diftingue encore plufieurs efpèces.

Rien n'eft plus commun que la Patience fauvage, *Lapathum folio acuto, plano ;* fes feuilles varient quelquefois : elles font pliffées, frifées, & fouvent pointues, mais on n'emploie que fa racine ; elle eft épaiffe, affez longue, de couleur brune en-dehors & jaune intérieurement, ayant un goût fort amer.

On place la racine de patience fauvage au nombre des amers apéritifs ; c'eft un très-bon remède dans les cas d'inertie de la bile & des fucs deftinés à concourir à la digeftion des alimens : on la donne en décoction, on en prépare un extrait, on en applique la pulpe à l'extérieur dans les maladies de la peau, & dans cet état, elle fait la bafe d'une pommade contre la galle.

On a été long-temps fans connoître les caractères de la vraie rhubarbe, parce que tous ceux qui ont voyagé en Chine où elle croît, & d'où elle nous eſt apportée en Europe, n'ont pas été aſſez curieux pour la voir ſur pied, ni daigné prendre la peine de la décrire; c'eſt ce qui a déterminé M.ᵣˢ *de Juſſieu* à faire croître cette Plante au Jardin du Roi où elle vient fort bien. Ces Savans en ont fait connoître les caractères de manière à ne plus s'y méprendre, & ne pas la confondre avec le rapontic qui appartient, comme la rhubarbe, à la famille des patiences; *Gmelin* qui entre dans quelques détails au ſujet de la rhubarbe, nous apprend que l'achat de celle dite des *Moſcovites*, ſe fait avec les plus grands ſoins, & ſous la direction de ceux que l'Impératrice a chargés de tout ce qui concerne la matière médicale. Cette Princeſſe envoie donc un Pharmacien ſur les confins même de l'Empire de la Chine, accompagné d'un Commiſſaire, pour acheter toute la rhubarbe tant bonne que mauvaiſe, & après que cette racine a été tranſportée à Moſcou & à Péterſbourg, elle eſt remiſe entre les mains, d'un autre Pharmacien pour l'examiner, & jeter au feu celle qui ne vaut rien, dans la crainte

crainte qu'elle ne tombe entre les mains de marchands avides & intéreſſés; il feroit bien à ſouhaiter que cette précaution fut ſuivie & adoptée par tous les Gouvernemens & pour toutes les drogues.

Du Perſil de Montagne.

Il ne s'agit ici que du petit Perſil ſauvage ou de montagne, *Oreoſelinum minus*, C. B. *Pin.* Cette Plante eſt aſſez commune ſur les lieux montagneux & ſablonneux; la racine eſt fort groſſe, mollaſſe, charnue & remplie d'un ſuc tres-âcre; ſa tige eſt rameuſe & a environ deux pieds de hauteur: ſes feuilles reſſemblent beaucoup à celles du perſil des jardins, mais plus noirâtres & plus fermes; ſes fleurs ſont diſpoſées en paraſol, & ſes ſemences arrondies & très-âcres.

Cette Plante eſt d'uſage en Médecine dans la haute Saxe; & on en tient dans les Pharmacies; ſon infuſion eſt agréable à boire, mais la liqueur laiteuſe que l'on retire de ſa racine, eſt d'une plus grande efficacité que les feuilles & la ſemence; elle eſt diurétique, comme toutes les racines des Plantes qui portent le nom de

O

perfil ; mais on ne fauroit être trop réfervé
fur leur ufage, à raifon de leur qualité plus ou
moins délétère , & de la reffemblance qu'elles
ont avec la ciguë.

Du Pied-de-Veau ou Arum.

LE pied-de-veau , ainfi nommé en françois,
à caufe de la figure de fes feuilles qui ont quelque reffemblance avec le pied de cet animal,
a une tige cylindrique , canelée , qui foutient
une fleur membraneufe d'une feule pièce ; il
lui fuccède des baies remplies d'un fuc âcre &
piquant : la racine eft groffe comme le pouce,
blanche & charnue.

Le Chou Caraïbe tant vanté , eft une
efpèce d'*Arum efculentum de Linnée,* qui donne
au bouillon une confiftance gélatineufe. Cette
Plante étoit cultivée autrefois en Égypte , &
on en fait encore beaucoup d'ufage aux
Moluques ; les Naturels du pays l'apprêtent
en la lavant, la ratiffant & la cuifant ; mais
cette efpèce eft fans doute bien différente de
celle dont il eft queftion ici , que toutes les
préparations ne fauroient adoucir au point d'en
former une nourriture falubre , & il y a

grande apparence que ſi on s'en eſt ſervi, comme l'aſſurent *Lémery* & quelques autres Auteurs, dans les temps de diſette, il doit en être réſulté des ſuites fâcheuſes.

La racine de pied-de-veau, *Arum vulgare maculatum & non maculatum*, ſe donne rarement ſeule, mais elle entre dans pluſieurs compoſitions; on l'aſſocie avec d'autres ſubſ-tances capables d'en diminuer l'activité, & on en prépare auſſi une fécule tombée en diſcrédit comme ce genre de remède : toute la Plante depuis la racine juſqu'à la ſemence, brûle la langue, & y occaſionne des petites veſſies; elle eſt tellement acrimonieuſe, qu'il faut la laiſſer tremper dans l'eau un certain temps, ſans quoi les mains qui toucheroient à la racine rapée, éprouveroient des picote-mens douloureux.

Le pied-de-veau, dont les feuilles ſont marquées de taches, eſt auſſi abondant que celui ſans taches; ils ſont l'un & l'autre on ne peut pas plus communs : on les rencontre en quantité dans les lieux humides, dans les bois & dans les prairies.

De la Pivoine.

DANS le très-grand nombre des Plantes connues fous le nom de *Pivoine*, on ne fe fert ordinairement que de la mâle & de la femelle; l'une & l'autre font employées en Médecine de toute Antiquité, & on les cultive dans les jardins pour l'ornement des plates-bandes : les feuilles forment une très-belle verdure, & leurs fleurs difpofées en rofes, de couleur purpurine & fouvent panachées, font un bel effet.

La racine de ces deux pivoines font des tubercules formés en navets, de la groffeur du pouce, rougeâtres en-dehors, blancs en-dedans, attachés à des fibres; comme dans l'afphodèle, elles ont, ainfi que les autres parties de la Plante, une odeur défagréable & même virulente.

La pivoine a été beaucoup célébrée en Médecine; le refpect qu'on lui portoit, donnoit lieu à des cérémonies religieufes qu'on employoit lorfqu'on l'arrachoit de la terre: fes femences & fes racines font vantées, particulièrement dans toutes les maladies qui dépendent

de l'irritation du genre nerveux; on la porte
en amulette pendue au cou; enfin c'eft le plus
puiffant antifpafmodique que l'Antiquité nous
ait tranfmis. *Cartheufer* femble avoir remarqué
que la racine de pivoine renfermoit de l'amidon, puifqu'il l'indique comme très-propre
à abforber les acides qui fe rencontrent dans
les premières voies, & qui occafionnent
principalement chez les enfans des accidens
épileptiques.

De la Renoncule.

LES Plantes défignées fous ce nom, font
très-multipliées, & fe rencontrent par-tout;
elles donnent affez ordinairement en Mai,
leurs fleurs, lefquelles deviennent doubles
par la culture.

La Renoncule bulbeufe, *Ranunculus bul-
bofus feu tuberofus C. B. Pin.* a une ou plufieurs tiges droites, dont le fommet porte des
fleurs fimples difpofées en rofes; à ces fleurs
fuccèdent des fruits arrondis : fa racine eft
ronde & bulbeufe.

La plupart des renoncules ont une caufticité
fi grande, qu'en les appliquant à l'extérieur,

elles excorient la peau. Quelques Auteurs ont recommandé la racine de celle-ci pour faire des véficatoires & des cautères ; on a remarqué dans quelques endroits que les Mendians s'en frottoient les jambes & les cuiffes pour fe faire des petits ulcères, & les montrer aux paffans afin d'exciter leur pitié : on peut s'en fervir pour tuer les rats.

De la Saxifrage des Prés.

O N appelle ainfi le Sefeli des prés de Montpellier, *Saxifraga umbellifera Anglorum Lagd. Hift.* Sa racine eft vivace & groffe comme le doigt, brune en-dehors, blanche intérieurement, chevelue vers le haut, d'une odeur aromatique un peu âcre ; elle pouffe des tiges d'un pied & demi : fes feuilles font d'un vert foncé & liffe ; aux fommités, naiffent des petites ombelles de fleurs à cinq pétales, difpofées en rofes, d'un blanc-jaunâtre.

La Saxifrage eft fort commune dans les prés & dans tous les terreins humides ; la racine poffède une vertu très-diurétique ; auffi les Anglois l'emploient - ils ordinairement contre la gravelle : on en exprime le fuc, que l'on adminiftre à la dofe de deux ou trois onces.

De la Scrophulaire.

ON trouve cette Plante dans les bois humides des environs de Paris ; elle croît fréquemment aux lieux ombragés , dans les haies & dans les bois taillis.

La Scrophulaire , *Scrophularia nodofa , fetida C. B. Pin.* a les feuilles oblongues, larges & d'un vert-noirâtre ; elles ont une odeur & un goût affez défagréable : fes fleurs paroiffent en été aux fommités, de couleur purpurine obfcure, formées en petits godets ; fes racines font noueufes , affez groffes , inégales & blanches.

On emploie les feuilles de la fcrophulaire en cataplafme , & elles font émollientes & réfolutives : fa femence eft vermifuge & fes racines prifes en fubftance & à petite dofe, paffent pour convenir fupérieurement aux perfonnes attaquées d'hémorroïdes internes.

Malgré la fétidité de toute la Plante, M. *Marchand* en a employé les feuilles avec fuccès pour corriger l'odeur nauféabonde du féné que tous les malades redoutent. Ce n'est pas-là le feul exemple où les Chimiftes aient montré, que deux odeurs déteftables réunies en produifent fouvent une très-flatteufe, & *vice verfâ*.

Du Sureau.

C E T arbriffeau eft trop connu pour m'arrêter à en faire aucune defcription; autrefois il fervoit à la décoration de nos bofquets: fon ufage aujourd'hui eft moins brillant, mais peut-être plus utile, il eft employé à clore la demeure champêtre de nos bons villageois.

On a compofé un livre entier fur les propriétés médicinales du fureau: on fait avec fes feuilles des décoctions qu'on applique à l'extérieur, une tifane apéritive avec l'écorce moyenne de fes branches, une boiffon théiforme avec fes fleurs, un *rob* ou extrait avec fes fruits, enfin on exprime le fuc de l'écorce charnue qui recouvre le corps ligneux de la racine.

On attribue à l'yèble ou petit fureau, les mêmes propriétés qu'au fureau ordinaire; on fe fert également de fes feuilles en fomentation pour *diſcuter* & réſoudre; la racine eſt auſſi fort charnue : rien n'eſt moins rare que ce petit ſureau.

Les accidens arrivés à ceux qui ſe ſont endormis à l'ombre d'un ſureau en fleur doivent apprendre à jamais à ſe méfier de pareilles émanations, qui produiſent ſouvent les mêmes effets que l'uſage intérieur des ſubſtances auxquelles elles appartiennent. On a vu des femmes qui, pour avoir demeuré un certain temps dans le voiſinage de la belladone lors de ſa floraiſon, avoient gagné un violent mal-de-tête & même des vertiges, comme ſi elles euſſent mangé des fruits ou baies de cette plante, &c.

Article XX.

Manière de rendre comeſtibles les Semences & Racines farineuſes, dont il eſt néceſſaire d'extraire l'amidon.

Pour remplir complètement l'énoncé de cet article, il s'agit de deux opérations principales : l'extraction de l'amidon, & le mélange de cette ſubſtance avec une matière

glutineufe, pour en former après cela, à l'aide
de la fermentation & de la cuiffon, un véritable pain; mais comme cet objet a déjà été
développé dans le plus grand détail lors de
la fabrication du pain de pommes de terre,
je me bornerai à en rappeler le plus effentiel.

On prend par exemple les marrons d'Inde
récemment mûrs & dépouillés de leur écorce;
on les divife à la faveur du moulin-râpe, dont
on trouvera la defcription à la fin de cet Ouvrage : l'eau ajoutée à la fubftance râpée, paffe
à travers un tamis de crin ferré, & entraîne
avec elle une matière qui fe dépofe infenfiblement au fond d'un vafe de terre ou de bois,
deftiné à la recevoir; au bout de quelque
temps, on décante la liqueur qui furnage, on
décante le dépôt, on le lave à diverfes reprifes
avec de nouvelle eau jufqu'à ce qu'il foit
parfaitement infipide; on l'expofe enfuite à la
plus douce chaleur; à méfure qu'il fe sèche,
il blanchit, & préfente une fubftance friable,
fans couleur, fans faveur & fans odeur, ayant
tous les caractères qui appariennent à l'amidon.

C'eft en fuivant le même procédé, qu'on
retire du gland, l'amidon qu'il renferme; on

peut seulement se dispenser de dépouiller le fruit de son enveloppe.

De toutes les Plantes indiquées précédemment, la racine ou son écorce est la seule partie propre à l'objet que nous traitons; il s'agit de la cueillir de préférence en automne, de la choisir fraîche & succulente, de la monder de ses filamens chevelus & de ses tuniques colorées, de la nettoyer & de la laver au point que l'eau qui en sort, soit transparente & sans couleur : ce premier soin rempli exactement, il est nécessaire de diviser la racine par le moyen du moulin-râpe, & de ne pas épargner l'eau destinée à débarrasser l'amidon de ses entraves fibreuses, muqueuses & résineuses; dès qu'une fois on est bien assuré par des lotions réitérées qu'il en est entièrement dépouillé; on le décante & on le sèche à la plus douce chaleur.

Comme toute l'amertume du marron d'Inde, l'âpreté du gland, la causticité du pied-de-veau & des renoncules, l'âcreté brûlante de la bryone & du colchique, &c. restent dans l'eau qui a servi à la séparation & aux lavages de l'amidon, il convient toujours

de se servir d'instrumens de bois pour agiter
le mélange ; car si on y trempoit les mains,
on pourroit être exposé à des fluxions érési-
pélateuses ou à des picotemens douloureux
occasionnés par l'acrimonie des sucs de la plupart de nos végétaux.

Les amidons retirés des semences & racines
mentionnées, étant bien lavés & séchés, sont
absolument semblables entr'eux ; mais il ne
suffit point de les avoir séparés des corps où ils
se trouvent renfermés, il faut encore dire comment il est possible de s'en nourrir: on peut
les introduire seuls ou mélangés avec la pulpe
de pommes de terre, dans la pâte des différens
grains, pour augmenter la quantité de pain:
on peut en préparer du pain sans le concours
d'aucune farine, d'après le procédé que nous
avons décrit précédemment; mais si la pomme
de terre venoit aussi à nous manquer, on trouveroit l'excipient & le moteur fermentescible,
dans les fruits pulpeux de la famille des cucurbitacées, tels que le potiron, la citrouille, que
l'on fait entrer quelquefois dans la pâte de
froment à différentes doses : enfin, à défaut
de tous ces secours, les amidons représentant

la farine, ſerviroient encore à la nourriture; il ſuffiroit de les délayer dans un véhicule quelconque pour en obtenir une bouillie ou une gelée très-alimentaire.

Nous avons employé indiſtinctement tous ces amidons ſous différentes formes, & il ne nous a pas été poſſible d'y diſtinguer le végétal qui leur avoit ſervi de berceau & d'enveloppe: dans le cas même où ils préſenteroient une légère variété dans leur ſaveur, dans leur odeur & dans leur couleur, il faudroit l'attribuer aux plus ou moins de lavages, plutôt qu'à une différence eſſentielle dans leur nature. Son Alteſſe Royale le Prince Ferdinand de Pruſſe m'a fait l'honneur de m'adreſſer la recette d'un gâteau de marrons d'Inde, préparé ſous ſes yeux, & qu'on avoit trouvé fort délicat: cette recette conſiſte à mêler l'amidon de ce fruit avec des œufs, du beurre, des écorces de citron & de la levure de bière.

Les Plantes vénéneuſes peuvent donc ſans danger prêter leur ſecours aux hommes dans une circonſtance de diſette, mais la méthode propoſée ſuffit-elle pour faire d'un médicament

actif & souvent destructeur, un aliment doux
& salubre? Quoique l'expérience & l'observation ne laissent aucun doute à ce sujet, pour
s'en convaincre de plus en plus, rappelons-
nous que les Insulaires du nouveau Monde
n'emploient pas d'autres pratiques pour enlever
à la racine du *magnoc* & de l'*yucca*, les sucs
vénéneux qu'elle renferme, & obtenir du marc
exprimé & cuit, la cassave, galette dont ils
se nourrissent en quelque temps que ce soit,
ou bien une farine qu'ils conservent un temps
infini pour s'en servir au besoin sous la forme
de bouillie. Rappelons - nous que l'amidon
étant indissoluble à froid dans tous les fluides,
il peut, comme un corps solide & isolé, flotter
au milieu de véhicules colorés, odorans &
sapides, sans participer en aucune manière à
leur nature & à leurs propriétés. Rappelons-
nous que tous ces remèdes désignés par les
Pharmacologistes sous le nom impropre de
fécule, auquel on attribuoit la propriété des
Plantes d'où on les retiroit, sont abandonnés
maintenant, parce qu'on a remarqué qu'ils
étoient absolument dénués de toute vertu
médicinale. Rappelons-nous enfin que malgré

les déguiſemens ſans nombre ſous leſquels l'amidon ſe préſente, c'eſt toujours lorſqu'il eſt parfaitement lavé, un ſeul & même corps, dans lequel il eſt impoſſible aux organes les plus fins & les mieux exercés, de ſaiſir la moindre trace du végétal d'où il a été ſéparé.

Si, comme on l'a cru pendant long-temps, l'amidon étoit la ſubſtance elle-même du végétal, réduite en poudre, il ne pourroit certainement pas être diſſous en entier dans l'eau ſans laiſſer en-arrière un réſidu fibreux; s'il étoit formé des mêmes principes qui conſtituent les ſubſtances âcres, corroſives & amères d'où on l'extrait néceſſairement, la fermentation, ainſi que la cuiſſon, y développeroient quelques-unes de leurs propriétés: mais après avoir fait cuire différens amidons ſeuls ſans ajouter aucun aſſaiſonnement afin de ne rien maſquer, & après les avoir donné à goûter à pluſieurs perſonnes, elles n'y ont reconnu qu'une parfaite inſipidité, caractère de la matière alimentaire.

On ne peut donc ſe diſpenſer de conſidérer l'amidon comme un principe particulier à part dans les Plantes, dont la finesse & la division extrême annoncent qu'il a été d'abord dans l'état de fluidité, & déposé ensuite comme par précipitation, ainsi que beaucoup de nos médicamens qui ne peuvent acquérir ce degré de ténuité, qu'après avoir été dissous & étendus dans une très-grande quantité de véhicule.

Sans attendre la fatale circonstance qui nécessiteroit les ressources que je propose, ne seroit-il donc pas possible de les faire servir en tout temps aux objets de luxe pour lesquels on sacrifie si souvent les meilleurs grains! M. *Baumé*, le premier qui ait parlé de l'amidon d'une manière claire & précise, dit dans ses Élémens de Pharmacie, qu'ayant donné à examiner à un Parfumeur une des fécules bien lavées, qu'il avoit retirées de la bryone, celui-ci n'avoit trouvé aucune différence d'avec l'amidon de froment; j'ai aussi confié ces amidons pour savoir si le linge acquerroit de la roideur & de l'éclat; on s'en servit sur des blondes & des dentelles, & je chargeai un Perruquier de les employer dans ses accommodages: j'appris que dans tous ces essais, ils pouvoient fort bien équivaloir l'amidon de blé.

Il

Il eft donc démontré que l'amidon étant de la même nature dans les différentes parties de la fructification des Plantes, il pourroit être employé dans tous les cas où celui du blé eft néceffaire; les racines des Plantes vénéneufes incultes, dont nous donnerons bientôt une lifte, font affez abondantes dans le Royaume pour fournir à la confommation de l'amidon fans qu'il foit néceffaire d'en faire des femis & des plans, comme on l'a propofé; l'opération pour l'en extraire, n'eft ni plus difpendieufe, ni plus pénible que celle adoptée pour les femences : dans le premier cas, l'amidon eft lié en partie avec un mucilage qu'il faut détruire par la fermentation; dans le fecond cas, au contraire, il fuffit de déchirer les réfeaux fibreux qui le renferment : le refte du travail n'eft pas différent de la pratique ufitée dans les ateliers des Amidonniers.

On a déjà indiqué, il eft vrai, le marron d'Inde, la féve blanche & le blé de Turquie, pour l'objet en queftion, mais autant valoit il dire leur farine, puifqu'il s'agiffoit feulement de faire fécher ces différentes femences, & de les réduire en poudre; or pour en retirer

P

l'amidon, il faut râper les marrons d'Inde, & abandonner la fève blanche à la fermentation : à l'égard du blé de Turquie, il en contient trop peu pour le deſtiner à cet uſage; il vaut infiniment mieux s'en nourrir ou en engraiſſer la volaille.

Ce ne ſont, je le répète, que les Plantes ſauvages, dans leſquelles la Médecine & les Arts n'ont trouvé aucune reſſource, qu'on devroit conſacrer à la fabrique de l'amidon; ce ſeroit ſans doute une économie réelle pour l'État qu'on ne permît pas d'autre amidon que celui-là, parce que l'on épargneroit une grande quantité de grains qui pourroient ſervir avec plus d'avantage & d'utilité à notre ſubſiſtance journalière, car on ſait que les Amidonniers, faute de pouvoir ſe procurer des blés gâtés, n'emploient que trop ſouvent les meilleurs grains.

Si je ne me ſuis pas attaché à la deſcription bien exacte des végétaux que je propoſe, & à l'expoſition de leurs eſpèces plus ou moins nombreuſes, c'eſt par la raiſon que les uns ſont connus de tout le monde, & que les autres s'emploient en Médecine de temps immémorial.

J'ai tâché ſeulement d'indiquer par les ſignes les plus propres à les caractériſer, ceux avec leſquels on n'eſt point encore auſſi familiers. Au reſte, je me ſuis ſpécialement occupé à raſſembler les Plantes indigènes qui viennent aſſez abondamment ſur tous les lieux incultes, & dans leſquelles la matière farineuſe qu'elles renferment, eſt abſolument perdue pour la Société. Dans le nombre, il en eſt deux, la pivoine & l'aſtragale, qu'on cultive dans nos jardins, & qui font par conſéquent une exception; mais c'eſt pour montrer que ce qui n'eſt qu'agréable dans les temps d'abondance, pourroit devenir utile lors des diſettes.

Il s'en faut bien que j'aie intention de publier un livre de Botanique, ni d'offrir le tableau de toutes les Plantes dont il faudroit néceſſairement retirer l'amidon; il y en a même beaucoup de cette claſſe que j'ai examinées, & dont je ne fais aucune mention, parce qu'elles ne font pas aſſez communes, qu'elles contiennent trop peu d'amidon, ou bien qu'elles paſſent trop rapidement à l'état ligneux pour devenir une reſſource dans les diſettes; tels font la cynogloſſe, la petite chélidoine, le chardon-roland, la bardane, l'enula-campana, le fenouil, &c.

On pourra donc ajouter à ma lifte une foule d'autres Plantes reconnoiffables à ce caractère ; toutes les fois qu'en divifant une fubftance végétale, charnue & fraîche par le moyen d'une râpe, & qu'en délayant la pâte dans l'eau, cette pâte paffée à travers un linge ferré, dépofera plus ou moins vîte un fédiment blanc qui, mis dans une cuiller fur le féu, prendra la confiftance & la forme d'une gelée, on pourra en conclure avec certitude qu'elle contient de l'amidon.

Je ne parlerai pas non plus ici des moyens de multiplier par leurs racines & par leurs graines, les végétaux dont il s'agit, ni je ne confeillerai de couvrir les bonnes terres avec des Plantes vénéneufes ; c'eft bien affez que nous fachions ce qu'on peut en faire dans les temps de difette, fans qu'on veuille encore en étendre l'emploi au-delà des bornes qui leur font prefcrites : c'eft comme fi quelqu'un confeilloit de faire de l'eau-de-vie ou du vinaigre avec du fucre pour économifer le vin : il fuffit que l'on foit inftruit que dans un befoin urgent on pourroit retirer de ce fel effentiel, ces deux produits de la fermentation.

Une de nos Académies ayant demandé pour le fujet d'un de fes Prix, des Mémoires fur les Plantes qui pouvoient le plus efficacement fuppléer à une difette de grains, un Citoyen agricole propofa de cultiver les anémones, & un autre, les iris ou flambes : c'étoit réunir l'agréable à l'utile, & il ne manquoit à cette idée que d'y joindre le ridicule projet de métamorphofer toutes les plaines de la Beauce en un vafte parterre. Si j'avois à propofer la culture de quelques Plantes nouvelles, je me garderois bien de donner la préférence à celles où le poifon eft fi voifin de l'aliment ; je choifirois celles reconnues pour être les plus fubftantielles, les plus faines & les moins affujetties aux caprices des faifons, dont les fruits de récolte & de culture feroient peu difpendieux, qui croîtroient abondamment dans tous les terreins, même ceux les plus médiocres, & deviendroient en un moment une nourriture bienfaifante : on fent bien qu'alors les pommes de terre triompheroient.

Quelle eſt en effet la plante connue qui pourroit lui diſputer ces avantages?

Dans le nombre des végétaux que je propoſe, il en eſt deux eſpèces que l'on aura toujours ſous la main, le marron d'Inde & le gland; les arbres qui portent ces deux fruits, ſont l'un trop utile, & l'autre trop agréable pour jamais manquer dans nos forêts & dans nos jardins; quant aux autres, leur abondance ne pourroit-elle pas être comparée à celle de deux Plantes que l'on mange au printemps en ſalade, la raiponce & le piſſenlit! Rien n'eſt plus commun, rien n'eſt moins cultivé.

Le riz, comme l'on ſait, tient le premier rang dans les autres régions de la Terre, comme le froment parmi nous; mais les différentes tentatives eſſayées pour en faire du pain, n'ont été ſuivies d'aucun ſuccès; ce ſeroit même une folie en temps de diſette de s'obſtiner à vouloir lui donner cette forme, ou de le mêler avec les ſubſtances qui y ſont propres; ſa farine, quelque blanche qu'elle ſoit, étant confondue avec celle du meilleur blé, rend le pain qui en réſulte, compact, indigeſte & très-ſuſceptible de ſe durcir.

Le riz eſt ſi ſain, crevé ſimplement à l'eau, & relevé par quelqu'aſſaiſonnement, qu'il eſt abſolument inutile d'invoquer d'autre prépa-ration pour en faire un bon aliment; ainſi, quand il ſurviendroit diſette de blé ou de ſeigle dans des contrées où il y auroit en même-temps abondance de riz, il ne faudroit apprêter & manger ce grain qu'à la manière des Orientaux.

On ne peut ſe diſſimuler que ces mêmes peuples ne ſoient comme nous expoſés à des diſettes qui les forcent auſſi à avoir recours à des ſupplémens: car enfin, le riz manque quelquefois; l'humidité fangeuſe, au milieu de laquelle il germe, croît & murît, ne le reſpecte pas davantage que les autres produc-tions, & dans le temps préciſément où l'eſprit de ſyſtème affirmoit que chez les peuples qui vivent de riz, on n'éprouve jamais de diſette, & l'on n'a point à craindre de monopole, M. l'Abbé Beaudeau obſerva que tout le Bengale où l'on n'a pas d'autre aliment, per-doit un tiers de ſes habitans par la famine. Le défaut de récolte & le monopole le plus atroce des Anglois qui règnent ſur ce malheu-reux pays, en étoient les cauſes.

P iv

On connoît auſſi des ſupplémens plus ou moins ſalutaires dans ces contrées: ils ſont indiqués dans les Ouvrages de *Linnæus*, de *Rumphius* & de *Geſner*. D. *Xavier Marotti* les a raſſemblés ſous un point de vue plus rapproché; il en a compoſé pluſieurs Diſſertations, que M. *Berteaud* a traduites de l'Italien, & qu'il a inſérées à la fin de l'Art du Boulanger, *Édition de Neuchâtel*. Nous aurons occaſion de rappeler dans la ſuite ce Recueil eſtimable.

Mais s'il me falloit faire l'énumération de toutes les parties des végétaux, eſſayées ou propoſées pour remplacer les alimens de premier beſoin, je m'engagerois dans une immenſe nomenclature. Indépendamment des travaux que nous venons de citer, il ſeroit eſſentiel de compulſer tout ce qui eſt épars à ce ſujet dans les différens Ouvrages périodiques; cependant je ne dois pas oublier de parler de la Phythographie de la Lorraine, publiée par M. *Villemet*, & couronnée par l'Académie de Nanci. Il ſeroit à ſouhaiter que les capitales de chacune de nos provinces poſſédaſſent un Botaniſte auſſi zélé & auſſi bon patriote que l'eſt ce célèbre Pharmacien , & qu'après avoir parcouru les champs, les prairies, les bois & les montagnes des environs , ce Patriote voulût bien, comme lui, en décrire toutes les richesses ; ce seroit sans doute l'unique moyen d'enrichir le domaine de la science des Plantes , de faire connoître celles qui sont salutaires ou nuisibles aux hommes & aux animaux , & les ressources qu'en retireroient les Arts. M. *Bonamy* a déjà fait pour Nantes, & le Frère *Louis* pour Rennes ce que vient de faire M. *Villemet* pour sa patrie. Les Botanistes n'ont certainement pas de moyens plus efficaces pour rendre leurs travaux & leurs veilles utiles au genre humain.

Disposé par goût à rendre hommage aux recherches utiles, je suis bien éloigné de vouloir affoiblir les obligations que l'on doit aux Auteurs estimables qui ont fait leurs efforts pour étendre la liste des substances alimentaires ; on ne sauroit même donner trop d'éloges à leurs intentions , puisqu'elles avoient pour but d'opposer à la famine de quoi remplacer nos alimens ordinaires : mais tout en offrant des ressources contre ce fléau destructeur , ils ont oublié d'indiquer un procédé pour approprier à nos organes celles qui ont befoin abfolument d'une préparation particulière. Suffit-il toujours en effet, d'annoncer que telle fubftance eft un aliment dont on peut fe nourrir, par la raifon qu'elle a été effayée dans un temps de difette! Ne fait-on pas qu'alors tout eft bon; que l'homme affamé ne fent que le prix du pain, & qu'il fe jette avec une égale avidité fur ce qui lui eft ou ne lui eft pas convenable! Auffi les difettes entraînent-elles toujours après elles les épidémies.

Pour peu que l'on réfléchiffe fur les fautes capitales que la gourmandife & la néceffité font commettre, on eft révolté contre ces compilations indigeftes, publiées fous le nom impofant de *Manuel alimentaire*, dans lequel on voit le plagiaire raffembler fans aucun difcernement ni méthode tout ce qui a été indiqué jufqu'alors pour tenir lieu de pain, & réclamer en fa faveur ce qu'il a pillé mot pour mot, non-feulement dans les Ouvrages que je viens de citer, mais encore dans tous les Traités d'office & de cuifine, devenus malheureufement trop nombreux : en vain on lui crie, quand les

Plantes ou leurs parties renferment des fucs
& parenchymes vénéneux, *il ne faut jamais
efpérer que la defficcation ou la cuiffon en
faffe un comeftible;* il n'écoute & n'entend
rien; il n'en continue pas moins d'appeler du
nom de *pain,* des galettes plates & vifqueufes
qui n'ont pas fermenté; il confond les végétaux farineux avec ceux qui ne font que
mucilagineux, propofe à fes compatriotes dans
les temps de difette, des Plantes exotiques,
cultivées, ou bien il indique les Plantes indigènes qui viennent par-tout, & auxquelles la
négligence du Cultivateur & les intempéries
des faifons ne fauroient nuire; enfin il ne
paroît occupé qu'à accumuler les volûmes &
les erreurs.

La cuiffon & la torréfaction, recommandées par quelques Auteurs de réputation,
comme des moyens fuffifans pour détruire
l'acrimonie de certaines fubftances végétales,
font très-équivoques; elles ne peuvent tout
au plus que diminuer l'intenfité de l'effet,
foit en volatilifant leur principe *délétère,* foit
en enlevant par la décoction une partie de
la matière extractive, ou bien en combinant

l'amidon qui, dans cette circonstance, agit à la manière des gommes & des mucilages employés souvent en Pharmacie à dessein d'atténuer la vertu trop active des médicamens : ainsi le pied-de-veau, les renoncules, les iris, ne peuvent servir d'aliment quoiqu'ils aient subi des lotions alkalines, une torréfaction ou une cuisson préalable ; il faut indispensablement les râper, & n'employer que leur amidon. Les hommes ne se trompent-ils pas déjà assez souvent sur le choix des alimens, sans leur offrir encore des ressources prétendues contre la famine, qui leur occasionneroient mille maux plus cruels que la disétte!

Ce seroit sans doute ici le lieu de déterminer la nature des différens sucs qui constituent les semences & racines qui nous ont occupé jusqu'à présent, d'indiquer la proportion d'amidon qu'elles fournissent, par comparaison avec celle de leurs parties fibreuses ; à combien enfin reviendroit l'aliment qu'on en prépareroit. Nous ne tarderons pas à faire voir s'il est réellement possible d'établir quelque chose de clair & de précis à ce sujet.

ARTICLE XXII.

*Des Semences & Racines farineufes,
qui peuvent fervir en totalité à la
nourriture.*

EN perfectionnant tout ce qui concourt à
la nourriture des hommes, & en multipliant
les efpèces de fubftances alimentaires, d'une
part elles leur deviennent plus appropriées &
plus flatteufes au goût; de l'autre ils ont le
moyen de remplacer dans les circonftances de
difette celles qui leur manquent. On ne fauroit
donc trop employer de précautions dans les
temps d'abondance & de bon marché, pour prévenir les fuites de la oherté & les malheurs de
la famine : c'eft le but effentiel de mon travail.

Toutes les parties des Plantes ont chacune
une faifon qu'il faut favoir faifir pour en faire
la récolte à propos : celle des femences & des
fruits n'a fouvent point d'époque; il eft néceffaire d'attendre leur parfaite maturité; quant
aux racines, les fentimens font encore partagés
à l'égard du temps où l'on doit fe les procurer.
Il eft bien vrai qu'au retour du printemps les
racines font fucculentes; mais on obferve en

même-temps, que le véhicule qui y abonde
alors, n'étant pas suffisamment élaboré, il est
plus aqueux que mucilagineux; qu'une partie
de ce véhicule doit acquérir la qualité néces-
faire à la vertu alimentaire, & que ces avantages
ne se trouvent réunis qu'à la chute des feuilles,
ou lorsqu'elles sont fanées : ce qui doit suffire
pour donner la préférence à l'opinion de ceux
qui tiennent pour faire la récolte des racines
en automne.

Personne ne doute des avantages que l'économie retire de nos racines potagères, & que
ce n'est qu'en automne qu'elles sont douées
de toute leur vertu; alors elles contiennent la
plupart plus ou moins d'amidon, en raison
de leur nature, de leurs espèces, de l'année,
du terrein & des soins qu'on a pris de leur
culture : telles sont les carottes, les navets,
les radix, les panais. Ces mêmes racines,
examinées au printemps, n'en fournissent pas
un atome; aussi leur substance charnue paroît-
elle moins serrée & moins compacte; l'amidon qui remplissoit les interstices, concourt à
l'augmentation de la substance fibreuse, d'où
il suit que les racines, dans cette saison, sont

dures, filandreufes, plus difficiles à cuire &
n'ont point autant de qualité. M. *Margraf*
a auffi trouvé plus de fucre en automne dans
les racines muqueufes qu'il a examinées, qu'au
printemps.

Lorfque les racines contiennent très-peu
d'amidon en automne, on ne le retrouve plus
au printemps, & cela eft dans l'ordre ; cette
matière étant mife en réferve par la Nature,
pour fervir d'aliment à la Plante & à fes radicules, diminue infenfiblement & difparoît, la
femence ou la racine devient plus douce
d'abord, ce qui feroit foupçonner que la matière fucrée augmente aux dépens de l'amidon,
fur lequel la première germination femble
s'exercer ; mais enfuite, le fucre lui-même
prend la place & difparoît à fon tour : cette
loi, à la vérité, n'eft pas générale.

L'automne eft donc la faifon des racines ;
mais s'il étoit néceffaire d'attendre cette époque
pour faire la récolte de celles des Plantes incultes propofées, comment les reconnoître,
puifqu'alors les feuilles qui doivent en être
les indices, feroient fanées ou tombées !
la plupart pourroient fe recueillir avant leur

parfaite maturité. Peu importe d'ailleurs que ces racines possèdent la totalité d'amidon dont elles font pourvues à cette époque : le temps où il s'agiroit d'y avoir recours, ne permettant aucun délai.

Ajoutons encore que les racines farineuses des Plantes vivaces incultes, n'acquièrent souvent point leur qualité, leur consistance & leur volume d'une récolte à l'autre : il y en a telles qui ont besoin de parcourir un cercle de cinq à six ans, pour obtenir leur entière perfection. On sent bien que dans ce cas, elles doivent fournir beaucoup plus d'amidon, qui diminue aussi à mesure que leur état charnu s'affoiblit, & qu'elles approchent du moment de vétusté qui leur fait prendre la consistance fibreuse. Toutes ces raisons, fondées sur l'expérience & l'observation, doivent servir à prouver qu'il est impossible de déterminer la quantité d'amidon qu'on retire d'un poids donné de ces racines, & le prix par conséquent que coûteroit l'aliment qui en proviendroit : la famine ne calcule rien ; & dans un temps de disette, l'or n'a presque aucune valeur à côté du pain.

Si

Si l'amidon contenu dans les ſemences & les racines des végétaux incultes, ſe trouvoit toujours aſſocié avec des ſucs & des parenchymes vénéneux, je ne ceſſerois de propoſer de l'en extraire par la voie que j'ai indiquée, parce que juſqu'à préſent on ne connoît pas de moyen plus efficace pour approprier ces végétaux à la nourriture; mais heureuſement qu'il exiſte auſſi des Plantes ſauvages, dans leſquelles les différens principes ſont auſſi doux que l'amidon, & dont on pourroit ſe nourrir, ſans qu'il fût néceſſaire de l'en ſéparer. Il eſt important d'éviter des déchets dans une circonſtance où l'abondance manque, & où il s'agit de mettre tout à profit pour avoir le néceſſaire. Nous regrettons ſeulement qu'elles ſoient moins nombreuſes & moins communes que celles dont il a été queſtion précédemment.

L'indifférence avec laquelle les Anciens, & même la plupart des Modernes, ont traité les lies ou fécules des ſucs & marcs des végétaux exprimés, a toujours mis obſtacle à ce qu'on vît que l'amidon étoit auſſi univerſellement répandu dans la Nature; combien de fois ne perd-on point l'occaſion d'obſerver & de s'inftruire en rejetant comme inutile aux corps qu'on examine, leurs principes les plus effentiels, & dont l'exiftence préfente autant de problèmes à réfoudre ! Telle eft, par exemple, la terre calcaire que *Model* a découverte dans la coralline, & la félénite dans la rhubarbe; tel eft encore le foufre que M. *Deyeux* vient de retirer de la racine de patience : ces différentes matières, & peut - être une infinité d'autres qui nous font inconnues, fe trouvent cependant enveloppées dans les fédimens, fur lefquels on daigne à peine arrêter les regards.

Sans doute l'on ne foupçonnera point que l'amidon, ainfi que les autres précipités qu'on obtient fpontanément des différentes parties des végétaux par le moyen de l'expreffion & des lotions, ont été formés pendant l'opération employée à les extraire, puifqu'il n'eft pas néceffaire de brifer le tiffu des vaiffeaux qui les renferment pour en avoir la preuve, & qu'il eft aifé de les apercevoir fenfiblement à la fimple vue : c'eft la végétation qui les forme, comme elle forme les fels effentiels & les fels neutres, les huiles, les baumes & les réfines, les gommes & les mucilages, fans le concours de la terre : cet élément ne ſert aux végétaux que d'appui ; l'air, l'eau & le moule, voilà les inſtrumens principaux dont la Nature ſe ſert pour la production de tous les corps ſoumis à nos ſens.

N'oublions-pas de faire une remarque qui nous paroît très-eſſentielle ici ! Quoiqu'il ſoit extrêmement rare que l'on rencontre dans une même racine, de l'amidon, du ſoufre & de la ſélénite, il ſeroit poſſible cependant que ces trois ſubſtances s'y trouvaſſent enſemble, & que, vu leur propriété commune d'être indiſſolubles & iſolées, elles ſe précipitaſſent à la fois, de manière que l'aliment, confondu avec de pareilles ſubſtances hétérogènes, ne ſeroit pas exempt d'inconvéniens dans l'économie animale; mais nous obſerverons en même-temps que ces ſubſtances ayant chacune un degré différent de peſanteur & de ténuité, on pourra facilement venir à bout de les ſéparer: la ſélénite, moins diviſée & plus lourde, occuperoit le fond, & par une raiſon contraire, le ſoufre ſe trouveroit à la partie ſupérieure; ainſi l'amidon ſe raſſembleroit au centre : mais ce cas, en ſuppoſant qu'il exiſte, ſera fort rare.

Q ij

L'exiſtence du ſoufre tout formé dans les Plantes, n'étant plus hors de doute, on ne peut plus nier que le règne végétal ne ſoit auſſi en état de produire ce mixte. Le règne animal peut également revendiquer ſa formation : nous l'avons trouvé, M.ʳˢ *Laborie*, *Cadet de Vaux* & moi, dans les foſſes d'aiſances ſous deux formes différentes ; 1.° ſec & friable, reſſemblant à des gouttes de ſoufre fondu ; 2.° pâteux & très-impur.

Comme la rhubarbe ſemble appartenir à la claſſe des patiences, & que très-ſouvent il ſubſiſte, entre les individus d'une même famille de Plantes, non-ſeulement un port extérieur ſemblable, mais encore une conformité dans les effets économiques, ne pourroit-on pas préſumer, avec quelque vraiſemblance, que le ſoufre a originairement exiſté dans cette racine ; mais que le temps de ſa maturation d'une part, & la chaleur employée à l'exſiccation de l'autre, l'auront décompoſé inſenſiblement, & qu'il ſe ſera converti à la longue, avec une terre calcaire, en une véritable ſélénite. Ce qui rendroit cette conjecture vraiſemblable, c'eſt l'obſervation qu'a faite

M. *Model*, ſavoir que la rhubarbe, à meſure qu'elle vieillit, laiſſe apercevoir davantage de criſtaux ſéléniteux dans ſon intérieur.

Une autre circonſtance qui fortifie mon opinion, ce ſont les faits dont je me ſuis appuyé pour démontrer que les eaux minérales, regardées autrefois comme ſulfureuſes, & qui ne contiennent plus aujourd'hui que du ſel de Glauber & de la ſélénite, avec une légère odeur d'hépar, pourroient bien avoir ſouffert quelque changement dans leur compoſition, & que la ſource ayant eu communication avec l'air libre, la combinaiſon hépatique déjà fort lâche, aura décompoſé le ſoufre lui-même; l'acide vitriolique devenu libre, ſe ſera porté ſur les deux baſes alkalines & terreuſes, pour former les ſels en queſtion. Les expériences entrepriſes dans la vue d'établir cette poſſibilité, ſont conſignées dans mes Obſervations ajoutées aux Récréations chimiques de *Model,* dont j'ai publié la traduction. Au reſte, la végétation ayant bien la faculté de fabriquer de la ſélénite par la même voie qu'elle emploie pour produire des ſels, dans la conſtitution deſquels entre l'acide vitriolique, il ſeroit poſfible que la chofe fe pafsât encore différemment.

Je conviens que tous ces détails chimiques font étrangers à mon Ouvrage ; mais puis-je laiffer échapper cette nouvelle occafion, de montrer combien peu nous fommes avancés dans la connoiffance de la compofition des corps & de leurs véritables propriétés ; que le tableau de l'analyfe végétale eft extrêmement défectueux, & que les réfultats qu'on nous a préfentés dans une infinité de circonftances, font plutôt notre ouvrage que celui de la Nature. Nous cefferons peut-être un jour de nommer le foufre un minéral, de confidérer la terre calcaire comme le débri des coquilles ; & fi nous nous appliquons à étudier avec plus de foin les principes qui conftituent les fubftances végétales, nous y trouverons l'origine d'une bonne partie des corps que l'on prétend appartenir exclufivement au règne animal ou minéral.

Des Semences graminées.

SOUS ce nom générique, on comprend une riche famille de Plantes, dont la tige ou *chaume* eft ordinairement grêle, articulée, ramifiée & traçante, terminée à fa partie fupérieure par un épi plus ou moins ferré; les feuilles font entières, fimples, alongées, pointues, embraffant la tige par une gaine; les fleurs font petites, hermaphrodites à trois étamines, renfermées dans des écailles minces, fouvent chargées de filets qu'on nomme *barbe;* il leur fuccède une femence nue, remplie d'une fubftance blanche & farineufe. Toutes les parties des graminés font faines; la plupart ont une faveur fucrée, ce qui détermine vraifemblablement les beftiaux à leur donner la préférence dans les pâturages.

Si l'on s'en rapporte aux obfervations des Botaniftes, y compris les plus modernes, les efpèces de graminés montent à plus de trois cents foixante : il eft vrai que l'on a compté dans ce nombre beaucoup d'autres végétaux étrangers qui naiffent parmi eux, & que la tranfplantation ainfi que la culture des graminés, dont nous faifons le plus d'ufage, tels que le blé, le feigle, l'orge, l'avoine, le millet, &c. ont multiplié à l'infini des lariétés, que fouvent l'on a confondu mal-à-propos avec les efpèces.

Plus les Plantes ont été travaillées par la main de l'homme, plus elles fe trouvent

Q iv

éloignées de leur état primitif ; auffi M.
de Buffon a-t-il recours à cette caufe pour
expliquer pourquoi le blé, par exemple, ne
reffemble à aucuns des graminés fauvages
connus. On ignore parfaitement fi ce grain
a toujours été ce qu'il eft maintenant, ou
bien s'il n'étoit qu'un fimple *gramen* que l'on
fouloit aux pieds fans y penfer, & que l'induftrie humaine a amené au point de vigueur
& de perfection où nous le voyons aujour-
d'hui. J'ai déjà hafardé à ce fujet quelques
réflexions dans le Parfait Boulanger ; mon
devoir ici eft d'indiquer celles des Plantes graminées qui croiffent fans culture, dont les
racines ou les femences peuvent augmenter les
alimens ordinaires.

Parmi les graminés fauvages, il y en a
qui n'ont ni femences ni racines farineufes ;
il en eft d'autres au contraire, qui réuniffent
ce double avantage ; de ce nombre, nous
citerons les Plantes nommées par *Linnæus*,
Hordeum bulbofum & le *Gramen fecalinum radice
tuberofâ :* la première a les racines bulbeufes ;
toutes fes fleurs font fertiles, rangées trois
à trois & ariftées ; les enveloppes des fruits ou

ſemences ſont ſoieuſes à la baſe : la ſeconde a les racines de la figure d'un œuf; la tige grêle & peu garnie de feuilles. Ces deux racines multiplient fort aiſément, & elles ſe rencontrent dans beaucoup d'endroits.

Il y a des graminés incultes, dont les ſemences ſont ſi délicates, qu'on leur a donné le nom de *manne ;* tel eſt celui que *Bauhin* nomme *Gramen dactylon eſculentum :* il vient par-tout ; ſes feuilles imitent celles du roſeau, mais plus pointues : ſa racine eſt traçante, les épis ſont digités & ſolitaires. On diſtingue pluſieurs *gramen* de cette eſpèce, que M. *Guettard* nous a fait connoître.

La fétuque flottante, *feſtuca fluitans,* eſt encore appelée la *manne de Pruſſe ;* là tige eſt élevée de deux à trois pieds, plus ou moins droite, feuillée & garnie de trois ou quatre articulations ; le pannicule eſt long & étroit, reſſerré preſque en épi : on la trouve ſur les bords des ruiſſeaux & dans les foſſés aquatiques.

La folle avoine, *avena fatua,* eſt très-commune dans les orges & les autres grains; elle épie & fleurit en Juillet ; ſa fleur eſt en panicule : ſes ſemences ſont velues, couvertes d'une

laine rousse. On prétend que les Décarliens
font du pain avec son fruit recueilli un peu
vert. M. *Villemet* remarque dans sa Pytho-
graphie que la Plante infeste le terrein où elle
croît, & que la base du grain peut servir
d'hygromètre.

Le fromental, *gramen avenaceum elatiùs,* &
le faux seigle, *bromus secalinus,* sont encore
fort communs dans tous nos champs & sur-tout
dans les endroits incultes, le long des haies
& sur les murs; la racine de l'un est composée
de plusieurs tubercules arrondis, blanchâtres,
& situés les uns sur les autres; sa tige est haute
de plusieurs pieds : ses feuilles sont un peu
velues, & le pannicule est assez long; la tige
de l'autre est élevée & droite, garnie de quelques feuilles nerveuses en-dessous, & larges
de deux ou trois lignes : le pannicule est droit,
& long de deux ou trois pouces, souvent
étroit & d'un vert jaunâtre.

Quant à l'ivraie qui est, comme les autres
graminés sauvages, d'autant plus abondant
que les années ont été moins riches en grains,
il n'est pas aussi dangereux qu'on l'a prétendu;
il ne s'agit que d'employer quelques précau-

tions avant d'en faire uſage : elles conſiſtent
à expoſer ce grain à la chaleur du four avant
de le porter au moulin, à bien faire cuire le
pain où il entre, & à attendre pour le manger
qu'il ſoit parfaitement refroidi. Ces précautions
ſi ſimples, devroient toujours être obſervées
dans les cas où l'on eſt forcé de ſe nourrir des
grains trop nouveaux ; ce ſeroit le moyen
d'éviter les maladies qui règnent ſi fréquemment en automne, & dont on ignore ſouvent
la véritable cauſe.

En général, toutes les Plantes dont les
feuilles, les tiges & les ſemences ont quelqu'analogie avec celles du froment, peuvent
ſervir de nourriture à l'homme & de pâturage
aux animaux. On peut en écraſer groſſièrement
les ſemences, & les manger ſous la forme de
gruaux ; il y en a de ſi délicates, que les Polo-
nois & les Pruſſiens les préfèrent au riz & à
la ſemoule : tel eſt le *panicum ſanguinale* &
le *feſtuca fluitans.* On peut encore les réduire
en farine, & les mêler avec celle du blé ou
du ſeigle ; mais ce mélange ne ſauroit avoir
lieu ſans diminuer la légèreté & la ſaveur
du pain qui en réſulte.

Des Semences légumineuses.

TOUTES les Plantes qui ont les tiges rampantes, ou qui s'attachent par des vrilles aux arbres, dont les fleurs reſſemblent à un papillon volant, compoſées de quatre ou cinq petales inégaux, & dont le fruit eſt une gouſſe à différentes figures, renfermant des ſemences arrondies ou réniformes, pleines d'une matière farineuſe plus ou moins colorée, ces Plantes appartiennent à la claſſe des légumineux.

Les fèves, les veſces, les lentilles, les pois, les haricots, les lupins, les orobes, ſont les ſemences légumineuſes les plus uſitées; elles ont auſſi leurs variétés plus ou moins éloignées de l'état naturel & primitif en raiſon des circonſtances dont nous avons fait mention ; on remarque il eſt vrai que la diſtinction qui ſert à caractériſer les analogues ſauvages, eſt peu ſenſible, en ſorte que ſouvent il n'y a preſque point de différence entre la Plante légumineuſe cultivée, & celle qui ne l'eſt point: comme ce genre de Plantes eſt très-connu, je me diſpenſerai d'en décrire les variétés.

Les différentes veſces qui croiſſent dans

les champs & autres lieux incultes, ne ſont que des variétés de la veſce ordinaire, de même que toutes les geſſes également fort communes, & qui ſemblent conſerver les principaux caractères des pois; il s'en trouve dans les blés, & on les déſigne ſous le nom de *pois gras:* la féverole, ſi commune dans les champs, ne diffère de la féve de marais, que par ſa petiteſſe, & qu'elle eſt plus garnie de feuilles & de fruits; enfin, l'ers devenu lentille par la culture, étoit employé autrefois aux mêmes uſages que cette dernière.

Les lotiers ſont remarquables par la forme de leurs feuilles, compoſées de cinq follioles, dont trois ſont placées au ſommet du pétiole, deux autres à la baſe. Suivant le rapport de quelques Hiſtoriens, les ſemences de ce genre de Plantes légumineuſes, ont été la nourriture primitive de beaucoup de peuples. Le pied-de-lièvre ou rougeole, qui eſt également un lotier, ſe trouve quelquefois en ſi grande quantité dans les blés, qu'il colore la farine, & rend le pain, où il entre naturellement, rougeâtre; ſon effet n'eſt nullement dangereux. Tous les trèfles & certaines luzernes peuvent donner auffi des femences farineufes très-nourriffantes.

Le genêt, cet arbriffeau dont on connoît plufieurs efpèces, a auffi des fleurs papillonnacées, auxquelles fuccèdent des légumes où l'on trouve plufieurs femences qui ont la forme de reins; quoique la plupart aient le goût de pois, il faut s'en défier à caufe de leur propriété médicinale: les uns font émétiques, & les autres de violens purgatifs.

Les cytifes, qui ont beaucoup de rapport avec le genêt, renferment auffi dans leurs gouffes, des femences farineufes, dont la nature paroît être la même que celle des pois & des féves; mais je n'oferois prononcer avec la même certitude que l'économie y trouvera un aliment falubre: dans le cas contraire, & fi elles étoient très-abondantes, on pourroit en tirer un parti prefque auffi avantageux en les confacrant à l'amidon.

Les Plantes légumineufes font les plus intéreffantes après les graminées, par rapport à la nourriture qu'elles fourniffent à toute l'Europe; elles en diffèrent en ce qu'au lieu de les couper, on les arrache; que leurs ſemences ſont toujours renfermées dans une gouſſe ; qu'elles ont une couleur plus ou moins foncée, & que, malgré leur nature farineuſe, elles ſont infiniment moins propres à la panification : ce n'eſt pas cependant qu'on ne ſe ſoit aviſé quelquefois d'en vouloir faire du pain, & d'y introduire encore de la veſce, des féveroles, des haricots blancs, &c. Mais il n'en réſulte jamais qu'un aliment lourd, indigeſte & de mauvais goût ; pourquoi ne pas les apprêter ſous leur forme naturelle, c'eſt-à-dire, les faire cuire dans l'eau, les manger avec leur écorce, ou en préparer une purée en y ajoutant les aſſaiſonnemens ordinaires ?

De la Nielle & des autres Semences farineuſes.

LA Nielle des blés, *Lychnis ſegetum major,* qu'il faut éviter de confondre, comme on l'a fait, avec la Plante appelée auſſi *nielle, nigella,* dont la ſemence eſt fort âcre, & n'eſt point farineuſe. La première croît en abondance dans tous les champs, & elle eſt trop bien connue pour que je m'arrête à en faire la deſcription ; je paſſe à ſa ſemence, la ſeule partie dont il soit possible de faire usage.

La semence de la nielle est renfermée dans une capsule oblongue, à cinq valves, ayant la figure d'un gland; elle est ridée, noire & amère à l'extérieur, mais intérieurement elle est douce, blanche & farineuse.

On voit souvent cette semence mêlée dans les blés; lorsqu'elle s'y trouve en certaine quantité, elle en rend le pain noir & amer: ce défaut qui dépend absolument de l'écorce, n'auroit plus lieu si les meules avoient la faculté de la séparer de la farine sans la diviser; mais elle n'est pas nuisible. M. de *Sarcy de Sutières* propose d'en faire de l'amidon, persuadé qu'un arpent de terre qui en seroit ensemencé, produiroit autant de farine que trois arpens de blé; reste à savoir maintenant jusqu'où cette assertion est fondée.

La semence du blé de vache, *Melampyrum purpurascente comâ T. Inst.* appartient à une Plante, dont la tige est droite & rougeâtre, les feuilles longues & lancéolées, les fleurs en épi très-coloré. Cette Plante croît dans les champs parmi les blés; sa semence rend noir le pain, avec lequel on la mêle, mais il n'est n'eſt pas malfaiſant, d'après l'opinion de *Linnæus* qui cite quelques faits en faveur de ſes effets.

La Plante la plus commune que l'on trouve dans les campagnes, c'eſt la Centinode ou Renouée, *Polygonum aviculare ;* elle pouſſe pluſieurs tiges rampantes à terre, ayant beaucoup de nœuds, revêtues de feuilles pointues, attachées à des queues fort étroites : ſes fleurs ſortent des aiſſelles des feuilles, compoſées chacune de cinq étamines blanches & purpurines, auxquelles ſuccède une ſemence aſſez groſſe & triangulaire ; cette ſemence eſt ſouvent mêlée avec celle du ſaraſin, dont elle augmente la propriété alimentaire ſans nuire à ſa qualité.

La ſemence de Crête de coq, *Criſta galli,* ſe trouve ſouvent mêlée avec le ſeigle, dont elle rend le pain brun & amer ; ſes tiges ſont carrées ; les feuilles naiſſent ſans queues, crénelées de manière à imiter la crête de coq : ſes fleurs ſont des eſpèces de tuyaux ; il leur ſuccède un petit fruit membraneux, rempli de ſemences oblongues de couleur obſcure.

La ſemence d'Eſpargoutte ou Spergule, appartient à la Plante la moins délicate ſur la nature du ſol ; pourvu qu'il ſoit un peu

R

humide, elle ne se refuse pas même aux champs les plus sablonneux: elle croît naturellement aux environs de Paris, principalement dans les bois. Elle sert en Flandre aux prairies artificielles, & s'élève à la hauteur d'un pied; sa tige est noueuse, ses feuilles sont étroites, & les fleurs disposées en rose; il leur succède des capsules à cinq loges qui contiennent des semences minces, propres à engraisser la volaille.

Ces différentes semences, & beaucoup d'autres également farineuses qui appartiennent à plusieurs classes de Plantes, ne sont pas assez abondantes pour devenir des ressources en cas de disette. Je les indique seulement, d'après quelques Auteurs dignes de foi, comme pouvant ajouter à la nourriture que nous retirons de nos grains sous la forme de pain, sans préjudicier à la santé.

De la Châtaigne d'eau, Saligot ou Macre.

ON donne encore à ce fruit ou semence, une infinité d'autres noms suivant les cantons; *Tribule aquatique*, *Truffe d'eau*, *Echarbot*, *Cornuelle*, *Corniole*, &c. La Plante qui la produit, *Trapa natans Lin.* croît dans tous des étangs, les foffés des villes, & en général dans les endroits où il y a des eaux croupiffantes ou du limon : la rivière de la Vilaine en eft couverte.

La racine de cette Plante eft très-longue, un peu flottante dans l'eau, & attachée vers le fond; fa tige rampe à la furface, & jette çà & là quelques feuilles capillaires qui fe multiplient, & forment une belle rofette : fes fleurs font compofées de quatre pétales & autant d'étamines; le fruit eft hériffé de quatre pointes formées par le calice; il renferme un noyau auffi gros qu'une amande.

Le faligot a le goût de la châtaigne; on le vend à Rennes & à Nantes par mefure dans les marchés; les enfans en font fi friands, qu'ils le mangent cru comme les noifettes; on le fait cuire à l'eau ou fous la cendre dans plufieurs de nos provinces, & on le fert fur la table avec les autres fruits : mais on s'eft trompé en croyant qu'on en faifoit du pain en Suède, en Franche-comté & dans le Limofin; il contient, il eft vrai, du fucre & de l'amidon, mais la préfence de ces deux corps dans les farineux, ne suffit pas pour la panification : la châtaigne en est un exemple frappant; on peut, après l'avoir dépouillée de son écorce, la faire sécher, la réduire en farine, & en composer une espèce de bouillie.

Du Panais sauvage.

CETTE Plante, *Pastinaca sylvestris latifolia,* *C. B. Pin.* ne diffère du panais ordinaire que par la petitesse des feuilles & par la racine qui est plus menue, plus dure, plus blanche & moins bonne à manger; on la rencontre dans les prés secs, sur les collines & autres endroits incultes.

Le panais sauvage ne peut pas remplir tout-à-fait les fonctions de nos racines pota- gères; il faut que l'eau qui a servi à sa cuisson, soit rejetée, parce qu'elle est ordinairement fort âcre : on peut le manger ensuite comme on mange les navets, assaisonné avec un peu de sel, du beurre ou du lard.

De la Carotte sauvage.

LES tiges de cette Plante, *Daucus vul-* *garis off. Cluss.* sont cannelées & velues: ses fleurs font blanches, purpurines, formant le parafol, & donnent une couleur de cochenille aux fleurs, fuccèdent des femences oblongues: fa racine eft plus petite & moins douce que la carotte cultivée.

On fait de quelle reffource eft la carotte ordinaire dans les cuifines; celle-ci qui n'en eft qu'une variété, pourroit la remplacer en partie, je dis en partie, parce qu'il faudroit toujours la cuire à part de nos viandes, & rejeter la décoction chargée de toute la faveur agrefte.

Cette Plante croît aux environs de Paris; on la rencontre dans les prés & dans les forêts: fa racine contient autant d'amidon pour le moins que la carotte ordinaire, mais il s'en faut que le fucre s'y trouve en auffi grande abondance & dans le même état, comme l'a obfervé M. *Margraf;* il feroit poffible cependant, par une femaille réitérée de la graine & par la culture, de la rendre auffi douce que celle qui eft cultivée. Ce que nous difons de la carotte, peut s'appliquer au panais fauvage qui donne également de l'amidon.

R iij

Du Souchet rond.

NOUS avons déjà fait mention de plusieurs graminés, dont les semences & les racines sont farineuses. En voici encore un exemple.

Le Souchet rond, *Cyperus rotundus, esculentus, angustifolius*, est fort commun en Provence dans les endroits humides; la racine est composée de fibres menues, auxquelles sont attachés plusieurs tubercules arrondis ou oblongs, ayant la figure d'une olive, de couleur brune en - dehors & intérieurement blanche & farineuse : ses tiges sont hautes de sept à huit pouces, triangulaires; ses feuilles sont radicales, pointues : ses fleurs forment un panicule ou une ombelle dure & un peu épaisse.

Le souchet rond est originaire du Levant; il vient naturellement en France, & ressemble beaucoup au souchet long; comme lui, il devient très-aromatique par la dessiccation, mais le premier a la racine si douce & si agréable, qu'on pourroit la manger crue. Lorsqu'elle est récemment cueillie, on en exprime un suc fort doux, mêlé d'astriction, mais ce goût difparoît par la cuiffon ; on peut faire fécher cette racine & la réduire en farine.

Il eft queftion dans *Rhumphius*, d'un fouchet qui vient à l'île de Ceylan, & dont les racines font bulbeufes & très-agréables. Le fouchet maritime a auffi la racine farineufe; mais les femences de ce genre de Plante font, fuivant l'obfervation de *Fallope*, enivrantes. Je ne doute point, il eft vrai, qu'on ne puiffe leur enlever cette propriété comme à l'ivraie, en les expofant à la chaleur du four, & en ne mangeant point le pain où elles entrent, au fortir du four.

De l'Orobe tubéreux.

LES graminés ne font pas les feules Plantes qui réuniffent quelquefois le double avantage d'avoir à la fois les femences & les racines farineufes; la famille des légumineux en fournit auffi quelques exemples : tel eft l'orobe des bois, telle eft la geffe tubéreufe des champs.

Les tiges de l'orobe tubéreux font grêles, longues d'un pied; fes feuilles font alongées, pointues, vertes en-deffus & d'une couleur blanchâtre en-deffous : les fleurs font d'un

rofe-pourpre; il leur fuccède des légumes
longs, d'un rouge-noirâtre: la racine eft
tubéreufe, garnie de beaucoup de filamens
fibreux.

La femence de cette Plante, & en général
des orobes cultivés, eft une nourriture qui
plaît beaucoup aux pigeons, & les fait multiplier confidérablement; la racine de l'orobe
des bois eft farineufe; elle a une faveur parfaitement femblable à celle du perfil: on peut
en obtenir un aliment par le moyen de la
cuiffon, fans prendre la peine fuperflue de
l'introduire dans le pain, qu'elle rend maffif
& de mauvais goût: elle fournit beaucoup
plus de nourriture accommodée de la manière
la plus fimple & la plus naturelle.

Des Glands de terre ou Marcufon.

LA Geffe tubéreufe, *Lathyrus arvenfis repens
tubérofa* : tel eft le nom que les Botaniftes
donnent à cette Plante; fa racine eft compofée
de plufieurs tubérofités attachées à des filets
rampans; elle pouffe des tiges anguleufes,
folides & hautes d'un pied: fes feuilles font
obtufes, chargées d'une très-petite pointe à

leur fommet; les fleurs font de couleur de rofe, & portées cinq ou fix enfemble fur des péduncules affez longs.

La racine de la geffe tubéreufe eft une excellente nourriture, très-commune en Lorraine, & qui fe vend dans les marchés de Nanci fous le nom de *Marcufon;* elle forme à fept ou huit pouces de terre, des chapelets de tubercules que les enfans ramaffent lorfqu'on laboure la terre : cette racine, que j'ai examinée, contient de l'amidon, du fucre, une matière fibreufe & une fubftance muqueufe, glutineufe, extractive.

On pourroit améliorer par la culture le marcufon, & le mêler enfuite à la pomme de terre, dont il deviendroit l'affaifonnement. Je ne connois rien pour le goût de plus comparable à la châtaigne, avec cette différence que la première, en fa qualité de femence, eft plus sèche & moins fibreufe. M. *Touvenel,* de la Société de Médecine, s'eft occupé particulièrement de l'examen chimique des marcufons, comme production commune de fa patrie; il en a fait du pain que j'ai trouvé fort bon : fon travail n'a pas encore été publié, mais on a tout lieu de préfumer qu'il offrira, comme tous les objets que ce Chimifte diftingué a déjà traités, des vues neuves & intéreffantes.

De la Tulipe fauvage.

LA tige de la Tulipe fauvage, *Tulipa minor lutea gallica T.* eft haute d'un pied, cylindrique, garnie de deux ou trois feuilles étroites & légèrement pliées en gouttière; elle fe termine par une fleur jaune, dont les pétales font très-pointues; elle eft penchée avant fon épanouiffement, ce qui diftingue, fuivant les Obfervations de M. le Chevalier de la Marck, cette efpèce, de la tulipe des jardins, dont la fleur eft en tout temps très-droite: fes racines font de gros oignons jaunâtres, compofés de plufieurs tuniques, emboîtées les unes dans les autres.

Il n'eft pas peut-être de Plantes, que l'art du Jardinier ait autant variées que la tulipe. Nous poffédons un Traité à ce fujet; cette fleur eft fi renommée chez les Orientaux, qu'on célèbre des fêtes en fon honneur.

On trouve cette Plante dans les endroits

montagneux du Languedoc & de la Provence.
Pluſieurs Auteurs, tels que *Parkinſon, Lau-*
remberg & Simon Pauli, aſſurent qu'on en
a fait l'eſſai ; on peut la faire cuire dans l'eau &
la manger comme les pommes de terre : il
eſt poſſible de la ſécher & de la réduire en
farine, pour s'en ſervir enſuite ſous la forme
de bouillie.

De la Jacinthe des bois.

S A tige eſt droite ; cylindrique, & s'élève
au-delà d'un pied ; ſes feuilles ſont radicales,
longues de ſept à huit pouces, larges de trois
lignes, planes, liſſes, foibles & preſque cou-
chées au bas de la Plante : les fleurs forment
un épi lâche ; elles ſont ordinairement de
couleur bleue & d'une odeur très-agréable.

La Jacinthe des bois, *Hyacinthus oblongo*
flore, cœruleus major, eſt très - commune en
Picardie & en Artois ; ſa bulbe eſt moins
denſe que celle du narciſſe ; auſſi ne fournit-
elle pas autant d'amidon.

Du Narcisse sauvage.

IL y a plusieurs espèces de narcisse, indépendamment des variétés que la culture a multipliées ; il paroît même que les tubéreuses & les jonquilles sont de cette classe ; leurs racines sont également bulbeuses, & fournissent beaucoup d'amidon.

La tige du Narcisse sauvage, *Narcissus albus tubo luteo T.* est haute d'un pied ; elle pousse à son sommet, une fleur remarquable par le limbe intérieur de sa corolle, qui est aussi grand que l'extérieur, frangé en son bord, de couleur jaunâtre.

Cette Plante, qui fleurit de très-bonne heure, est fort commune dans les bois ; on peut former avec sa racine, un comestible, & s'en servir de la même manière que de celle de la tulipe sauvage & de la jacinthe des bois.

Toutes les racines bulbeuses, connues vulgairement sous le nom d'*oignon*, dont les tuniques sont emboîtées les unes dans les autres, & forment une substance d'un blanc mat, charnu & très-dense, contiennent de l'amidon, & font par conféquent très-propres à fervir d'aliment; elles renferment en outre un mucilage qui donne à l'eau dans laquelle il s'étend, une fluidité huileufe; nouvelle preuve de la qualité effentiellement alimentaire de ces racines.

De la Terrenoix ou Châtaigne de terre.

L A racine de cette Plante, *Bulbo caftanum majus apii folio*, eft une bulbe arrondie, noirâtre, qui pouffe une tige haute d'un pied & demi; fes feuilles font deux ou trois fois ailées & partagées en découpures étroites: les fleurs font blanches & affez amples.

La femence de la terrenoix eft aromatique; elle étoit autrefois d'ufage pour affaifonner le pain, comme celle de carvi; on mange dans plufieurs provinces fa racine crue ou cuite fous la cendre : elle eft fort commune en Lorraine & dans beaucoup d'autres endroits.

ARTICLE XXIII.
Des Racines mucilagineuses.

LES racines qu'il nous reste maintenant à proposer, ne renferment point d'amidon, & ne font point par conféquent farineufes, mais elles ont un mucilage infipide, quelquefois fucré, qui les rend encore très-propres à la nourriture, fur-tout lorfque ce mucilage ne fe trouve point affocié en même-temps avec des fucs âcres & vénéneux; car alors il feroit impoffible à l'Art de l'en féparer, comme la chofe fe pratique à l'égard de l'amidon, vu l'état de diffolution où il eft toujours par effence, & la combinaifon qu'il n'auroit pas manqué de former avec eux. Il s'agit donc ici des feules racines abondantes en fucs & en parenchymes doux, qui, à l'aide de la cuiffon, peuvent devenir un comeftible fubftantiel & falubre.

Si je ne propofe dans cette troifième claffe de racines, aucunes femences mucilagineufes, ce n'eft pas qu'il n'en exifte également parmi les Plantes fauvages, mais je les foupçonne, en même-temps de nature huileufe & peu

propres, à cauſe de cette dernière propriété,
à devenir un aliment ſain, ſur-tout ſous la
forme de pain; car l'huile renfermée dans
une pâte à demi-ſolide, développée par la
fermentation & la chaleur du four, contrac-
teroit néceſſairement une ſaveur inſupportable
qui ſe communiqueroit à toute la maſſe, & ne
produiroit qu'un mauvais aliment.

Cela poſé, n'eſt-il pas bien ſurprenant que
l'on propoſe tous les jours d'introduire dans
le pain, des ſemences émulſives, telles que
le pavot blanc & noir, les amandes, les noix,
le fruit du cacao, les piſtaches, les pignons
doux, &c. Si l'on m'objectoit que pluſieurs
de ces ſemences entrent bien dans les pâtiſſeries ſans produire l'inconvénient dont je
parle, je répondrai qu'il y entre auſſi en
même-temps du ſucre qui réduit leur huile
à l'état ſavonneux, & la défend de l'action
immédiate du feu; ſans quoi, les macarrons,
les gâteaux d'amandes ſeroient fort âcres.

C'eſt par rapport à l'état huileux de la
faîne, ou fruit du hêtre, que je me ſuis
diſpenſé de le mettre ſur la liſte des ſupplé-

mens que je propose ; cependant on l'a beaucoup vanté comme aliment : on a même prétendu qu'on en préparoit par la torréfaction & la cuisson, une bonne farine qui devenoit plus poreuse & plus disposée à fermenter. Mais quoique *Cornelius Alexander* assure que les habitans de l'île de Chio assiégés & prêts de mourir de faim, parvinrent à s'en garantir par le moyen de la semence du hêtre, nous pensons que quelle que soit la préparation qu'on lui ait fait subir, c'étoit toujours un mauvais aliment, ou que peut-être on a donné quelquefois le nom de *faîne* à un autre fruit.

Les semences huileuses ne doivent jamais entrer dans la constitution de la pâte, soit qu'on les soumette à une torréfaction ou à une cuisson préalable, puisque ces moyens, en détruisant une portion d'huile, donne à l'autre de l'âcreté & de l'amertume. A quoi aboutissent tous ces soins, si après les avoir complétement remplis on détériore l'aliment lui-même ; mangeons nos semences mucilagineuses telles qu'elles sont, & si nous sommes contraints de chercher une nourriture dans

leur

leur marc après en avoir exprimé l'huile, mêlons - y des aſſaiſonnemens & quelques véhicules appropriés.

Je ſais qu'on ajoute quelquefois au pain des ſemences de la famille des ombellifères, mais c'eſt toujours en qualité d'aſſaiſonnement ; avant la perfection de la Boulangerie, lorſque le pain n'étoit qu'une galette fade & de difficile digeſtion, cet aſſaiſonnement avoit beaucoup de vogue : il eſt encore très - commun dans quelques cantons de l'Allemagne où l'on eſt même dans l'habitude de ſervir dans les auberges, ſur une aſſiette des ſemences de petit carvi ſous le nom de *Cumin,* pour les manger en même temps que le pain ; cet uſage peut bien n'avoir aucun inconvénient dans un pays froid ; où il eſt intéreſſant d'augmenter la force des organes digeſtifs : mais je reviens à cette fureur de vouloir tout convertir en pain.

Quelques eſſais tentés ſans ſuccès ſur beaucoup de corps qu'on a voulu réduire à l'état alimentaire, ont fait tirer cette conſéquence, qu'il étoit poſſible d'en préparer du pain ; on eſt révolté en liſant toutes les abſurdités écrites à ce ſujet ; rien n'eſt plus aiſé, ſuivant

quelques Auteurs, de faire par exemple du
pain avec des chou-raves; il suffit seulement
de sécher cette racine, de la réduire en farine,
de la mêler avec du levain, pour en obtenir
une masse fermentée. A la vérité, il n'existe
guère de racine qui ait l'apparence plus charnue
que le chou-rave, mais il n'y en a pas non plus
qui abonde davantage en matière fibreuse;
l'extrait muqueux qu'il contient, est, ainsi que
celui du chou & de la plupart des crucifères,
très-disposé à passer à l'acidité & à la putréfaction : on a la preuve combien ce passage
est rapide dans la préparation de la *Sauer-
craut*. Je déclare donc que ce pain est impossible à faire, & qu'il ne résulte de cette
racine mucilagineuse, soumise au procédé
indiqué, qu'une masse désagréable à la vue &
au goût.

Avec quelle confiance n'annoncent-ils pas
encore qu'on peut également préparer du pain
avec la racine de fougère mâle, parce que
Dalechamp a dit qu'on en avoit fait en Bretagne & en Normandie, parce que *Tournefort*
en a vu en Auvergne, & que l'on en voit
dans les cabinets des Curieux; sans doute on

doit préſumer que quelques individus de certains cantons de ces différentes provinces, accablés de misère & preſſés par la famine, ſe ſont aviſés d'augmenter le peu qu'ils avoient de nourriture par tout ce qui leur reſtoit ſous la main, & qu'ils aient eu recours à la fougère, aux rejetons des vignes, &c. &c. Mais eſt-il permis d'en conclure qu'une racine preſque ligneuſe, dans laquelle il ne paroît exiſter ni amidon ni mucilage à nu, puiſſe jamais ſe prêter à la panification ? ce qu'il y a de très-certain, c'eſt que jamais la néceſſité n'a conduit l'homme vers une ſubſtance végétale plus éloignée de l'objet qu'il avoit en vue. Quand les Auteurs ceſſeront-ils de s'en rapporter à la foi d'autrui, & de répandre par leurs écrits, les propos ſuſpects & incertains du vulgaire, qui le plus ſouvent trompe, parce qu'il rend mal ce qu'il a éprouvé ou vu ?

Les racines dont il va être queſtion, paſſant plus rapidement à l'état fibreux, que celles indiquées précédemment ; il faut pour en tirer parti, ſaiſir le moment où elles ſont les plus ſucculentes : cet inſtant n'eſt pas l'automne pour toutes ; pluſieurs ne ſont molles &

S ij

flexibles qu'au printemps, & ce n'eſt guère
que dans cette ſaiſon qu'elles abondent en
ſuc mucilagineux.

De l'Ache des Marais.

L'ACHE des marais eſt, de l'aveu des meilleurs Botaniſtes, le céleri cultivé; ſa configuration eſt abſolument la même : le goût &
l'odeur ſont ſeulement plus pénétrans.

La racine de cette Plante, *Apium paluſtre*
C. B. Pin. eſt charnue, noirâtre en-dehors
& blanche intérieurement; elle eſt du nombre
de celles déſignées ſous le nom collectif des
cinq racines apéritives, & la ſemence fait partie
des cinq petites ſemences chaudes.

La Livèche, *Leviſticum vulgare*, qui eſt
l'ache des montagnes, a auſſi la racine charnue,
ayant une odeur extrêmement forte qui s'éva-
nouit par la cuiſſon à grande eau, ainſi qu'il
arrive à celle de l'ache des marais; l'une &
l'autre en cet état, peuvent ſervir d'aliment
ſans qu'on puiſſe redouter de leur uſage aucune
ſuite fâcheuſe, puiſque dans quelques cantons
elles remplacent le céleri en ſalade.

Le Perſil que nous cultivons dans nos

jardins potagers, eſt encore une eſpèce d'ache ; ſa racine devroit être préférée aux feuilles, employées ordinairement à aſſaiſonner les ragoûts, parce qu'outre qu'elle eſt en état de produire cet effet, elle contient encore de l'amidon, & deviendroit en même-temps un aliment.

De l'Argentine.

RIEN n'eſt plus commun que l'Argentine, & on ne fait pas un pas qu'on n'aperçoive cette Plante ; elle vient ſur les bords des chemins, le long des ruiſſeaux, dans les champs, dans tous les endroits humides : on mange ſa racine en Angleterre ; elle a un goût de panais.

L'argentine a les feuilles dentelées profondément & conjuguées, ſemblables à l'aigremoine, de couleur verte en-deſſus, & garnies en-deſſous de poils blancs argentins ; la fleur eſt d'un beau jaune, diſpoſée en roſe.

Quoique cette Plante n'ait ni odeur ni ſaveur apparentes, les Anciens lui attribuoient de grandes vertus ; les Modernes ne lui ont conſervé que la propriété aſtringente & déterſive ; peut-être qu'un jour elle ſera tout-à-fait reléguée parmi les végétaux inutiles en

Médecine; fon eau diftillée donne aux gazes beaucoup de fermeté.

Des Artichauts fauvages.

SOUS ce nom on ne défigne vulgairement que deux Plantes, l'une cultivée dans les potagers, l'autre qui vient dans les champs par-tout; mais comme la plupart des individus de la famille des chardons, ont auffi une tête écailleufe propre à remplacer l'artichaut cultivé lui-même, nous avons cru devoir défigner ainfi les chardons dont la racine eft douce & mucilagineufe.

Le Chardon-marie ou Argentin, *Carduus marianus*, vient communément aux environs de Paris dans les lieux champêtres & incultes; fa tige eft de la groffeur du doigt, cannelée, couverte de duvets, haute de trois ou quatre pieds : fes feuilles font larges, longues, crénelées & garnies de pointes luifantes; fes fleurs font de couleur purpurine.

La tige du Chardon commun, *Carduus tomentofus vulgaris, acanthi folio*, eft haute de quatre à cinq pieds, elle eft ainfi que fes feuilles, cotonneufe & fort épaiffe; les fommités font terminées par des têtes rudes qui ſoutiennent des bouquets à fleurons purpurins.

Le Cirſe des marais, *Carduus paluſtris Linn.* a la tige droite & épineuſe, les feuilles longues, étroites, garnies de petites épines en leurs bords, d'un vert-noirâtre en-deſſus, blanchâtres & cotonneuſes; il croît dans les lieux aquatiques & les plus couverts.

Les racines de ces trois Plantes étant cuites dans l'eau, peuvent ſervir à la nourriture; les chauſſe-trapes, les cirſes, les carthames, ſont de la claſſe des chardons, & pluſieurs d'entre eux ont auſſi les racines mucilagineuſes.

De l'Aſphodèle.

LES feuilles de cette Plante, *Aſphodelus albus, ramoſus, mas T.* reſſemblent à celles du poireau; elles ſont ſeulement plus étroites; ſa tige eſt ronde & rameuſe; elle s'élève à la hauteur de trois pieds environ, & eſt garnie de beaucoup de fleurs d'une ſeule pièce figurées en lys: ſes racines conſiſtent en un très-grand nombre de navets ſuſpendus à une tête, d'une ſaveur âcre, un peu amère.

L'aſphodèle blanc croît dans tous les endroits

pierreux & humides; il eft très-commun en Bretagne, aux environs de Rennes & de Nantes : les racines ont fervi dans un temps de famine à la nourriture, mais on prétend que leur ufage a rendu dans le Berri, par exemple, les affections fcorbutiques plus communes. Le moyen propofé pour remédier à cet inconvénient, confifte à laver ces racines, à les faire cuire dans l'eau, à en féparer l'écorce, à les couper par tranches, à les fécher & à les réduire en poudre, enfin à mêler cette poudre avec la farine de nos grains & beaucoup de levain pour en former du pain.

Il eft inutile que j'entre dans de grands détails pour démontrer combien ce procédé indiqué pour faire du pain d'afphodèle, ou du moins pour augmenter fa quantité, eft déraifonnable, puifqu'après avoir fuivi un travail auffi long & auffi difpendieux, non-feulement la nourriture fe trouveroit fort peu augmentée, mais elle feroit encore détériorée.

Comme il paroît démontré, d'après tout ce que difent les matières médicales à l'égard des racines d'afphodèle, que leur effet en

qualité de remède, eſt preſque nul, on doit
en conclure, vu le mucilage abondant qu'elles
contiennent, qu'il feroit poſſible de les faire
cuire & mettre en pulpe pour les mêler enſuite
avec la pâte d'orge & de faraſin; car n'ayant
point par elles-mêmes une faveur qui puiſſe
permettre aux différens aſſaiſonnemens de la
rendre agréable, il n'y a que la fermentation
qui ſoit capable de former avec l'un ou l'autre
grain, un comeſtible paſſable.

Des Campanules.

LA plupart des Campanules ont les racines
charnues, douces & aſſez agréables pour pouvoir devenir, ſans le ſecours de la cuiſſon, un
aliment ſalubre; on en cultive quelques eſpèces
dans les jardins potagers, & on les mange ſur
l'arrière-ſaiſon en ſalade.

La Campanule gantelée ou Gand de Notre-
Dame, *Campanula vulgatior foliis urticæ, vel
major & aſperior C. B. P.* eſt vivace; elle pouſſe
pluſieurs tiges cannelées, rougeâtres & velues:
les feuilles ſont diſpoſées alternativement le long
des tiges & garnies de poil; ſes fleurs ſont en
cloche, évaſées & coupées ſur leurs bords en

cinq parties de couleur bleue, ou violette ou blanche : elle croît dans les prés, le long des vallées & aux lieux ombragés.

La racine des campanules ayant, comme celle du raifort & de beaucoup d'autres, la faculté de se reproduire étant coupée par tranches, on doit être moins surpris que les variétés en soient aussi nombreuses; les campanules à feuilles de pêcher & de chiendent, sont ordinairement fort communes, & cette belle Plante appelée *pyramidale*, est aussi une campanule dont la racine cueillie à temps est encore bonne à manger.

Les Plantes connues sous le nom de *Raiponce*, ont trop de rapport avec les campanules pour oublier de les associer ici avec elles. Il y a la grande Raiponce, *Rapunculus spicatus*, qui vient dans les prés & dans les terres grasses: ses feuilles ressemblent à celles du violier, quelquefois marquées de taches noires: la tige porte à son extrémité un épi de belles fleurs bleues.

La petite Raiponce, *Rapunculus esculentus*, a la tige grêle & anguleuse, revêtue de feuilles étroites, pointues, sans queue; ses fleurs forment une cloche évafée : on cultive cette Plante, mais elle eft également fauvage ; on compte encore beaucoup d'autres raiponces dont la racine eft excellente.

Du Chervi.

ENTRE nos Plantes potagères, il n'en eft point qui ait eu autant de réputation que le Chervi, *Sifarum Germanorum, C. B. P.* Sa racine, accommodée au lait ou au bouillon, paroiffoit fur les meilleures tables, mais elle n'eft plus autant d'ufage qu'autrefois.

Le chervi croît à la hauteur de deux pieds ; fes feuilles font petites, vertes, crénelées, attachées plufieurs à une côte comme au panais : fes fleurs naiffent en ombelles aux fommités, difpofées en rofes & fort odorantes, fa racine eft compofée de plufieurs navets ridés, faciles à caffer, longs de fix pouces, gros comme le doigt, attachés à un collet en manière de tête, de couleur blanche, d'un goût doux, fucré & agréable.

On cultive le chervi dans les potagers ; mais on le rencontre très-communément dans les prés, dans les champs : fa racine eft une de celles dont M. *Margraff* a retiré par le moyen de l'esprit-de-vin, un vrai sucre blanc, comparable à celui que fournissent les cannes.

Des Chicoracées.

LES Plantes comprises sous ce nom générique, ont des racines plus ou moins charnues, & sont remplies, comme les campanules, d'un suc laiteux un peu amer; on en cultive plusieurs dans nos potagers pour en manger les feuilles crues ou cuites: mais la plupart ont des racines dont il est possible de tirer parti à défaut d'autres alimens.

La Chicorée sauvage est vivace; ses feuilles sont grandes, découpées & d'un vert-foncé: sa tige est velue, tortueuse, & porte à son extrémité, des fleurs disposées en bouquets de couleur bleue.

L'Endive commune ou la chicorée blanche n'est qu'annuelle; ses feuilles sont longues, semblables à celles de la laitue, & ses fleurs à celles de la chicorée sauvage: la petite endive a les feuilles beaucoup plus étroites.

Le Pissenlit, *Dens leonis latiore folio C. B. P.* a les feuilles rampantes, découpées des deux côtés, pointues comme une flèche; il s'élève d'entr'elles des pédicules qui foutiennent à leur fommet une belle fleur ronde, jaune, d'une odeur affez agréable.

Les Plantes connues vulgairement fous le nom de *Laitron*, font des chicorées qui ref-femblent à l'endive & au piffenlit; les plus communes font le laitron doux & le laitron épineux: le premier pouffe une tige creufe en-dedans; fes feuilles font longues, découpées & dentelées, rangées alternativement, les unes attachées à des queues longues & les autres fans queues; les fleurs naiffent aux fommets des branches par bouquets, demi - fleurons jaunes: le fecond laitron a la tige également tendre; fes feuilles font d'un vert - obfcur, garnies d'épines longues, dures & piquantes, mais fes fleurs font femblables au premier.

S'il faut s'en rapporter à quelques tradi-tions, la racine de chicorée a fervi d'aliment fous la forme de pain en Suède dans les temps de difette; mais ces rapports ne font fondés que fur des ouï - dire. Si on veut manger ces racines ainfi que celles des Plantes dont je viens de faire mention, c'eft en les faifant cuire long-temps dans l'eau qui leur enlève prefque toute l'amertume qu'elles ont naturellement : la racine de chicorée fauvage a été indiquée dans quelques contrées d'Allemagne comme propre à faire une boiffon caféiforme en la féchant & la torréfiant.

Du Chiendent.

LE Chiendent, *Gramen caninum feu Gramen Diofcoridis C. B. P.* appartient à la nombreufe famille des graminés ; fes tiges portent à leurs fommités des épis dont les femences approchent de celles du blé ; fes racines font blanches, rampantes, épaiffes, ayant une faveur douce & fucrée ; il n'eft perfonne qui ne connoiffe l'ufage que nous en faifons en France pour la tifane ordinaire.

Les efpèces de chiendent font affez multipliées, mais toutes n'ont pas des racines fucrées. M. *Margraff* n'a pu retirer, il eft vrai, de celles qu'il a examinées, un vrai fucre ; il en a obtenu feulement une matière extractive, douce, agréable & muqueufe.

Si l'on en croit encore quelques Auteurs,

les racines de chiendent donnent une farine, & fourniffent aux habitans du Nord une efpèce de pain; les expériences que j'ai multipliées dans la vue de vérifier le fait, m'ont convaincu que la chofe étoit impoffible, & que ces racines ne donnoient qu'une poudre fibreufe qui rend le pain où elle entre très-aride, & n'ajoute que du left & non de la nourriture.

Le feul avantage que les hommes pourroient retirer du chiendent dans la pofition où je les confidère toujours, ce feroit de le faire bouillir dans l'eau un certain temps, & de faire fervir cette décoction au pétriffage de la pâte; c'eft même ainfi qu'il faudroit toujours employer les différens fons ou écorces de nos grains, à la panification.

De la grande Confoude.

LES feuilles de cette Plante, *Confolida major C. B. P.* font longues, ridées & velues; leur couleur eft d'un vert-foncé, & les fleurs ordinairement blanches, quelquefois purpurines, repréfentant la figure d'un entonnoir: elle eft fort commune aux environs de Paris, dans les prés, dans les lieux humides.

On donne affez communément la racine de grande confoude dans les devoiemens, &c. comme aftringent ; mais on fent bien que cette propriété ne paroît pas convenir à fon effence, & que fi elle foulage & guérit réellement les dévoiemens, elle n'agit dans ce cas que comme la gelée de la corne-de-cerf, en procurant un mucilage adouciffant qui nourrit fans fatiguer l'eftomac.

On peut faire ufage de cette racine comme du falfifix ; en la cuifant dans l'eau, elle perd une grande partie du mucilage dont elle abonde : de plus il feroit encore poffible d'en former une pulpe & de s'en fervir dans la confection du pain, comme nous l'avons propofé pour la racine d'afphodèle.

De l'Herbe de Saint - Antoine.

L'HERBE de Saint - Antoine ou le petit Laurier-rofe, *Chamænerion latifolium vulgare Inft.* donne une tige rougeâtre & rameufe ; fes feuilles font oblongues, étroites, affez femblables à celles du faule : fes fleurs font grandes & en rofes, purpurines, bleues & quelquefois blanches.

Cette

Cette Plante croît fur les montagnes & les rochers des bois; fa racine eft blanche & dure : la propriété vulnéraire qu'on lui attribue, réfide dans l'eau qui a fervi à la cuire; elle ne produit plus enfuite que l'effet alimentaire.

Du Maceron.

LES tiges du Maceron, *Smyrnium G. B. Pin.* font rameufes, cannelées, & s'élèvent à la hauteur de trois pieds; fes feuilles reffemblent à celles de l'ache, mais elles font plus amples, d'une odeur aromatique & d'une faveur approchante de celle du perfil : fes branches font terminées par des parafols qui foutiennent des petites fleurs blanches.

Le maceron étoit autrefois un légume que l'on mangeoit dans plufieurs cantons; on ne le cultive plus dans les jardins potagers depuis que le céleri eft autant en vogue : il naît dans les lieux marécageux & fur les rochers proche de la mer.

La racine du maceron eft médiocrement groffe, blanche, remplie d'un fuc qui a l'odeur & la faveur de myrrhe; elle eft reconnue depuis

T

long-temps en Médecine comme un bon apéritif, prise en décoction : or cette racine après
avoir communiqué cette propriété à l'eau dans
laquelle elle a cuit, peut, ainsi que l'ache
des marais & des montagnes servir en qualité
d'aliment.

Du Nénuphar blanc.

C'est une Plante aquatique qui vient
naturellement dans les marais, dans les étangs
& sur le bord des rivières ; ses feuilles sont
grandes, larges, arrondies, nageantes à la
surface de l'eau, échancrées en fer-à-cheval,
soutenues par des queues longues, rougeâtres
& tendres : les fleurs sont grosses & larges
lorsqu'elles sont épanouies, blanches, disposées en roses & presque inodores.

Les racines du Nénuphar blanc, *Nymphæa
alba major T*, sont longues, épaisses & charnues, brunes en-dehors & blanches intérieurement, attachées au fond de l'eau par plusieurs filets ; ces racines en cuisant dans l'eau,
communiquent à ce fluide les propriétés tem-
pérantes & rafraîchissantes pour lesquelles elles
sont recommandées en Médecine, & après avoir

cuit ainſi, elles peuvent, moyennant les aſſaiſonnemens appropriés, ſervir de nourriture.

Le ſéjour de ces racines dans l'eau, ſemble
être un obſtacle à la converſion du mucilage
en amidon; étant râpées & délayées dans l'eau,
elles dépoſent, comme quelques racines que
j'ai examinées, un ſédiment moins blanc &
plus léger que l'amidon avec lequel il a
certains rapports.

De l'Onagra.

CETTE Plante, originaire de l'Amérique,
Onagra latifolia T, & que l'on cultive dans
les jardins par curioſité, eſt maintenant fort commune dans les bois, le long des chemins, &c.

La racine de l'onagra, que l'on appelle auſſi
l'herbe aux ânes, eſt longue, plus groſſe que
le doigt; ſa tige eſt élevée, ronde vers le
bas, rameuſe en haut, & remplie de moëlle:
ſes feuilles ſont étroites & dentelées, ſa fleur
eſt en roſes & odorante; la racine paſſe pour
être aſtringente, mais c'eſt en décoction, &
elle peut ſe manger aſſaiſonnée avec du ſel,
un peu de beurre ou du lait.

Des Orchis.

LES fatyrions, les ophris & les hellébo-
rines, font auffi de la claffe des orchis; la plupart de ces Plantes ont la racine bulbeufe,
compofée d'un ou plufieurs tubercules recouverts de fibres : les feuilles font communément
marquées de nervures longitudinales affez
groffières; les tiges font fimples, & ont à leur
fommet des fleurs difpofées en épi ou en panicule, repréfentant des figures particulières : il
leur fuccède un fruit ou une capfule remplie
d'une infinité de femences très-menues.

Les orchis naiffent par-tout; on les rencontre dans les champs, dans les bois, dans
les prés, dans les marais, dans les pâturages,
fur les collines & fur les montagnes, aux lieux
ombragés ou expofés au foleil, fecs ou humides : il y a des cantons où l'on en compte
jufqu'à vingt efpèces qui croiffent & fleu-
riffent en diverfes faifons; mais les plus communes, celles dont la racine eft très-mucilagi-
neufe, font l'orchis mâle & l'orchis femelle,
orchis morio mas foliis maculatis, *orchis morio
fœmina*. La première a les feuilles longues &

médiocrement larges, femblables à celles du lys, marquées de taches rouges, brunes & quelquefois fans taches; la tige eft haute d'environ un pied, portant à fon fommet un long épi de fleurs agréables à la vue, purpurines & blanchâtres vers le fond : les racines font deux tubérofités prefque rondes, charnues & groffes comme des noix mufcades. L'orchis femelle eft femblable à la première, excepté que fes feuilles font moins larges, moins maculées, & les fleurs plus petites.

Le Satyrion, *Satyrium majus latifolium,* n'eft pas rare non plus aux environs de Paris; fa racine eft également bulbeufe; elle pouffe une tige qui a plus d'un pied, garnie de feuilles larges & graffes, ayant à fon fommet beaucoup de fleurs difpofées en épi de couleur rouge tirant fur le purpurin.

Depuis que l'on eft éclairé fur l'origine, l'efpèce, la nature & les propriétés du falep qui nous vient de Perfe & coûte exorbitamment cher; depuis que l'on fait que cette fubftance n'appartient point à un fruit, mais à la racine d'une Plante qui, felon *Albert Seba* & *Dignerus,* doit être placée au nombre des

T iij

orchis, on ne fait plus de doute qu'il ne puiffe être remplacé non - feulement par les orchis que nous avons décrits, mais encore par beaucoup d'autres, dont les bulbes font également très-mucilagineufes, tels que l'orchis militaire, l'orchis pyramidal, l'orchis palmé, &c. &c.

C'eft au printemps, avant la floraifon, qu'il faut fonger à cueillir les racines ou bulbes d'orchis, dont on defireroit faire le falep, choifir celles qui font les plus groffes, les plus fermes, les mieux nourries, & qui ont une faveur douçâtre; mais ces précautions feroient abfolument inutiles, fi on fe contentoit, comme on l'a dit & écrit, d'expofer ces bulbes au feu pour les fécher, & de les réduire enfuite en poudre : il eft encore très-important de les foumettre préalablement à un commencement de cuiffon dans l'eau, fans quoi elles ne manqueroient point de reprendre de l'humidité, & finiroient par fe moifir.

Cette opération que les Confifeurs nomment *blanchir le fruit*, pourroit être pratiquée pour certaines racines qui, quoique méthodiquement féchées, fe gâtent très-aifément : on fait

avec quel ſuccès on parvient à conſerver par
ce moyen les haricots verts & la violette,
pourvus de leur odeur, de leur ſaveur & de
leur couleur : le premier bouillon dans l'eau
enlève la portion de matière extractive la plus
ſaline & la plus ſuſceptible d'attirer l'humidité
de l'air ; il combine l'autre avec le mucilage,
d'où réſulte un tout plus ferme, plus homogène & plus parfait.

Quand les bulbes des orchis ſont dépouil-
lées de leurs fibres & de leurs enveloppes, on
les lave dans l'eau froide & on les met bouillir
un moment dans de nouvelle eau, enſuite on
les ôte & on les laiſſe égoutter, elles ſont alors
plus ſolides & plus tranſparentes ; on les enfile
avec du coton en manière de chapelet pour
les faire ſécher au ſoleil où elles acquièrent
la dureté de la gomme arabique : c'eſt en cet
état que les Perſans & les Turcs les commer-
cent, & qu'elles portent le nom de *ſalep* ;
pour s'en ſervir, il faut les réduire en poudre,
ce qui n'eſt pas très-facile.

La manière de préparer & d'adminiſtrer
le ſalep, a déjà été indiquée lorſqu'il a été
queſtion de trouver ſon ſubſtitut dans la

pomme de terre. Les Orientaux en font un très-grand ufage pour réparer leurs forces épuifées. En Europe on n'en donne qu'aux malades & aux convalefcens; cette nourriture eft préférable dans ce cas à la femoule & au vermicel, vu que ces deux pâtes contiennent une fubftance glutineufe qui ne convient guère aux eftomacs foibles ou fatigués par les maladies.

Des Ornythogales.

Plusieurs de ces Plantes ont la racine bulbeufe, auffi groffe que la tête d'un enfant, mais celles-là malheureufement ont un effet trop actif; telle eft la fcille blanche mâle & la fcille rouge femelle, rangées par *Tournefort* dans la claffe des ornithogales; ce n'eft point cependant qu'il faille ajouter foi au propos populaire : favoir, que fi on coupe les tuniques de leur oignon avec un couteau à lame de fer, cet inftrument en fera empoifonné; mais il exifte trop de faits dans les faftes des Sociétés favantes, pour jamais ofer s'en fervir comme aliment, à moins de quelques préparations ou correctifs que je ne connois point.

L'Ornythogale la plus commune aux environs de Paris, *Ornythogalum gramineum*, a les feuilles qui reffemblent un peu à célles du chiendent ; la tige eft droite & haute d'un pied & demi, & porte à fon fommet plufieurs pédicules en manière d'ombelle qui foutiennent des fleurs difpofées en rofes, verdâtres en - dehors & blanches en - dedans : la racine eft bulbeufe, en grappes, pleine d'un fuc mucilagineux.

L'ornythogale jaune n'eft pas moins commune ; on la rencontre dans tous les champs fecs & arides : fa tige eft moins haute, fes feuilles font plus larges, & fes fleurs font velues & jaunes. *Cefalpin* croit que c'eft à une troifième efpèce de fcylle, que quelques Botaniftes ont donné le nom de *Bulbus efculentus*. Au refte, *Linnæus* compte onze efpèces d'ornythogale, que l'on rencontre abondamment en Allemagne, en France & dans les pays méridionaux de l'Europe.

Dans une des differtations de *Manetti*, que nous avons déjà citée, on trouve quelques détails concernant les ornythogales. *Ruelle* nous apprend que quand la charrue a arraché

quelques-unes de ces bulbes, les enfans les ramaſ-
ſent pour les manger crues ou rôties au feu, &
comme ces racines ont la faculté de ſe conſerver
pendant un certain temps, le pauvre peuple
en profite dans les temps de diſette, & s'en
nourrit au lieu de châtaigne & de pain. *Lin-*
næus aſſure qu'on peut les manger de bien des
façons; j'ajoute, excepté ſous la forme de pain;
car il eſt bon de remarquer que les bulbes
à ſquames ne contiennent jamais d'amidon,
qu'elles renferment une ſubſtance mucide que
la deſſiccation & la fermentation concourent
à détruire : il faut donc les cuire dans l'eau ou
ſous les cendres, ou bien les couper par tranches
& les fricaſſer comme les oignons.

De la Pimprenelle.

LA Pimprenelle eſt du nombre des Plantes
qui ont peu changé par la culture, *Pimpinella*
ſanguiſorba minor hirſuta. Celle que l'on rencontre ſur les montagnes, dans les prés & les
terreins gras, ne diffère guère de la pimprenelle
de nos potagers.

La culture de la pimprenelle eſt en faveur
chez les Anglois, qui ont reconnu que cette

Plante donnoit une excellente nourriture au bétail : fa racine eft longue & menue ; on peut la faire cuire, l'affaifonner, & la placer au nombre des alimens.

Du Sceau de Salomon.

LA racine du Sceau de Salomon eft encore une de celles qui a été beaucoup préconifée, pour fuppléer aux difettes de pain, fous la forme de cet aliment ; mais elle ne contient pas d'amidon ; en vain on la fécheroit & on la réduiroit en poudre, il n'eft pas poffible, malgré tous ces foins, d'en former une pâte & du pain : le mucilage qui y abonde ne peut fervir à la nourriture qu'autant qu'il reftera dans la racine affocié avec les autres principes combinés par le moyen de la cuiffon, & rendu fapide par les affaifonnemens.

La Plante *Polygonatum latifolium vulgare,* eft très-commune aux environs de Paris & dans toutes les provinces, aux lieux ombragés, le long des haies, dans les bois & dans les forêts ; les racines fe trouvent placées à la furface de la terre, & font groffes comme le doigt, genouillées, charnues, affez blanches & d'une

faveur douceâtre ; elles pouffent des tiges à la
hauteur d'un pied & demi, un peu courbées
à leur extrémité, revêtues de plufieurs feuilles
reffemblantes affez à celles du muguet, luifantes en-deffus & d'un vert-de-mer en-deffous :
les fleurs naiffent des aiffelles des feuilles, une
à une, ou davantage, formant une cloche
alongée en tuyau.

De la *Scorfonère* & du *Cercifi* des prés.

CES deux Plantes ont trop de rapport
entr'elles pour les féparer ; elles font fauvages,
& on les cultive dans les potagers pour l'ufage
de la cuifine ; leurs variétés font extrêmement
communes dans les pays méridionaux.

La Scorfonère, *Scorfonera humilis*, a les
feuilles étroites, la tige un peu velue ; elle
porte à fon fommet une fleur affez grande, de
couleur jaune. Le Cercifi des prés, *Tragopogon
pratenfe luteum majus*, a les feuilles femblables
à celles du fafran & les fleurs jaunâtres. La
Picride viperine, *Picris echinoides*, qui a
quelqu'analogie avec ces Plantes, & dont
toutes les parties font chargées de poils durs

& piquans, a auffi une racine douce & mucilagineufe.

On connoît les différentes formes que les
Cuifiniers favent donner aux racines de ces
Plantes; mais il eft faux que féchées & moulues, on en puiffe faire du pain; leur blancheur
& leur goût fucré ont donné lieu à cette conjecture; l'opération néanmoins eft impraticable.

Du Trèfle aquatique.

LES feuilles du Trèfle d'eau, *Menyanthes
paluftre*, font de la grandeur & de la figure
de celles des féves, portées au nombre de
trois, fur un long pédicule, liffes & douces
au toucher; d'entre ces feuilles fort une tige
verte, grêle, qui s'élève fort haut, & qui
porte un bouquet de fleurs en entonnoir d'un
bleu-purpurin.

Cette Plante fleurit en Mai & en Juin; elle
croît dans les lieux aquatiques & marécageux :
fa racine eft blanche, longue & genouillée;
il eft encore impoffible d'en préparer du pain,
comme avec toutes les racines décrites dans
cet article, malgré toutes les précautions
pour les couper par tranches, les laver, les

fécher, les réduire en poudre, & le travail le plus éclairé de la Boulangerie. Pourquoi tant de foins & de peines, pour ne produire qu'un mauvais aliment, lorfqu'il eft fi facile d'en obtenir un meilleur, en faifant cuire les racines mucilagineufes à grande eau, & les mangeant à l'inftar des carottes, des cercifis, &c?

ARTICLE XXIV.

Obfervations générales fur les Racines.

DE quelque manière que les Sociétés fe foient formées dans les premières époques, il eft plus que vraifemblable que les hommes ont commencé à fe fuftenter par les moyens les plus fimples; or en eft-il de plus fimple que celui de cueillir un fruit ou d'arracher une racine & de s'en nourrir! Tous les autres genres d'alimens ont exigé des foins dont ils étoient incapables alors, & fi par la fuite ils fe déterminèrent à préférer les femences, ce ne fut qu'après que l'expérience leur eut apprit qu'elles renfermoient une plus grande quantité de matières alimentaires fous un moindre volume.

Les racines en effet moins nutritives que
les femences, mais plus fubftancielles que les
fruits contiennent toutes dans des proportions
différentes, la plupart des principes qui conftituent ces parties des végétaux, & fi elles
ont paffé dans l'efprit de quelques Phyfiologiftes pour fournir la nourriture la plus
groffière, ce n'eft point que la matière alimentaire y foit moins atténuée & moins
élaborée, puifque l'amidon a le fucre des
racines, leurs parties colorantes & odorantes
qu'elles renferment, ont atteint le même
degré de perfection que dans les autres parties de la fructification des Plantes, le parenchyme fibreux s'y trouve feulement en plus
grande abondance.

C'eft ce parenchyme fibreux dont la
texture eft prefque folide, qui réfifte aux
agens de la digeftion, & fournit après avoir
fervi de teft, la matière excrémentitielle;
c'eft ce parenchyme, dis-je, qui rend l'aliment plus ou moins folide & groffier fuivant
les proportions où il fe trouve avec les autres
principes, car le mucilage plus étendu dans
les racines que dans les femences, eft très-

diſpoſé par la combinaiſon que la ſimple cuiſſon opère, à paſſer dans le cours de la circulation, à ſe mêler avec nos liqueurs & à prendre bientôt le caractère animal dont il paroît éloigné dans l'état naturel.

Les racines ſont donc pourvues de ſucs auſſi affinés & auſſi élaborés que les autres parties de la fructification des Plantes ; au printemps elles en regorgent, mais ce ſuc trop aqueux n'a preſque point de propriété : diſtribué durant l'été dans la totalité du végétal, il retombe en automne dans les racines qui s'en ſont épuiſées pour les beſoins de la floraiſon & de la fructification, s'y façonne & acquiert bientôt tous les caractères qui lui conviennent. Or ſi preſque toutes les racines, même celles cultivées avec intelligence, ont un goût ſauvageon herbacé, c'eſt vraiſemblablement parce que deſtinées à ſervir la Plante dans l'obſcurité, elles n'ont pu recevoir les influences immédiates de l'Aſtre dont l'ombre eſt ſouvent très-préjudiciable à la ſaveur exquiſe de nos fruits ou ſemences.

Si l'on pouvoit douter que les racines les plus groſſières, c'eſt-à-dire, les plus abondantes

en

en matière fibreufe, ne continffent pas des fucs
très-tenaces & très-élaborés, on pourroit aifément s'en convaincre en divifant ces racines
à la faveur d'une râpe, en exprimant leur
fuc, en l'évaporant & en comparant l'extrait
muqueux ou gélatineux qui en réfulteroit
avec celui que fourniroient nos meilleures
femences.

D'après ce que l'expérience nous apprend
tous les jours, on ne fauroit nier que les racines
ne foient après les femences, les fubftances
végétales les plus chargées de matière nutritive, & les plus propres par conféquent à
nous fervir d'aliment ; la plupart portent leur
affaifonnement avec elles, & n'ont befoin que
de la fimple cuiffon dans l'eau pour devenir
un comeftible falubre fans avoir befoin de
la panification : elles renferment les différentes
fubftances effentielles à la compofition phyfique de l'aliment ; réunies plufieurs enfemble,
elles forment des potages que le fuc de nos
viandes pourroit à peine imiter.

Toutes les racines, à la vérité, n'ont pas
en réferve une matière nutritive pour l'homme
& les animaux ; les unes, d'abord molles &

U

charnues, deviennent dures & ligneufes en
très-peu de temps ; les autres n'offrent à l'origine de leur formation, que des filets chevelus, que des amas de fibres & non des
fucs mucilagineux : mais nous avons également
des femences auffi dures dans leur fubftance
intérieure que dans leur écorce, & que nous
tourmenterions en vain pour en extraire un
aliment ; il faut abfolument y renoncer.

Les racines, comme l'on fait, fervent de
fondement à la nourriture de différens peuples de la Terre ; les patates au Brefil, l'yucca
chez les Indiens, les ignames & le magnoc
dans nos Ifles, font préférés au riz & au
pain : on connoît encore l'ufage dont font
en Europe les topinambours, les pommes de
terre & nos racines potagères ; beaucoup de
cantons n'ont point d'autres reffources pour
fubfifter pendant l'hiver, même dans les temps
d'abondance : combien de pieux Solitaires ne
vivent que de pain & de racines fans abréger
leur carrière !

Outre les végétaux que l'homme peut facilement fe procurer par le plus léger travail,
la Nature, toujours libérale envers lui, a

répandu dans les lieux les plus ingrats & les plus déſerts, une foule de Plantes qui, quoique méprifables en apparence, ne récèlent pas moins dans leurs racines une nourriture à laquelle le befoin les a fouvent forcé d'avoir recours. Le zerumbeth, le fouchet, le curcuma, font quelquefois des fupplémens pour les Indiens; plufieurs peuples du Nord en cherchent dans les racines des différentes biſtortes; les Kamtchadales fe nourriſſent de chamenerion, les Lappons du genouillet, des chicoracées; les Tartares Ruſſes de pimprenelles, de faxifrages; enfin *Gonſalva d'Oviedo* qui a vécu long-temps dans les Indes orientales, nous aſſure que les habitans de plufieurs provinces de ces vaſtes contrées, ne cultivoient jamais la terre, qu'ils ne fubfiſtoient que de racines, avoient une population nombreuſe, & parvenoient à la plus grande vieilleſſe: Peutêtre auſſi qu'une nourriture confiſtante, folide & agreſte, contribue pour quelque chofe à la vigueur & au caractère fauvage de ceux qui s'en alimentent.

Au moment où Céfar fe difpofoit de livrer le premier combat à Pompée, il n'étoit guère

approvifionné de vivres ; fes troupes ne tardè-
rent point d'en manquer, & furent contraintes
de chercher leur fubfiftance dans des racines
qu'elles apprêtoient avec du lait : quelquefois
les patrouilles jetèrent de ces racines dans la
tranchée en criant que tant que la terre produiroit de pareils alimens, elles ne cefferoient
de tenir Pompée bloqué. Ce Général eut grand
foin d'empêcher qu'une pareille menace fût
connue de fon camp, dans la crainte que fes
Soldats ne conçuffent de l'effroi pour les ennemis qu'ils avoient à combattre.

Quelqu'avantageufes que foient les racines
fous le point de vue où nous les confidérons,
jamais elles ne pourront être comparées avec
les femences farineufes, & par-tout où ces
dernières réuffiffent, il ne faut pas balancer
de leur donner la préférence. Propofer de
couvrir nos terres à grains de racines & encore
de racines vénéneufes dans la perfuafion que
la culture venant à les adoucir on s'en fervira à la place du blé & des autres graminés,
voilà je crois le comble du ridicule & de la
folie : d'ailleurs avons-nous donc fur les
racines le pouvoir de changer leurs propriétés

fpécifiques, parce que nous fommes venus à bout de varier les proportions des principes qui les conftituent! on fait que le choix du terrein & de l'expofition, les foins de la culture ont fouvent une action auffi efficace que la greffe, & M. *Cabanis* nous en a donné la preuve dans fon excellent *Effai fur la Greffe*, lorfqu'il affure qu'avec des femences bien choifies on pouvoit tout naturellement & fans le fecours de la greffe, fe procurer des marrons, des pêches très-fucculentes, des abricots mufqués ayant l'amande douce, des cerifes précoces, aigres, douces, &c.

Pour montrer quel eft le pouvoir de l'homme fur la tranfmutation des premiers principes dans les végétaux, il fuffit de rappeler une Obfervation développée dans le *Traité de la Châtaigne.* J'ai dit que le marron foi-difant de Lyon, fouvent pris dans le bas Limofin, dans le Quercy ou dans le Périgord; ainfi que le marron de Montauban & celui des Sévennes dont la qualité diffère un peu, ne font & ne peuvent être que des variétés de châtaigniers fauvageons dûs au jeu de la Nature & non à l'expofition, au terrein & à

la greffe ; que ces moyens font capables d'améliorer un fruit quelconque, mais jamais de
le dénaturer immédiatement. La greffe & la
fécondation des fleurs voifines apportent, il eft
vrai, des variétés dans les germes relativement
au femis futur ; mais le fruit d'un arbre quel
qu'il foit, greffé, regreffé fur lui-même, fera
toujours le même fruit, un peu plus gros,
un peu plus mince, agréable à la vue & au
goût, felon les années, les terreins, les
afpects, &c. &c.

Cette Obfervation applicable à toutes les
Plantes, démontre que nous ne pouvons point
changer les principes préexiftans dans les végétaux, ni empêcher qu'une racine effentiellement vénéneufe ou falutaire, ne produife fon
effet d'une manière plus ou moins intenfe, fur-
tout quand cet effet dépend d'une fubftance ma-
térielle, foit gommeufe, foit réfineufe. Ainfi
nous voyons le marron-d'Inde être d'autant plus
amer, que la faifon lui a été plus favorable, le
colchique, la bryone, le pied-de-veau, les renoncules, devenir plus brûlans & plus cauftiques
dans les terreins qui conviennent le mieux à leur
végétation, tandis que nos racines potagères

augmentent en matière douce & fucrée.

Quelles font donc les Plantes que l'induftrie humaine eft parvenue à multiplier & à adoucir ? Ce font celles dont la faveur eft âpre, auftère & piquante, faveur qu'il faut bien diftinguer de l'amertume & de l'acrimonie dont je viens de parler ; or cet état agrefte qui caractérife la plupart des végétaux avant leur parfaite maturité, femble dépendre d'une efpèce de *gas* que la végétation combine avec une portion de mucilage, d'où réfulte un tout plus doux & plus favoureux. Nos Plantes potagères incultes ont un goût défagréable, & n'occafionnent pas de mauvais effets ; elles contiennent les matériaux du fucre, fi je puis parler ainfi ; la culture les réunit & quelquefois auffi la cuiffon : or les carottes, les panais, les navets, le céleri, qui tous doivent l'avantage d'être préfentés fur nos tables à l'induftrie du Cultivateur, ne fe font adoucis qu'aux dépens d'un peu d'amidon ou de muqueux qui combiné avec le principe auftère, a formé du fucre ou une matière analogue.

Mais quand l'Art viendroit à bout de faire perdre infenfiblement à la plupart des Plantes

vénéneufes que j'ai indiquées, l'âcreté de leurs
fucs d'où dépend leur effet nuifible, & qu'il
les rendroit propres à fervir en totalité à la
nourriture fans préjudicier en aucune manière
à l'économie animale, ne feroit-ce pas offrir
plutôt l'abondance au luxe que la reffource à
l'indigence, puifqu'il eft poffible de débarraffer
ces fubftances de ce qu'elles ont de mal-faifant!
Bornons-nous à y avoir recours dans les temps
de difette, formons des vœux pour n'en avoir
jamais befoin, & n'abufons point par des plantations fouvent fuperflues & affez long-temps
infructueufes, de terreins mieux employés
à fournir annuellement les alimens auxquels
nos organes font accoutumés!

Il y a tant de Plantes farineufes qui femblent deftinées à croître fans culture, & que
la Providence offre aux hommes pour les
dédommager de l'aridité du fol qu'ils habitent,
qu'on regrette toujours de ne point les voir
couvrir une étendue immenfe de terreins
perdus ou confacrés à récréer la vue par une
abondance flatteufe, abfolument nulle pour
nos befoins réels. Pourquoi, par exemple, ne
s'occuperoit-on point à multiplier dans les

foffés, dans les marais, le long des rivières
& des ruiffeaux, quelques végétaux farineux
qui fe plaifent dans ces endroits, comme les
glands de terre, l'orobe tubéreux, le fouchet
rond, les macres? les premiers portent des
bouquets de fleurs fort agréables, leurs feuilles
font un excellent pâturage, ils ont les femences
& les racines farineufes : les feconds produifent
un bel effet dans un canal; il y en a beaucoup
d'autres qu'on pourroit également diftribuer
dans les bois & dans les jardins : on embelliroit
les taillis avec des orchis qui la plupart portent
des épis de fleurs très-odorantes; les allées
vertes feroient couvertes & garnies de fromental & des autres graminés fauvages : les
jacinthes, les narciffes, les ornythogales formeroient nos plates-bandes; les topinambours,
dont la fleur radiée reffemble à celle de nos
foleils vivaces, figureroient dans nos jardins; on
ne conftruiroit les haies qu'avec des arbriffeaux
à baies : c'eft ainfi qu'en réuniffant l'agréable
à l'utile, on fe ménageroit des reffources.

Mais par la même raifon que je me fuis
bien gardé d'inviter à fubftituer les racines
aux femences, je dois prévenir auffi que

cette dernière propofition de cultiver certaines Plantes, rempliroit une toute autre utilité; il en eft fans doute des végétaux comme
de certains individus du règne animal: ils réfiftent à toute efpèce de culture comme on voit
les fauvages réfifter à toute efpèce de fociabi-
lité: en rendant indigènes aux terreins couverts
de landes, le petit nombre de Plantes dont nous
parlons, ne feroit-ce pas encore un moyen
de rendre les difettes moins communes.

ARTICLE XXV.

Des Subftances végétales propres à rem-placer les Plantes potagères.

Nous avons dit au commencement de
cet Ouvrage, qu'il n'y avoit point de Plantes
dont les différentes parties ne continffent plus
ou moins abondamment la matière alimentaire,
& ne puffent par conféquent fervir de nourriture à quelqu'efpèce d'animal que ce foit;
mais les femences & les racines étant dans les
végétaux, le principe de leur génération future,
elles paroiffent deftinées plus particulièrement
à former la bafe de la fubfiftance de prefque
tous les Peuples : c'eft donc dans leur fource

féconde qu'il faut chercher des fupplémens, pour remplir les befoins indifpenfables.

Les tiges herbacées, les feuilles, les fleurs & les fruits, méritent donc auffi d'occuper une place fur la lifte de nos fubfiftances fans renfermer rien de farineux, & quoique l'on ait prétendu que les fleurs de trèfle blanc & de trèfle des prés, féchées & moulues, pouvoient remplacer le pain, que les rejetons de vignes & les feuilles de choux augmentent confidérablement la propriété de cet aliment, ce ne font que des affertions abfolument dénuées de fondement, que chacun allégue & adopte fans examen ni réflexions. Nous ne détaillerons pas non plus les ufages des fruits de nos Plantes cucurbitacées que l'on pétrit fouvent avec la farine ; ces différentes fubftances n'ayant pas d'amidon, elles font hors d'état de fuppléer les grains fous la forme de bouillie ou de pain.

Maintenant fi nous arrêtons nos regards fur la claffe de ces végétaux les plus grands de la Nature, & dont la durée de la vie chez plufieurs fe prolonge même au-delà d'un fiècle, nous verrons qu'ils produifent des fruits en

général plus gros & plus succulens que nos
Plantes annuelles & vivaces ; mais il s'en faut
bien qu'on puisse les comparer aux arbres précieux, naturels aux deux Indes, la riche famille
des palmiers, le mangoustamon, le rinca, le
coton-fromager : tous rapportent des productions bien plus nécessaires & plus importantes
pour la nourriture que nos arbres Européens :
cultivés ou non, ils ne nous fournissent, à
l'exception du châtaignier, que des boissons
ou des accessoires à l'aliment.

Il est très-vrai que beaucoup de fruits sauvages n'attendent que la main du cultivateur
pour devenir aussi efficaces & aussi savoureux
que ceux de nos vergers ; mais en les soignant
& les multipliant, ils n'en deviendront pas
plus propres à la panification : on aura beau
faire, les fruits de l'*uva ursi*, du néflier, du
forbier des oiseaux, indiqués dans plusieurs
Ouvrages comme pouvant entrer dans la masse
du pain, n'en diminueront pas moins le volume
& la qualité de cet aliment, loin d'ajouter
à ses effets ; seulement il seroit possible par
le moyen de la fermentation & de la distil-
lation, d'en préparer des boissons spiritueuses,

ce qui épargneroit fur la confommation des grains deftinés à cet emploi.

Les arbres & les arbriffeaux qui donnent chaque année des fruits fauvages, ne font pas plus rares que les Plantes incultes dont les racines ou les femences renferment une nourriture fubftantielle. On rencontre dans prefque tous les bois, les haies & les friches, des genevriers, des ronces, des alifiers, des pruneliers, des aubepines, des cerifiers, des cornouilliers, des églantiers, des framboifiers, des grofeilliers épineux, des putiers, des obiers, des vinetiers, des viornes & des forbiers; tous ces végétaux, dont les fruits agreftes feroient peu propres à fervir de nourriture, à fuppléer même leurs analogues cultivés, formeroient, comme nous l'avons déjà obfervé, de quoi préparer des boiffons fpiritueufes : on en prépare déjà une dans le Nord avec le fruit de la bruyère à baies; ce feroit autant de gagné pour la fubfiftance des hommes & des animaux: les pays froids feroient moins fouvent affligés par la difette, fi une grande partie du feigle & de l'orge qu'on y récolte, n'étoit pas confommée en bière & en eau-de-vie.

Quant aux écorces d'arbres, dont on veut
encore que certains Peuples faſſent toujours
leur nourriture fondamentale, je me ſuis déjà
expliqué à l'égard de leur véritable effet dans
le pain où on les mêle; la ſubſtance corticale eſt trop dure, trop ligneuſe pour ſe laiſſer
pénétrer par l'eau : quelque diviſée qu'on la
ſuppoſe, il ne peut jamais réſulter une pâte
tenace, flexible & homogène; l'eau qu'on
y ajoute ne ſe trouve que juxt-appoſée; elle
ne forme aucune liaiſon entre les parties, &
dès qu'elle s'évapore, le réſidu demeure ſans
continuité. Or s'il eſt vrai que les Lappons
faſſent du pain d'écorce de pin ſauvage & de
tilleul, c'eſt ſans doute à l'aide de quelque
farineux, & il eſt vraiſemblable que la quantité qu'ils en mêlent, eſt relative à leurs reſſources alimentaires, peut-être même n'y ont-
ils recours que dans une circonſtance de détreſſe, comme il eſt arrivé en 1709 à quelques
habitans de l'Auvergne, de faire entrer dans
leur pain la racine de fougère deſſéchée & pul-
vériſée : s'enſuit-il que les habitans de cette
province ne ſe nourriſſent conſtamment que de
pain de fougère, & que cette racine ſoit très-
propre à la panification !

Écoutons encore ces Compilateurs de profeſſion nous aſſurer avec la même confiance,
qu'en Iſlande on fait habituellement de bon
pain avec une eſpèce de *lichen* bouilli d'abord
dans l'eau renouvelée deux ou trois fois, puis
féché & réduit en poudre. Je ſais que les
Peuples qui habitent un ſol aride, ſur lequel
il ne vient que très-peu de grains, de fruits
& de racines, ſont bientôt au dépourvu &
contraints de faire ſervir à leur nourriture
tout ce qui ſe préſente à eux; que ceux
qui n'ont d'autres reſſources de ſubſiſtance
que dans les produits de la pêche, ſèchent
& coupent par morceaux des poiſſons qu'ils
pilent & réduiſent en poudre, avec laquelle ils
forment une eſpèce de pâte qu'ils expoſent au
ſoleil pour ſécher & durcir : mais ce pain
fait ainſi avec des poiſſons, des écorces d'arbres,
des feuilles, des fleurs, des fruits & des racines
énoncées précédemment, mérite-il réellement
d'être qualifié de ce nom ? Eſt-ce bien là une
ſubſtance légère & ſavoureuſe, compoſée d'une
croûte ſèche & caſſante, d'une mie ſpongieuſe
& élaſtique parſemée de cellules, qui ſe
gonfle dans l'eau, ſe broie aiſément dans la

bouche, obéit fans peine à l'action de l'eftomac & de nos vifcères, pour former enfuite
la matière la plus pure & la plus faine de
la nutrition ? Non affurément, ce ne peut &
ne doit être qu'une maffe lourde, ferrée,
défagréable, à laquelle il manque les qualités
les plus effentielles du pain; mais il eft temps
de revenir aux végétaux qui font en état
de remplacer les Plantes potagères.

Si parmi les racines indiquées pour fervir en
totalité à la nourriture, plufieurs fe trouvent
placées dans les matières médicales au nombre
des remèdes émolliens, béchiques, apéritifs &
rafraîchiffans, à coup fûr de femblables propriétés, quand elles feroient bien conftatées,
ne fauroient nuire à la vertu alimentaire. Cependant fi d'après cette confidération, on en a
inféré que certaines plantes, telles que les
narciffes, les afphodèles employées dans les
temps de famine, ont occafionné des maladies,
on a pu fort bien fe tromper; l'erreur vient
de ce qu'alors tous les maux qui arrivent,
font rejetés fur les fubftances dont on fe
nourrit, fans faire attention en même-temps
que le moral y a pour le moins autant de
part:

part : ce n'eſt point que dans une diſette momentanée & extraordinaire on n'ait mis ſouvent à contribution des ſubſtances que la Nature n'avoit pas deſtinées à la nourriture, comme la racine de pied-de-veau, par exemple, qui eſt de toutes nos Plantes indigènes, la plus approchante du magnoc par ſa qualité cauſtique, & cependant nutritive, moyennant une prépa- ration. Mais l'homme, accablé autant par la famine, que par les ſuites fâcheuſes qui peuvent en réſulter, ne ſauroit jouir paiſiblement de ſes facultés ; ajoutez encore que le paſſage trop bruſque d'un genre de nourriture à l'autre, quelle qu'en ſoit la ſalubrité, ne doit pas être exempt d'inconvéniens.

En faiſant autrefois quelques recherches ſur le principe eſſentiellement nutritif des végétaux farineux, j'ai été conduit naturelle- ment à l'examen de la ſubſtance ſavoureuſe, que le goût de la bonne chère a cherchée & trouvée dans une infinité de matières con- nues ſous le nom d'*aſſaiſonnement*, & ſi nous réfléchiſſons à l'uſage que nous faiſons tous les jours des Plantes cultivées dans les potagers, nous verrons qu'elles ne ſervent effectivement

X

qu'à relever la fadeur des alimens ; plufieurs
à la vérité paroiffent fur nos tables comme
des mêts particuliers dont l'habitude ou la
néceffité ont fait dans quelques cantons un
befoin auffi impérieux que celui de l'aliment
principal.

Il nous paroît donc encore indifpenfable
d'énoncer ici au moins les noms des Plantes
fauvages qui peuvent fervir dans les cas dont
il s'agit, d'autant mieux que fuivant l'obfervation très-judicieufe de M. *Villemet*, c'eft
fournir de nouveaux moyens de fubfiftance
moins coûteux pour les pauvres, parce qu'ils
ne font pas en concurrence avec les riches
pour fe les procurer ; elles peuvent d'ailleurs
fervir en attendant le retour de nos Plantes
potagères ordinaires, à remplacer celles que la
faifon ou d'autres circonftances auroient rendu
fort rares, & à augmenter leur nombre. Nous
les propofons avec d'autant plus de fécurité,
que les Anciens s'en fervoient autrefois en
cette qualité, qu'au défaut d'autres, elles font
encore ufitées dans quelques cantons.

Les Plantes douces & mucilagineufes fe
trouvant dans toutes les familles, il n'en eft

point qui ne puiffent remplacer les Plantes potagères proprement dites, la blette verdâtre rampante, les campanules à feuilles d'ortie & de pêcher, les fommités de la grande confoude & de la livêche, le maceron, la petite paquerette, la patte-d'oie blanche, les différens plantins, les pulmonaires, la morgeline, fans oublier la grande & la petite mauve fi renommée autrefois, & dont Horace parle dans fon Ode à Apollon :

> . . . . *me pafcunt olivæ,*
> *Me chicorea, levefque malvæ.*

Toutes ces feuilles attendriffent nos viandes & affaifonnent le bouillon qu'on en prépare.

Lorfque les Plantes potagères cuifent en même temps que nos viandes & nos légumes, elles fourniffent à l'eau un extrait qui ayant des propriétés médicinales, les tranfmettroit à la décoction ; c'eft à caufe de cela que nous penfons que les feuilles de renoncules, de mercuriales, de violier, de chélidoine & de rapete, propofées encore à cet effet, ne devroient fervir que comme les épinards, les ofeilles & les chicorées, qui après avoir fubi une cuiffon longue & à grande eau, font

X ij

enfuite fortement exprimés, & n'offrent plus
que le fquelette, le parenchyme fibreux; ces
feuilles & ces tiges ne font alimentaires que
par les acceffoires qui les accompagnent, tandis
que leurs décoctions font journellement indiquées comme des médicamens : on peut
encore les fuppléer par l'ofeille des prés,
l'alleluia, le bon-henri, les laitrons, la buglofe, la lampfane, les lamions, la patience-
violon, l'ortie - grièche, &c.

Mais il exifte des Plantes potagères également très-ufitées dans nos cuifines ; & qu'on
ne fauroit remplacer avec autant de facilité
à caufe de l'épaiffeur de leur feuillage & de
la matière nutritive qui s'y trouve renfermée;
ce font les choux : la buglofe, la roquette,
le rapiftre, le chardon des prés & celui des
marais, peuvent leur être fubftitués à certains
égards. Nous obferverons feulement que ces
végétaux devroient toujours avoir bouilli un
moment dans l'eau, & cette eau rejetée avant
de cuire avec nos alimens, parce que l'extrait
que ce fluide a d'abord enlevé, eft fort âcre;
il influe fenfiblement fur le goût & la qualité
de nos potages : la première eau de choux &

de navets eſt déſagréable & très-putreſcible; la ſeconde eſt douce & muqueuſe; c'eſt celle-là que les Médecins devroient toujours preſcrire à leurs malades.

Les Plantes avant le développement de leurs feuilles, le diſque charnu des fleurs avant leur épanouiſſement, ſemblent offrir tantôt des reſſources alimentaires, & tantôt des aſſaiſonnemens. Les jeunes pouſſes du genouillet, du petit houx, du ſceau de Notre-Dame, du houblon, de la bardane, du chardon des marais, de l'arète - bœuf, de la barbe de bouc, de la ſcorſonère, de la fougère mâle, peuvent remplacer les aſperges, & il eſt poſſible de trouver l'analogue de l'artichaut dans les têtes de l'onoporde, du chardon cotonneux & de la carline.

Il y a des Plantes qui paroiſſent ſur nos tables douées de toutes leurs propriétés nutritives, puiſqu'on les y ſert telles que la Nature les préſente, ce ſont les ſalades compoſées aſſez ſouvent de tiges, de feuilles & de racines : on doit par conſéquent les examiner ſérieuſement avant d'en indiquer l'uſage, puiſque l'eau & le feu ne leur ont fait ſubir aucun changement : pour les remplacer, l'expérience a déjà prononcé en faveur des jeunes feuilles de chicorée fauvage, de l'ormin, de becabunga, de la berle, de pied-de-chèvre & de corneille, de galega, de l'armoife, de behen blanc, de l'eryfimum, de grandet, de faxifrage tridactile, du fceau de Notre-Dame, de triquemadame, de thlafpi, de la cardamine : les tendrons de la racine du genouillet & de celle de la lunaire annuelle, les jeunes tiges du maceron & de l'ache des montagnes, feront les fubftituts de la raiponce, du céleri, &c.

Indépendamment des ingrédiens dont on affaifonne ordinairement les falades, & qui diffèrent fuivant les cantons, on y ajoute encore d'autres herbes plus ou moins fapides, qu'on nomme la *fourniture*, la grande & la petite pimprenelle des champs, le cerfeuil bulbeux, le pourpier fauvage, la cataire, l'alliaire, la méliffe, les menthes, la coronope ; on peut également décorer les falades avec d'autres fleurs que la capucine : celles de primevère, de bourrache, de buglofe & de vipérine, peuvent les remplacer.

On emploie dans nos cuifines des affaifonnemens de différens genres qui, n'ayant point

de détermination particulière, peuvent néanmoins accompagner prefque tous les mets :
ce font d'abord la moutarde & les cornichons :
nous avons diverfes racines capables de les
remplacer ; celles du raifort, par exemple, étant
râpées, font la moutarde des Allemands ; la
racine de pafferage, les pouffes vernales de
l'arète-bœuf & du genêt, feroient l'office des
cornichons : il fuffiroit de les faire blanchir
dans l'eau avant de les confire au vinaigre ;
les cornichons fans cette précaution perdent
de leur fermeté & de leur couleur, qu'on
devroit défendre de communiquer par le
moyen du cuivre : l'ail des vignes fuppléeroit
l'ail cultivé ; le calamus aromaticus, les épices ;
les femences de la terre-noix, de la nielle
cornue & du curage, le poivre ; le perfil des
marais, le gingembre ; les boutons de fleurs
de genêt, de fouci - d'eau & d'aubépine, les
capres ; enfin le nelilot, l'origan & la tanaifie,
produiroient à peu-près le même effet que la
farriette, la fauge, le thim, le laurier & le
bafilic.

Qu'on ne foit pas étonné fi dans le nombre
des affaifonnemens que les végétaux incultes

peuvent offrir, je ne faſſe mention d'aucunes
eſpèces de champignons, quoique toutes
croiſſent ſpontanément ſur les montagnes, dans
les bois & dans les prairies. Ces Plantes ſingu-
lières renferment la plupart des poiſons très-
actifs, & malheureuſement nous manquons
de moyens chimiques & botaniques pour établir
entr'elles un ſigne qui puiſſe ſervir à caractériſer leurs effets, & prévenir en même temps
les mépriſes fatales du mauvais choix qu'on
en fait tous les jours. Il vaut donc mieux,
comme le dit *Geoffroy*, rendre les champignons de couche au fumier qui leur a
donné naiſſance.

Quand il ſeroit en notre pouvoir de rendre
innocens tous les champignons par quelques
opérations particulières, l'expérience démontre
que les meilleures eſpèces, celles que l'on fait
entrer ordinairement dans nos ragoûts, peuvent devenir elles-mêmes très-dangereuſes,
ſoit parce qu'on les aura cueillies trop tôt ou
trop tard ou dans une mauvaiſe ſaiſon, ſoit
à cauſe qu'elles auront reſté long-temps
expoſées aux brouillards, au ſerein ou à la
vapeur de quelque corps en putréfaction, ſoit

encore par rapport à l'abus qu'on en aura fait, à la diſpoſition où on ſe ſera trouvé en les mangeant. M. de *Juſſieu* m'a dit qu'il étoit perſuadé, ainſi que M.ʳˢ ſes Oncles, que tous les champignons étoient ſuſpects, quelle autorité plus reſpectable en Botanique pourrois-je citer en faveur de mon opinion ! Combien d'accidens arrivés immédiatement après les repas, & qui ne ſont occaſionnés que par l'uſage immodéré des champignons, accidens que l'on attribue ordinairement à toute autre cauſe !

Inutilement on ſe flatteroit en retraçant le tableau effrayant mais trop vrai, des victimes que les champignons immolent tous les jours, d'en faire abandonner l'uſage ; la gourmandiſe prévaudra toujours, & quoique des exemples frappans nous avertiſſent à chaque inſtant du principe mortel que portent avec eux ces végétaux fongueux, ils n'ont rien perdu de leur réputation, & nous continuons de les manger avec autant de plaiſir que de ſécurité. Ainſi, puiſque dans cette circonſtance les malheurs ne nous rendent point ſages, je vais indiquer en gémiſſant quelques moyens pour prévenir ou diminuer les accidens qui en réfultent.

Il faudroit toujours mettre un intervalle entre le moment où les champignons ont été cueillis & celui de les cuire, les laiffer auparavant macérer dans l'eau froide, les faire blanchir enfuite dans de nouvelle eau, puis mêler dans les ragoûts où ils entrent, du vin ou du vinaigre, du jus de citron ou des plantes acidules; enfin il feroit fur-tout important de les bien mâcher afin que la propriété que plufieurs ont de gonfler dans l'eftomac, n'en fit point des morceaux énormes qui nuiroient feulement par leur volume indigefte.

Le champignon, je le répète, n'eft pas un aliment; il ne contient qu'une fubftance favoureufe dont il feroit poffible de fe paffer, & puifqu'il n'exifte pas de moyens de diftinguer le champignon effentiellement pernicieux d'avec celui qui peut le devenir par mille fortes d'accidens, ne balançons point de le profcrire de la claffe des affaifonnemens en y fubftituant les culs d'artichaut, le céleri, la racine de perfil & tant d'autres Plantes potagères, dans lefquelles il feroit facile, moyennant quelques recherches, de découvrir le goût fi féduifant du perfide champignon.

ARTICLE XXVI.

Réfumé des Plantes décrites dans les Articles précédens.

COMME je n'ai pas cru devoir laiffer ignorer quelques particularités, relatives à l'ufage & aux effets des Plantes alimentaires décrites dans cet Ouvrage, il eft arrivé que leur defcription, quelque fuccincte qu'elle ait été, m'a entraîné dans certains détails qui pourroient faire perdre de vue la connoiffance des reffources que je propofe, fi je ne formois de ces Plantes, trois nomenclatures contenant feulement leurs noms françois & latins les plus vulgaires, & y ajoutant la nature des endroits où on les rencontre le plus communément ; ce plan d'ailleurs m'eft tracé par M. *Villemet,* qui lui-même dans fa Phytographie économique de la Lorraine, a pris pour guide le célèbre *Pline* du Nord, qui préfenta autrefois à fa patrie la flore économique de Suède.

Les Plantes potagères ne fervant réellement dans nos cuifines que d'affaifonnement, il m'a paru fuperflu de les décrire & même de les rappeler de nouveau; il fuffit de les avoir énoncées dans l'article précédent, vu que tout le monde les connoît, & que la plupart font ordinairement ufitées dans quelques endroits: les mêmes raifons m'ont empêché de nommer encore le maronnier-d'Inde & le chêne.

LISTE des Plantes incultes, dont la racine contient de l'amidon, qu'il faut extraire pour en faire de la bouillie ou du pain.

ARISTOLOCHE ronde . . . . . *Ariftolochia rotunda.*
Dans les champs, dans les haies du Languedoc & de la Provence.

ASTRAGALE grimpante . . . *Aftragalus fcandens.*
Croît par-tout dans les pays méridionaux.

BARDANE cotonneufe . . . . *Lappa major.*
Sur les bords des chemins, dans les cours & aux environs des marais.

BELLADONE . . . . *Solanum lethale.*
Dans les forêts, le long des haies ombragées, auprès des murs.

GRANDE BISTORTE . . . . *Biftorta major.*
Dans les prés, dans les pâturages montagneux.

BISTORTE moyenne .... *Biftorta minor.*
Sur le fommet des plus hautes montagnes du
Dauphiné & de la Provence.

BRYONE blanche .... *Bryonia alba.*
Se plaît par-tout, dans les haies, dans les vignes,
dans les bois.

CONCOMBRE fauvage ...... *Cucumis fylveftris.*
Le long des chemins, dans les décombres &
les lieux pierreux du Languedoc & de la Provence.

COLCHIQUE des montagnes. *Colchicum montanum.*
En Alface dans les montagnes.

COLCHIQUE ordinaire .... *Colchicum commune.*
Dans les prés & fur les bords des petites rivières
aux environs de Paris.

FILIPENDULE .... *Filipendula vulgaris.*
Dans les bois, dans les prés couverts de toutes
les provinces.

FUMETERRE bulbeufe .... *Fumaria bulbofa.*
Très-commune dans les environs de Paris.

GLAYEUIL .... *Gladiolus major.*
Dans tous les champs des provinces méridionales.

HELLÉBORE noir .... *Helleborus niger.*
Très-commune aux environs de Paris & dans les
endroits couverts des montagnes de la Provence.

IMPÉRATOIRE .... *Imperatoria major.*
Se rencontre ordinairement fur les Alpes, les
Pyrénées & les montagnes du Mont-d'or.

IRIS fauvage . . . . *Iris germanica.*
Dans les lieux arides & incultes, sur les vieux murs.

IRIS jaune . . . . *Iris lutea.*
Sur les bords des étangs & des foffés aquatiques.

IRIS puante . . . . : *Iris fœtidiffima.*
Dans les bois taillis, le long des chemins du Dauphiné & de la Provence.

JUSQUIAME . . . . *Hyofciamus vulgaris.*
Dans les campagnes auprès des villes, dans les foffés & dans les fumiers.

MANDRAGORE femelle . . . . *Mandragora.*
Aux bords des rivières, dans les champs des provinces méridionales.

ŒNANTHE . . . . *Œnanthe apii folio.*
Fort abondante dans les endroits humides de toute la Bretagne.

PATIENCE fauvage . . . . *Lapathum fylveftre.*
Dans les foffés, fur les bords des chemins & dans les prés couverts.

PATIENCE aquatique . . . . *Lapathum aquaticum.*
Sur les bords des étangs, des foffés aquatiques & des rivières.

PATIENCE des Alpes . . . . . *Lapathum Alpinum.*
Sur les montagnes du Dauphiné & de la Provence.

PERSIL des montagnes . . . . . *Oreofelinum minus.*
Très-abondant dans les endroits montagneux & fablonneux.

PIED-DE-VEAU commun .... *Arum vulgare.*
Dans les bois, dans les haies & les lieux couverts.

PIED-DE-VEAU courbe ...... *Arum incurvatum.*
Dans les lieux pierreux & couverts de la Provence.

PIED-DE-VEAU ſerpentaire. .... *Arum dracunculus.*
Dans les lieux ombrageux & incultes des provinces méridionales.

PIED-DE-VEAU des marais ...... *Calla paluſtris.*
En Alſace, dans les marais & les lieux humides.

PIVOINE femelle .... *Pæonia fæmina.*
Dans les pâturages des montagnes du Dauphiné & de la Provence.

RENONCULE bulbeuſe .... *Ranunculus bulboſus.*
Dans les haies des jardins & ſur les chemins.

SAXIFRAGE des prés , ... *Saxifraga ombellifera.*
Dans les prés & tous les terreins humides.

SCROPHULAIRE noueuſe ... *Scrophularia nodoſa.*
Croît fréquemment aux lieux ombragés, dans les haies & dans les bois taillis.

GRAND SUREAU .... *Sambucus major.*
Les haies & les jardins.

PETIT SUREAU .... *Sambucus minor.*
Par-tout, dans les endroits incultes & humides.

LISTE des Plantes incultes, dont la semence ou la racine farineuse peuvent servir en totalité à la nourriture.

AVERON .... *Avena fatua.*
On en trouve par-tout dans les champs de blé ; sa semence est farineuse.

BLÉ-DE-VACHE .... *Melampyrum.*
Dans les champs.

CAROTTE sauvage .... *Daucus vulgaris.*
Dans les forêts, dans les prés.

CHÂTAIGNE-D'EAU .... *Trapa natans.*
Dans les étangs, les fossés aquatiques & les rivières marécageuses.

CRÊTE-DE-COQ .... *Crysta galli.*
Les prairies, les champs ; sa semence peut entrer dans le pain qu'elle colore.

DROUE .... *Brumus secalinus.*
Dans tous les champs de blé ; il faut exposer sa semence à la chaleur du four avant de s'en servir.

ESPARGOUTTE .... *Spergula arvensis.*
Sur les terreins sablonneux de la Flandre ; on peut faire entrer sa graine dans le pain.

FÉVEROLLE .... *Vicia faba.*
Dans les champs ; peut se manger à la manière des graines légumineuses.

FROMENTAL

FROMENTAL . . . . *Avena elatior.*
 Les prés, les friches.

JACINTHE des bois . . . . . . *Hyacinthus vulgaris.*
 Très-commune en Picardie & en Artois.

MANNE de Pruffe . . . . *Feſtuca fluitans.*
 Les prairies marécageuſes, les eaux dormantes;
ſa ſemence peut être mangée en ſemoule.

MARCUSON . . . . *Lathyrus tuberoſus.*
 Dans les champs de la Lorraine; ſa racine eſt
une excellente nourriture.

NARCISSE ſauvage . . . . *Narciſſus albus.*
 Dans les bois, dans les prés.

NIELLE des blés . . . . *Lychnis ſegetum.*
 Dans les champs parmi les blés; ſa ſemence
peut entrer dans le pain.

OROBE tubéreux . . . . *Orobus tuberoſus.*
 Dans les bois; les ſemences & les racines peuvent
devenir de bons comeſtibles.

PANAIS ſauvage . . . . *Paſtinaca ſylveſtris.*
 Dans les prés ſecs, ſur les collines & autres
endroits incultes.

PIED-DE-LIÈVRE . . . . *Trifolium arvenſe.*
 Les champs, par-tout; on peut mêler ſa ſemence
avec la farine ordinaire.

POIS des champs . . . . *Piſum arvenſe.*
 Dans les bois en Provence; ils ſont comeſtibles
à la manière des ſemences légumineuſes.

X

× Renouée centinode . . . . . *Polygonum aviculare.*
　Par-tout fur les bords des chemins ; la femence
fe mêle avec le blé farrafin.

Sanguinelle . . . . *Panicum fanguinale.*
　Les champs fablonneux, les vignes & les collines pierreufes ; on peut en faire de la femoule.

Sarrasin grimpant . . . *Polygonum convolvulus.*
　Les bois, les champs ; la femence eft comeftible.

Souchet rond . . . . *Cyperus rotundus.*
　En Provence, dans les endroits humides &
incultes.

Terre-noix . . . . *Bunium bulbocaftanum.*
　Dans les champs cultivés.

Trèfle ailé . . . . *Lotus filiquofus.*
　Dans les prairies ; fa femence eft farineufe.

Tulipe fauvage . . . . *Tulipa lutea.*
　Dans les prés montagneux du Languedoc &
de la Provence.

List e des Plantes incultes, dont la racine,
fans être farineufe, peut fervir en totalité
à la nourriture.

Ache des marais . . . . *Apium paluftre.*
　Dans tous les lieux couverts & humides.

Ache des montagnes . . . . . . *Levificum vulgare.*
　Très-commune en Provence.

ARGENTINE................ *Potentilla anſerina.*
Par-tout aux bords des chemins & des foſſés.

ASPHODÈLE blanc .... *Aſphodelus albus.*
Dans les montagnes de la Provence, dans les lieux pierreux & humides de la Bretagne.

ASPHODÈLE fiſtuleux ..... *Aſphodelus fiſtuloſus.*
Très-commune dans les provinces méridionales.

CAMPANULE gantelée .... *Campanula vulgatior.*
Dans les prés, le long des vallées & aux lieux ombragés.

CHARDON argentin .... *Carduus marianus.*
Fort commun aux environs de Paris dans les lieux champêtres & incultes.

CHARDON commun .... *Carduus tomentoſus.*
Par-tout dans les foſſés, dans les champs.

CHERVI .... *Siſarum Germanorum.*
Dans les prés, dans les champs.

CHICORÉE ſauvage .... *Cichorium ſylveſtre.*
Dans tous les champs, les prés.

CIRSE des marais .... *Cirſium paluſtre.*
Dans les lieux les plus couverts & les plus aquatiques.

GRANDE CONSOUDE ...... *Symphitum majus.*
Dans les prés, dans les lieux humides.

PETIT LAURIER roſe ..... *Chamænerion vulgare.*
Sur les montagnes & les rochers des bois.

MACERON . . . . *Smyrnium.*

Naît dans les lieux ombrageux & sur les rochers près de la mer.

NÉNUPHAR blanc . . . . *Nymphæa alba.*

Dans les marais, dans les étangs & sur les bords des rivières.

ONAGRA . . . . *Onagra latifolia.*

Dans les bois, le long des chemins.

ORCHIS femelle . . . . *Orchis morio fœmina.*

Dans les marais, dans les pâturages.

ORCHIS mâle . . . . *Orchis morio mas.*

Dans les champs, dans les prés, dans les bois.

ORCHIS militaire . . . . *Orchis militaris.*

ORCHIS palmé . . . . *Orchis palmata.*

ORCHIS pyramidal . . . . . . *Orchis pyramidalis.*

ORCHIS satyrion . . . . *Satyrium majus.*

Par - tout sur les collines, sur les montagnes, aux lieux ombragés ou exposés au soleil, secs ou humides.

ORNYTHOGALE jaune . . . *Ornythogalum luteum.*

Croît aux lieux ombragés dans les environs de Paris.

ORNYTHOGALE ordinaire. *Ornythogalum graminæum.*

Dans tous les champs secs & arides.

SCORSONÈRE des prés . . . . . *Scorsonera humilis.*

Dans les prés, dans les champs.

Trèfle aquatique . . . . *Trifolium februcum.*

Sur le bord des petites rivières, dans tous les endroits aquatiques.

ARTICLE XXVII.

Des Tablettes & Poudres nutritives.

C'EST ordinairement à la veille de la moiſſon que le peuple ſouffre le plus de la famine, & l'on ſait qu'alors la ſurface de la Terre n'eſt recouverte que d'herbe, je veux dire d'un amas de feuilles & de tiges, fort peu ſubſtancielles; d'ailleurs en ſuppoſant que les Plantes incultes ſoient extrêmement abondantes, que la circonſtance qui en néceſſiteroit l'uſage, fût favorable à leurs récoltes, il pourroit très-bien arriver que, quoique les diſettes, comme tous les fléaux, ne ſoient que paſſagères, les ſupplémens indiqués devinſſent encore inſuffiſans pendant le temps qu'elles dureroient.

D'après ces Obſervations générales, il eſt évident que je ne prétends point offrir ici de riches récoltes, auxquelles les hommes n'auroient aucun droit par leurs travaux, ni que je penſe qu'ils puiſſent ſubſiſter long-temps avec les végétaux que je propose; mais en les rassemblant dans leur saison & les soumettant à une préparation qui pût les conserver un certain temps, on auroit une ressource de plus sous la main dans les temps de cherté: il faudroit moins de blé pour fournir à leur entretien & à celui de leur famille; enfin, ils seroient peut-être moins exposés à hâter par leurs soupirs, l'instant de la moisson; pour se jeter avec avidité sur les grains nouveaux, dont l'usage occasionne tant de maux.

Je sais que les hommes nageant dans l'abondance, qui jamais n'ont éprouvé le sentiment de la faim sans avoir abondamment de quoi y satisfaire aussitôt, ne sauroient s'imaginer que, tandis qu'ils regorgent d'alimens de toute espèce, leurs concitoyens sont quelquefois au dépourvu des choses les plus indispensables à la vie; ils ne voudront jamais croire que la plupart des Plantes que j'ai décrites, ont été souvent dans leur état grossier & sans aucune préparation ultérieure, la base de leur repas : cependant il suffit pour s'en convaincre de parcourir les Annales de la Nation ; on y verra avec effroi le tableau des tentatives effayées en 1709 dans prefque toute l'Europe, & fans fe donner la peine de remonter fi haut, on apprendra ce qui s'eft paffé en 1770 dans quelques cantons de plufieurs de nos provinces, & notamment en Franche-comté, où des Laboureurs & des Vignerons ont été furpris broutant l'herbe; c'eft même ce qui porta l'Académie de Befançon dans le temps, pour remédier aux maux que la fenfibilité de fes Membres avoit partagés, à propofer la queftion que j'ai développée dans cet Ouvrage.

Nous ne ferons qu'une citation pour appuyer ce que nous avançons; elle eft tirée d'un article des remontrances du Parlement de Dijon au Roi, du *14 Août 1770, page 8 :* « Tous les raifonnemens des fpéculatifs échoueront « contre les faits; votre Parlement ne craint « pas d'affirmer à Votre Majefté, que la fa- « mine a été fi preffante pendant près de deux « mois avant les récoltes, qu'une partie des « Habitans des villes & des villages de notre « reffort, ont été obligés de dérober aux « animaux leur nourriture ordinaire; plufieurs, « & un grand nombre, ont été réduits à vivre «

» d'herbes & de fruits fauvages. Quel tableau,
Sire, pour un Prince ami de l'humanité! »
Mais il est inutile de rappeler le fouvenir
des temps malheureux déjà loin de nous, &
qui ne paroîtront plus au moins avec autant
de violence fi l'on daigne prendre en confidération les moyens que nous indiquerons
dans la fuite.

A la vérité fi le temps d'abondance ne
femble pas le plus propre pour engager
à employer quelques précautions contre les
fuites funeftes de la famine, il a au moins
fur celui des difettes, l'avantage de faciliter
à ceux qui s'en occupent, le loifir néceffaire
pour les imaginer; non - feulement on devroit
toujours mettre en réferve le fuperflu des
bonnes années pour fubvenir aux befoins que
les mauvaifes occafionnent, mais il feroit
encore très - prudent de pourvoir à peu de
frais à une provifion économique affez durable
pour être préparée & confervée long-temps
avant les époques où fe manifeftent le plus
communément les difettes.

Sans rien diminuer de la fubfiftance ordinaire pour compofer la provifion économique

dont je parle, on pourroit y faire fervir les
végétaux que je propofe; l'amidon retiré des
racines qui en contiennent, étant mêlé avec
partie égale de pulpe de pommes de terre,
& converti en bifcuit fuivant le procédé que
nous avons décrit, feroit une nourriture toute
prête à être employée au befoin : on le
concafferoit groffièrement & on l'expoferoit
de nouveau au four en ayant l'attention de
ne pas l'y laiffer brûler; il en réfulteroit une
fubftance qui, à mefure qu'elle feroit plus
divifée & plus defféchée, feroit moins fufceptible d'altération, acquerroit beaucoup de
volume dans l'eau, & prendroit aifément avec
un peu de beurre & de fel, la forme & le
goût d'une très-bonne panade.

Pour connoître le degré alimentaire de
la panade dont il s'agit, j'ai déterminé un
Invalide de bon appétit à en manger deux
jours de fuite, fous la condition que pendant
ce temps je ferois feul fon pourvoyeur & fon
cuifinier; fix onces ayant bouilli un moment
dans fuffifante quantité d'eau où il y avoit
du fel & du beurre, il en eft réfulté une
panade dont mon homme a avalé la moitié

fans répugnance, & le foir il a pris le refte:
le lendemain il a vécu de la même manière,
& m'a affuré que le fur-lendemain il n'avoit
pas même eu faim à l'heure du dîner comme
à fon ordinaire.

J'aurois fait quelque fonds fur cette expérience, fi un camarade que j'interrogeai fur
la fobriété de mon convive, ne m'eût dit
l'avoir vu dans un cabaret à Vaugirard le
dernier jour que je le traitois. Il eft vrai que
je n'avois pas fongé à lui recommander une
autre abftinence peut-être plus difficile à
remplir pour un vieux Soldat, celle du vin
& des autres boiffons fpiritueufes alimentaires.
Je préférai donc d'être moi-même l'objet dont
j'avois befoin pour mon expérience.

Ayant dîné la veille à mon ordinaire, &
mon repas étant fini à deux heures, j'avois
eu la précaution de ne pas fouper; en conféquence je pris le lendemain à midi trois onces
de ma poudre fous forme de panade, & je
fis dans l'après-midi plus d'exercice que je n'ai
coutume d'en faire; le foir, vers les huit
heures, j'avalai mes trois onces de poudre
reftante fans aucun apprêt; je bus par-deffus

deux verres d'eau, & je m'occupai dans mon laboratoire jufqu'à minuit ; mon fommeil fut auffi profond que de coutume, je m'éveillai fans befoin, & j'attendis fans impatience l'heure du dîner : j'ai donc vécu au moins vingt-quatre heures avec fix onces de cette poudre, & les déjections fe font trouvées en raifon inverfe de la quantité de fubftance alimentaire ; ma poudre eft prefque toute nourriture.

Cette poudre n'eft, comme on le voit, qu'une efpèce de bifcuit extrêmement def-féché, qu'on pourroit préparer avec tous les farineux connus ; elle fe conferveroit des fiècles fans altération, pourvu qu'elle fût renfermée dans des caiffes ou barils expofés à un endroit frais, fec & à l'abri des animaux deftructeurs : on la garderoit plus aifément que le bifcuit de mer lui-même qui fouvent fe détériore dans les traverfées à caufe de fon épaiffeur qui ne permet pas au centre d'être auffi exactement deffèché que le refte ; la plus légère humidité devient bientôt dans un endroit renfermé & fouvent expofé à être mouillé, la caufe qui hâte la moififure de cet aliment.

Le bifcuit de mer étoit connu du temps de Pline; il avoit été imaginé pour les voyages de long cours, pour la guerre & pour les fiéges : il fe confervoit très-long-temps par rapport à la fécherefle des grains qu'on y employoit. Il y a des pays où l'on prépare d'avance pour la nourriture, une forte de bifcuit comme le pain de foupe; après qu'il eft bien cuit, on le fait fécher de nouveau, on l'enfile & on le fufpend dans les endroits à l'abri de l'humidité : fi l'on veut en croire quelques Auteurs, on fait du pain dans la Norvège qui dure quarante ans; nous avons en France des cantons où l'on ne met guère au four que deux ou trois fois l'an; le pain moifiroit moins aifément s'il étoit toujours ifolé dans un lieu qui ne fût pas trop humide.

Nous ferons obferver, relativement au bifcuit qu'on fabrique aujourd'hui dans tous nos ports de mer, qu'il auroit l'avantage de fe conferver plus de temps, fi on avoit toujours la précaution de pafler à l'étuve le grain avec lequel on le fabrique, fur-tout celui du Nord, loin de le mouiller avant de le porter au moulin, & fi on n'en féparoit point, ainfi que

cela ſe pratique quelque part, les farines de
gruaux, la partie la plus sèche & la plus ſavoureuſe du blé; une chaleur bien ménagée ne
ſouſtrait point ſeulement l'humidité ſurabondante des grains, elle réunit encore leurs
différens principes, qui ſe combinent plus intimement avec l'eau reſtée dans le biſcuit.

Les Voyageurs rapportent que beaucoup
de peuples, même les plus ſauvages, prennent
quelques précautions contre les malheurs de
la guerre & de la famine; les uns font ſécher
ou torréfier des poiſſons, des viandes & des
grains; les autres en préparent des décoctions,
des jus & des crêmes, qu'ils rapprochent enſuite
à l'aide de l'évaporation ſous un petit volume:
pourquoi, dans les pays civiliſés, ſerions-nous
privés de pareils avantages!

Indépendamment des temps de diſette &
de cherté, où notre poudre de biſcuit ſeroit
une reſſource eſſentielle, on pourroit, dans
bien des cas, s'en ſervir pour les pauvres; elle
deviendroit quelquefois très-utile à la guerre:
par exemple, lorſqu'un corps de troupes
s'éloigneroit du gros de l'armée pour une
expédition quelconque, & que forcé de

doubler sa marche & d'aller à la légère, il
ne peut être suivi par les vivres, au lieu de
charger le soldat d'une provision pour plusieurs jours, provision sujette à se gâter, on
lui distribueroit de cette poudre dont il feroit
une panade à laquelle il ajouteroit les substances alimentaires qu'il trouveroit sur sa
route, tantôt ce seroit des graines légumineuses, tantôt des racines ou des plantes potagères, quelquefois du lait; enfin le soldat
soutiendroit la fatigue avec plus de courage,
n'auroit pas continuellement soif, parce que
la panade est une nourriture humectante; il
ne courroit pas les risques par conséquent
de se désaltérer avec des fruits non mûrs,
des eaux bourbeuses & mal-saines.

Dans la préoccupation où sont quelques
Nations, que la partie la plus substancielle
de la nourriture, réside dans le règne animal,
on y a eu recours pour les circonstances que
nous rapportons. Les Orientaux avoient même
imaginé des poudres de viande, & M. de
Louvois, à leur exemple, avoit voulu en faire
distribuer aux soldats; mais cette poudre qui
ne donnoit qu'un fort mauvais potage peu

nourriffant, a été prefqu'auffitôt abandonnée :
les végétaux ont par-tout la préférence, &
l'on fait que beaucoup de peuples portent
dans un fac, des grains rôtis ou en gruau
pour fe nourrir dans leurs courfes.

Lorfque *Thamas Kouli-Kam* vouloit tenter
quelques expéditions extraordinaires, il or-
donnoit de rôtir du blé & du millet, ce
qu'on exécutoit au four dans des pots de terre ;
chaque foldat en rempliffoit un petit fac qu'il
plaçoit à la felle de fon cheval où s'attachent
les piftolets, & ils en emportoient ainfi pour
quinze jours. Ce Général des Perfes n'employoit que cette nourriture quand il en avoit
befoin ; il en mettoit dans fa bouche, la mâ-
choit & l'avaloit : il ne fit pas d'autres provifions de vivres pendant fon expédition contre
les Tartares qu'il a domptés.

La méthode de manger les grains entiers
& crus, précéda l'ufage du pain & du bifcuit ; elle fut long-temps pratiquée par tous
les peuples avant qu'on ne connût la Meunerie & la Boulangerie. Les foldats Romains,
dont la frugalité a été fi effentielle à l'entretien
& au fuccès de leurs armées, portoient dans

un petit fac de la farine qu'ils délayoient dans
l'eau pour s'en nourrir. La néceffité & l'économie renouvelèrent cette pratique; de nos
jours, le roi de Pruffe, & enfuite le Ma-
réchal de Saxe, effayèrent de la mettre en
ufage, mais infructueufement: cette méthode
en effet, ne peut & ne doit avoir lieu que
dans une circonftance où l'on ne pourroit
tranfporter les vivres ordinaires; l'on eft trop
heureux alors que les fubftances alimentaires,
deftinées à les remplacer, ne renferment rien
de mal - fain : il eft dangereux de changer
brufquement la nourriture principale & habituelle, fur-tout quand c'eft pour en fubftituer
une moins fubftancielle & moins agréable.

Defirant me mettre au courant de tout
ce qui avoit été propofé pour fe nourrir dans
les circonftances fâcheufes, je me fuis procuré une poudre alimentaire, dont l'effai avoit
été fait avec quelque fuccès à Lille en Flandre,
& répété à l'Hôtel royal des Invalides fur
fix foldats reftreints à cette nourriture pendant
quinze jours de fuite, à la dofe de fix onces
par jour; j'ai reconnu que cette poudre, que
l'on avoit déjà dit être du blé de Turquie
deffeché

deffeché & un peu torréfié, étoit bien cette fubftance, mais affociée avec d'autres farineux, pétrie, fermentée & convertie en bifcuit, puis divifée groffièrement & féchée de nouveau, comme la poudre dont nous avons déjà fait mention.

Quelques années après mon examen fini, le Gouvernement, inftruit que les pauvres de certains cantons étoient menacés d'une difette prochaine, & voulant venir à leur fecours de la manière la plus efficace, crut que la poudre alimentaire pouvoit remplir entière-ment fes vues de bienfaifance. En conféquence, M. *Bayen,* Apothicaire-major des camps & armées du Roi, fut chargé de vérifier fi cette poudre, qui étoit en dépôt à Saint-Denys, pouvoit être encore employée fans danger dans l'économie animale, il répondit à la con-fiance dont on l'honoroit, avec l'exactitude fcrupuleufe qu'on lui connoît, & fon rapport fut que la poudre alimentaire, dont il avoit goûté en différentes fois, étoit encore bonne à manger, quoique compofée depuis vingt-deux ans, pourvu qu'on l'employât auffi-tôt fous forme de panade; mais que fa très-grande

fadeur exigeoit qu'on la relevât avec un peu
de beurre & de fel; qu'il falloit la faire confommer fur les lieux, particulièrement par les
pauvres renfermés dans les Maifons de force;
qu'enfin les fommes en argent qu'il en
coûteroit pour la tranfporter aux lieux où les
befoins l'appeloient, étant diftribuées avec
intelligence & économie, elles pourroient
fervir à acheter dans le pays ou aux environs,
du blé, du riz & les autres grains qui fourniroient une nourriture pour le moins auffi
fubftancielle & plus analogue au goût des
pauvres gens, que la poudre alimentaire : telles
font les Obfervations principales de M. *Bayen*,
de ce Pharmacien juftement célèbre, dont
les travaux feront époque en Chimie & dans
l'Hiftoire naturelle.

Au nombre des reffources imaginées pour
les temps de difette, nous placerons encore
une efpèce de galette défignée fous le nom
de *pain - bifcuit* des armées, propre pour faire
des foupes fans le concours du bouillon, ni
d'autres potages. M. *Cadet*, de l'Académie
royale des Sciences, confulté fouvent fur les
objets de premier befoin, crut que ma grande

habitude de les voir, pouvoit ajouter à ſes
lumières, & le mettre à portée de répondre
plus complétement aux vues du Miniſtère,
qui deſiroit avoir ſon avis à ce ſujet ; il voulut
donc que ce travail me fût commun, & nous
fimes enſemble les recherches propres à fixer
l'opinion ſur la valeur du pain propoſé.

Après avoir répété toutes les expériences
que l'Auteur indiquoit dans ſon Mémoire *ſur la*
Manière d'employer ſon pain pour en faire des
ſoupes, nous nous ſommes aſſurés qu'en effet
ce pain ſe ramolliſſoit dans l'eau chaude, que
celle - ci contractoit en un moment un œil
louche & une ſaveur qui caractériſoit la préſence de la viande, que ce pain macéré, gonflé
& épuiſé, préſentoit encore une matière ſubſtancielle, qui mêlée avec du beurre & des
œufs, offroit un mets comparable à la panade
plutôt qu'au riz, avec lequel il ne peut avoir
que des rapports fort éloignés.

Nous n'avons pas cru devoir nous attacher à
rechercher quelle étoit la compoſition de ce
pain, ni comment on le préparoit ; mais malgré
ſa légèreté & les cellules qu'offre ſon intérieur, nous avons avancé qu'il ne paroiſſoit pas

avoir fubi la fermentation, par la raifon que le bouillon, avec lequel la pâte auroit été pétrie, feroit néceffairement paffé à l'aigre: or la faveur que contracte l'eau, dans laquelle on met le pain tremper, eft celle d'un bouillon frais, non altéré; d'où nous avons conclu que c'étoit le réfultat d'un mélange d'une décoction de viande & d'une matière farineufe, auquel on a joint du fel pour affaifonnemènt, & du gérofle pour aromate; le tout cuit & defféché à un four doux.

Au refte, comme c'eft à l'expérience qu'il appartient de prononcer fur le degré de nutrition attribué à ce pain, nous nous fommes bornés à faire fentir que le fon, au milieu duquel l'Auteur vouloit qu'on confervât ce pain, n'étoit nullement propre à cet effet, & que les marrons, qui fe gâtent fi aifément renfermés dans des caiffes avec du fon, devoient fervir d'exemple pour fe mettre en garde contre de pareils préfervatifs.

Il convient de faire remarquer que la poudre alimentaire, que nous avons examinée féparément, M. *Bayen* & moi, à des époques différentes, quoique préparée dès 1755, n'a

encore fervi utilement ni dans la guerre
d'Allemagne, ni dans celle-ci ; qu'elle peut
être complètement remplacée par notre poudre
de bifcuit ou par le bifcuit lui-même, nourriture même familière aux troupes de terre ; &
que fi dans le temps elle a féduit M. *Duverney*,
au point de le déterminer à employer des
fommes confidérables pour fa préparation, c'eft
la perfuafion dans laquelle il étoit que, vu
le mérite particulier attaché à cette prétendue
découverte, il en réfulteroit un avantage précieux pour les troupes ; ainfi fon enthoufiafme
à cet égard, eft une nouvelle preuve du patriotifme & de l'humanité qui enflammoient ce
Citoyen recommandable à plus d'un titre.

Mais fi, d'après l'obfervation de plufieurs
Auteurs de réputation, l'homme a befoin de
trouver dans la nourriture, du volume qui
rempliffe la grande capacité de fon eftomac,
ferve à en diftendre les parois, & agiffe par
fon poids en manière de left, de quel œil
doit-on envifager ces recettes de poudres alimentaires, achetées des fommes exorbitantes par
le Gouvernement, & vantées avec excès par
leurs auteurs comme des reffources affurées

dans tous les cas! Il en eft de ces poudres, comme de la plupart des fpécifiques que nous voyons renouveler de temps en temps par des gens à fecret : ils font confignés dans nos plus anciens livres, & délaiffés, parce que l'expérience éclairée de l'obfervation, les a appréciés à leur jufte valeur.

Ne femble-t-il point qu'on veuille jeter du ridicule fur les mœurs des peuples lointains en exagérant leur fingularité! comment croire que des Écrivains, dont on ne peut fe difpenfer de refpecter les lumières & le favoir, aient pu avancer qu'on ne fervoit au Grand-Lama de Tartarie, pour fa fubfiftance journalière, qu'une once de farine détrempée dans du vinaigre, tandis qu'un homme en fanté, quel qu'il foit, ne fauroit vivre d'une pareille quantité de nourriture quand elle feroit même l'extrait de deux livres de la matière la plus alimentaire, & qu'il en falloit davantage au Vénitien *Cornaro*, qui cependant a éprouvé jufqu'à quel degré il étoit poffible de pouffer la fobriété dans le boire & dans le manger!

Le principal mérite des poudres nutritives, je le répète, confifte à renfermer beaucoup

de matière nutritive fous le plus petit volume
poffible ; mais elles ne font nullement propres
à remplir les grands effets qu'on en attend : elles
peuvent convenir aux eftomacs foibles, aux
hommes qui vivent dans une forte d'inaction,
ou qui voyagent dans une chaife de pofte
fans faire aucun exercice ; mais elles ne fou-
tiendront pas long-temps en vigueur & en
fanté, l'Ouvrier, le Cultivateur & le Soldat.
D'ailleurs, fuivant *Sanctorius,* quatre onces
d'aliment qui nourriffent beaucoup, rendent
le corps plus pefant, que fix onces d'une
nourriture plus légère.

C'eft fur-tout dans les temps d'abondance
qu'il faut fe ménager des reffources contre
les fuites de la ftérilité & les malheurs de la
difette ; l'homme affamé n'eft capable d'aucunes
recherches heureufes, & alors les poudres
nutritives pourroient devenir un moyen pour
l'empêcher de fouffrir & même de mourir
d'inanition. Dans les provinces où la châtaigne
fert de bafe à la nourriture du peuple pendant
fix mois de l'année, fi on faifoit fécher ce fruit
fuivant la méthode pratiquée dans les Sévennes, on en auroit toujours une provifion

pour suppléer à la récolte suivante, si elle manquoit : les habitans des cantons à pommes de terre, trouveront dans tous les temps, une ressource alimentaire dans ces racines cuites, divisées par tranches & séchées comme il a été dit ; il seroit possible encore d'amasser dans leur saison, & de conserver quelques-unes des racines farineuses indiquées dans les articles précédens. *Ray* assure que les Anglois, enfermés dans une ville où ils manquoient de vivres, se nourrirent pendant assez long-temps de la racine de l'orobe tubéreux ; il falloit, à la vérité, qu'ils en eussent une ample provision.

Comme le Ministère, averti des endroits où la famine s'exerce, ne néglige aucuns soins ni dépenses pour y remédier, ses vues d'huma-nité seroient plus complétement remplies & à meilleur compte, si on pouvoit avoir dans chaque Élection, un petit magasin de poudres nutritives qui, ayant à la fois peu de volume & la faculté de se conserver des temps infinis sans employer aucuns frais de main-d'œuvre, serviroit merveilleusement bien dans les circons-tances où nous avons dit qu'elles deviendroient

utiles; exiſte-t-il parmi ces poudres, quelque
concentrées qu'on les ſuppoſe, ſoit qu'elles
appartiennent au règne végétal, ou qu'elles
ſoient l'extrait des ſubſtances animales; y en
a-t-il une de moins ſuſceptible d'altération,
qui donne une gelée ou une bouillie plus
abondante & plus alimentaire que l'amidon!
Une ſemblable reſſource ménagée & diſ-
tribuée à temps, ſeroit peu diſpendieuſe, &
ſauveroit bien des hommes; il en coûte bien
plus pour les détruire!

A l'égard des tablettes & des poudres
nutritives propoſées pour remplacer le bouillon
des malades, on en trouve pluſieurs recettes
dans les Ouvrages de Pharmacie & d'Économie;
c'eſt toujours du bœuf, du veau, de la volaille, & ſur-tout les iſſues, qui contiennent
beaucoup de gelée, & quelquefois de la corne
de cerf qui en augmente la conſiſtance : on
les diviſe par petits morceaux pour les mettre
ſur le feu avec de l'eau; celle-ci, une fois
ſuffiſamment chargée de matière extractive,
eſt ôtée & remplacée par une nouvelle quantité d'eau qui, remiſe ſur le feu, épuiſe tous
les ſucs de la viande : on réunit enſuite les

liqueurs qu'on laiſſe refroidir pour en ſéparer la graiſſe qui s'eſt figée ; on les paſſe à travers un linge ſerré, on les fait évaporer à une douce chaleur juſqu'à conſiſtance très-épaiſſe ; on les verſe dans un moule ou ſur une table pour les figurer en tablettes ; on les expoſe dans une étuve juſqu'à ce qu'elles ſoient parfaitement ſèches & caſſantes.

Ces tablettes peuvent ſe garder pluſieurs années, pourvu toutefois qu'on les tienne ſeulement renfermées dans des boîtes de fer-blanc, & qu'en les ouvrant on évite l'humidité ; chaque livre de viande en fournit à peu-près deux onces, & cette quantité ſuffit pour deux bouillons.

Si on faiſoit entrer dans la préparation de ces tablettes, des plantes & des racines potagères pour en relever la ſaveur, l'extrait qu'elles fourniroient, concourroit à rendre ces tablettes plus ſuſceptibles de l'humidité de l'air, de même que le ſel qui, en petite quantité, accélère la putréfaction loin de la prévenir : le *portatible ſouple* des Anglois, n'eſt autre choſe qu'une ſimple gelée de bœuf ſans addition.

Des différentes tablettes que j'ai eu occafion d'examiner, je n'en ai pas vu & goûté
de mieux faites, ni préparées avec plus de
foins, que celles que vend le fieur *Meufnier,*
Traiteur, *à Paris, rue Saint-Denys, au Pavillon
Royal;* mais ces tablettes fondues dans la
quantité d'eau prefcrite, & à laquelle on
ajoute un peu de fel, offrent plutôt un jus de
viande étendu, qu'un véritable bouillon, parce
que, quand on les prépare, l'eau chargée d'une
très-grande quantité de matière extractive,
acquiert pendant la cuiffon & l'évaporation,
un degré de chaleur affez confidérable pour
convertir une portion de la matière muqueufe
en caramel, d'où réfulte une couleur foncée &
un goût de jus qu'on ne fauroit méconnoître.

Qu'eft-ce qu'un bouillon ? C'eft une décoction de viande faite à grande eau & d'une
manière infenfible, qui affez ordinairement
fe convertit par le refroidiffement en une gelée
tranfparente, peu colorée & fade ; pour la
rapprocher fous la forme de tablette, il faut
néceffairement employer l'évaporation & même
la brufquer, dans la crainte que trop long-
temps expofée au feu, elle ne s'altère : or il

est impossible que, vers la fin de l'évaporation, les principes de la substance muqueuse
animale, étendue dans le bouillon, n'acquièrent
un degré de chaleur par leur rapprochement,
& ne prennent tous les caractères du jus;
d'ailleurs, quelque chose que l'on fasse, l'extrait obtenu d'une substance quelconque, ne
ressemble jamais à la décoction avec laquelle
on l'a préparé.

Quoique ces bouillons portatifs en tablettes,
ne puissent pas remplir tout-à-fait les vues
qu'on se propose pour les malades, il seroit
bon d'en approvisionner les Vaisseaux, comme
le recommande M. *Poissonnier* pour les hommes
en santé; leur usage diminueroit la consommation des salaisons, présenteroit un moyen
de réduire à moitié les viandes fraîches que
le Cuisinier met dans la marmite des Officiers,
& deviendroit une ressource contre l'infection
de la trop grande quantité d'animaux vivans
qu'on a coutume d'embarquer : on pourroit
en faire d'excellens potages; elles seroient très-
propres pour l'apprêt du riz & des semences légumineuses; elles y porteroient une saveur plus
agréable & plus de matière nourricière, que

l'huile, la graiſſe & le beurre, avec leſquels
on les fait cuire ordinairement. Mais, comme
l'obſerve toujours M. Poiſſonnier, *dans ſon
Traité des Maladies des Gens de mer*, il faudroit que ces tablettes fuſſent préparées en
grand dans les endroits du royaume où le
bœuf & les volailles ſont à bas prix, afin que
chacune ne revînt pas à plus de deux ſous.

Il y a encore un autre bouillon portatif
que la Marine paroît avoir adopté depuis
quatre ou cinq ans, & qui a la propriété
d'attirer l'humidité de l'air infiniment moins
que toutes les tablettes de bouillon connues;
c'eſt la poudre qu'a compoſée M. *Acher:* elle
réunit le double avantage d'être à très-bon
compte, & de préſenter le mélange d'un de nos
meilleurs farineux avec un extrait de viandes
& des aromates appropriés; cette aſſociation
eſt d'autant plus eſſentielle, que dans une
infinité de circonſtances, & ſur-tout dans les
maladies fébriles, le bouillon, purement de
viande, eſt extrêmement dangereux, ainſi
qu'on peut le voir dans la Diſſertation très-
détaillée qu'a publiée à ce ſujet M. *Laudun*,
Médecin à Taraſcon en Provence.

Cette poudre de bouillon mixte a l'avantage de se trouver sous un petit volume, de se dissoudre aisément dans l'eau, & de pouvoir prendre, au bout d'un quart-d'heure de cuisson, sans y rien ajouter, une consistance assez épaisse ; non-seulement la Marine peut en tirer parti, mais encore les Hôpitaux ambulans à la suite de l'armée, où il est quelquefois si difficile & souvent si nécessaire d'administrer sur le champ aux fiévreux & blessés, un liquide approprié à leur état.

Il seroit à desirer que l'Auteur de cette poudre n'y fît entrer que des aromates & non du sel qui, se chargeant de l'humidité, peut la communiquer au corps où il se trouve, & concourir à sa détérioration ; qu'il y ajoutât un peu plus de viande, & qu'au lieu de faire payer chaque bouillon un sou, il le vendît deux. M. *Acher* a encore proposé des poudres de bouillon au vinaigre qui ne méritent pas moins d'être encouragées & mises en usage dans toutes les maladies inflammatoires & contre le scorbut des Marins, qui n'ont pas toujours à leur disposition, une quantité suffisante d'oseille, de cornichons, de verjus, de fuc de limon, pour corriger cette tendance qu'ont les humeurs à la putréfaction.

Nous ne faurions quitter cet article des poudres nutritives fans faire encore une obfervation fur la nécefficité qu'il y auroit de n'embarquer les fubftances végétales ou animales qui, fous différentes formes, font deftinées à la nourriture des Équipages, qu'au préalable elles n'euffent éprouvé une forte defficcation ou une ébullition préalable; les grains & les légumes fe conferveroient plus long-temps s'ils étoient féchés; peut-être même fi la viande avoit bouilli un moment dans l'eau, & qu'elle fût reffuyée avant d'être faupoudrée de fel bien fec, elle s'altéreroit moins aifément : il eft important d'opérer toujours fur la plupart des corps qu'on a intention de garder, cet effet, que le vulgaire nomme *tuer le germe*, lequel n'eft autre chofe que cette tendance des parties organiques au mouvement de fermentation qui en accélère le dépériffement.

ARTICLE XXVIII.

Des Avantages de la nourriture végétale fur la nourriture animale.

LA nourriture végétale ayant jufqu'à préfent été l'objet de nos recherches, nous devons faire voir maintenant qu'elle mérite une préférence marquée fur la nourriture animale, & que, fans prétendre l'admettre uniquement & indifféremment pour les hommes de tous les pays, de tous les âges & de toutes les conditions, il paroît que la Nature, l'expérience & la raifon, l'indiquent dans une infinité de circonftances où il feroit peut-être effentiel de fe renfermer dans fon feul ufage. Nous allons hafarder à ce fujet quelques réflexions qui, fans réfoudre la queftion, pourront peut-être l'éclaircir.

Deftiné à peupler l'Univers, l'homme eft parvenu à approprier à fes organes, une infinité de fubftances nutritives qui en paroiffoient éloignées dans l'état naturel : ainfi les uns s'accoutument à vivre uniquement de végétaux ; les autres n'eftiment rien de fi délicieux que la viande ; quelques-uns ne pouvant

fubfifter

fubfifter des produits du fol & de la chaffe,
font forcés de fe borner aux poiffons : enfin,
il y en a d'affez avantageufement placés pour
pouvoir faire ufage des différentes efpèces
d'alimens préparés, combinés & mélangés dans
des proportions relatives.

Dans cette variété de fubftances alimentaires
que le règne végétal & le règne animal offrent
en abondance à l'homme, on a fouvent demandé s'il en exifteroit une efpèce qui fût plus
analogue à fa conftitution, & en fuppofant
qu'elle exiftât, réfideroit-elle fpécialement dans
la claffe des végétaux, ou bien ceux-ci auroient-
ils befoin de paffer par le fyftème animal pour
être plus affortis à nos organes; enfin quelle
feroit dans l'une & l'autre claffe, le corps
nutritif qui mériteroit la préférence ?

Ces différentes queftions, déjà traitées
par des hommes de mérite, font encore à réfoudre, aucun d'eux n'ayant jamais voulu faire
attention que la diverfité de goût qui caractérife, pour ainfi dire, chaque Nation, toute
bizarre & ridicule qu'elle paroiffe, n'a pas
autant le droit de caufer de la furprife, puifqu'elle dépend principalement du climat, des

productions, des mœurs, de l'habitude, des lieux, & du caractère particulier de ceux qui y vivent.

La nourriture qui convient à l'homme dans l'état de foibleffe & de nullité, fortant des mains de la Nature, c'eft le lait; mais cette favoureufe & bienfaifante liqueur devient infuffifante à mefure que fes fibres augmentent de reffort; il lui faut alors un aliment plus fubftanciel & plus folide; la nourriture végétale eft celle qui doit fuccéder, & qui fuccède en effet au régime lacté; ce goût pour les végétaux femble naturel aux enfans, & fut long-temps celui des premiers habitans du Monde, quels que fuffent leur état & leur condition. Suivant les Hiftoriens & les Voyageurs, il y a encore des peuplades en Afrique qui ne vivent que des fruits de la terre; plufieurs nations Indiennes fe nourriffent uniquement de végétaux, & fi quelquefois ils ajoutent aux alimens fimples qu'ils en retirent, le produit de leur chaffe & de leur pêche, ce n'eft qu'à l'occafion de quelques réjouiffances. Nous avons auffi beaucoup de cantons en Europe où l'ufage de la viande eſt tellement reſtreint, qu'il faut également certaines occaſions pour ſe le permettre.

L'aliment qui paroît le plus analogue à notre conſtitution, doit, ſuivant l'opinion généralement adoptée, être celui qui ſe diſſout le plus aiſément, & qui fatigue le moins l'individu auquel il va ſervir de nourriture; or les végétaux ſemblent réunir cette double propriété : auſſi conviennent-ils particulièrement aux enfans, aux vieillards & aux convaleſcens; on a même obſervé que les payſannes, qui mangent moins de viande & plus de légumes que les femmes de nos villes, ont davantage de lait & de meilleure qualité : cette liqueur, quoiqu'élaborée dans le corps de l'animal, conſerve encore tous les caractères des végétaux dont il s'eſt nourri. « Je ne puis croire, dit un très-grand Philoſophe, qu'un « enfant qu'on ne ſevreroit pas trop tôt, ou « qu'on ne ſevreroit qu'avec des ſubſtances « végétales, & dont les nourrices ne vivroient « que de végétaux, fût auſſi ſujet aux vers, « aux coliques, aux diarrhées qui en font périr « un ſi grand nombre. »

Il eſt conſtant que ſi on examine ſans

préoccupation le lait des mères, dont la nourriture confifte principalement en végétaux, non-feulement il eft plus abondant, mais il a une faveur plus douce & plus agréable que celui qui provient des femelles carnivores ; les différens principes qui réfultent du premier régime, font plus propres à fe changer en un véritable fucre, car il paroît que la végétation n'eft pas le feul laboratoire où la Nature fabrique ce fel effentiel : le fyftème animal a auffi la faculté de le produire ; peut-être qu'un jour l'Art imitera ces deux grands moyens.

Beaucoup de Nations, accoutumées à l'ufage de la viande, y renoncent entièrement dans la plupart de leurs maladies, pour recourir aux feuls végétaux. Que l'on confulte d'ailleurs Hippocrate, Sydenham & les meilleurs Médecins de nos jours ; tous s'accordent à avancer que les alimens de cette claffe font les feuls qu'on puiffe employer avec fuccès dans prefque toutes les indifpofitions, & que fouvent on leur a vu opérer les effets des remèdes les plus efficaces ; ils nous affurent en outre que le muqueux végétal paffant infiniment plus vîte que celui du règne animal, il convient mieux aux tempéramens foibles : peut-on douter maintenant que le bouillon, regardé depuis long-temps parmi nous comme la nourriture la plus falutaire pour le foutien des malades, ne foit quelquefois & prefque toujours préjudiciable à leur état ! Combien de fois la Nature ne réclame-t-elle point contre cette boiffon par l'horreur qu'elle infpire à ceux à qui on la préfente, tandis qu'ils femblent appéter, comme par inftinct, une nourriture végétale, des décoctions de fruits, de femences & de racines !

Mais il n'eft pas moins effentiel dans l'état de fanté, de profcrire de la lifte de nos alimens, tout ce qui eft capable de hâter la putréfaction des humeurs, lorfqu'elles y ont déjà une très-grande tendance. M. *Poiffonnier,* qui n'a ceffé de faire valoir les avantages qu'il y auroit de changer la nourriture des Gens de mer, rapporte, dans les bons Ouvrages qu'il a publiés à ce fujet, une foule d'exemples & d'obfervations pour prouver combien l'ufage de la viande, & fur-tout des falaifons, prête de faveur aux autres caufes

A a iij

qui déterminent le fcorbut, maladie fi commune chez les Gens de mer. Le célèbre Navigateur *Cook* a dû au régime végétal & aux précautions falutaires, recommandées par M. *Poiffonnier*, la confervation de la totalité de fon Équipage, dans le cours d'un des Voyages les plus longs & les plus périlleux qu'on ait encore entrepris.

Notre premier foin, en prenant des alimens, n'eft pas feulement de réparer les pertes que nous faifons continuellement par les différentes fecrétions ; c'eft encore dans la vue de rétablir la force des folides affoiblis : une caufe non moins urgente, c'eft cette propenfion qu'ont nos humeurs à paffer à la putréfaction ; fi nos alimens font eux-mêmes putrefcibles, comment parviendront-ils à produire le double effet dont nous parlons, & à parer aux inconvéniens qui peuvent en réfulter ?

Il exifte, à la vérité, une infinité de gens dont le goût eft affez dépravé pour n'aimer que la viande faifandée, & nous avons dans le Nord des peuples entiers bien portans, quoiqu'ils ne vivent que de chair putréfiée,

& qu'ils mangent de préférence celle des animaux morts de quelques maladies, ſans que le feu & les aſſaiſonnemens en aient corrigé les mauvaiſes qualités; mais on connoît le pouvoir de l'habitude contractée dès l'enfance, & le danger qu'il y auroit d'abandonner tout-à-coup l'uſage des ſubſtances alimentaires, même les plus défectueuſes & les plus nuiſibles : néanmoins on remarquera en même temps qu'on ne manque point d'ajouter à ces alimens à demi - décompoſés, des végétaux, & de boire des liqueurs fermentées, les plus puiſſans anti-ſeptiques connus; car c'eſt une obſervation aſſez conſtante, que ceux qui mangent beaucoup de viande, deſirent des boiſſons fortes; & éprouvent la ſenſation de la ſoif d'une manière différente que ceux qui conſomment davantage de végétaux.

Je connois une perſonne très-âgée qui porte continuellement un cautère à la jambe, dont le diamètre eſt prodigieux, elle ne peut faire uſage d'aucune viande faiſandée, que le lendemain en panſant ſon cautère, l'odeur qui s'en exhale, n'ait préciſément & diſtinctement celle de la viande qu'elle a mangée :

elle remarque encore que quand elle mange beaucoup de pareilles viandes, la chair qui environne le cautère eſt plus enflammée que quand elle en mange moins, & qu'elle y mêle une plus grande quantité de végétaux.

Quoique les alimens ne ſoient pas évidemment la cauſe des variations qui troublent les fonctions de l'économie animale, & que vers les pôles, l'atmoſphère influe davantage ſur la vitalité ; on doit préſumer que ſi l'homme parvenant à s'habituer avec tous les genres de comeſtibles, vit néanmoins à peu-près le temps preſcrit par la Nature, il doit avoir éprouvé auparavant quelques révolutions dans le moral & dans le phyſique, puiſque, d'après la remarque générale faite à l'occaſion des différens peuples de la Terre, les mœurs & le caractère dépendent en partie de la nature & de l'eſpèce d'aliment.

Nous voyons en effet le carnivore être féroce & orgueilleux ; l'ichtyophage, chétif, petit & ſans induſtrie, tandis que ceux qui ne ſe nourriſſent que de végétaux, ſont doux, humains, & moins expoſés aux maladies qui affligent le mangeur de viande ou de poiſſon.

Il n'y a point d'Indiens, fuivant la plupart des Voyageurs, plus compatiffans que les Banians; la nourriture de ce peuple confifte en légumes, en fruits & en lait : c'eft fans doute aux alimens pris alternativement dans les deux règnes, que l'habitant des contrées tempérées doit en partie cette efpèce de caractère liant qui lui gagne la bienveillance des autres peuples de la Terre.

Les partifans du régime animal auront beau objecter que le carnivore a plus de force & de courage que celui qui ne vit que de végétaux, que l'ufage de la viande rend robufte, actif & belliqueux: on pourra leur répondre, que vraifemblablement ils confondent la férocité avec le courage, l'ivreffe avec la force, & la fureur avec l'activité, puifque les Romains ne fe nourriffoient que de grains & de légumes; les Gaulois, de fruits & de racines; les Perfes, les Ruffes & les Tartares font un très-grand ufage des farineux; que tous ces peuples fameux par leur fobriété & par leur valeur, n'ont pas été des hommes moins vigoureux & moins guerriers que ces hommes dont on vante tant la force : d'ailleurs l'orge, ce grain si renommé dans l'antiquité, n'étoit-il pas la seule nourriture des Gladiateurs! & si nous voulons étendre nos exemples aux animaux, ne voyons-nous pas le taureau qui broute l'herbe, être aussi furieux que le lion, auquel les animaux, qui tombent sous sa griffe, servent de nourriture!

L'usage de la viande procure sans doute une nourriture qui anime & échauffe davantage que celle que fournissent les végétaux; mais ces derniers aussi donnent une force qui paroît plus naturelle & plus durable : il est aisé de s'en convaincre par la comparaison qu'on peut faire des habitans de nos campagnes un peu à l'aise avec les citadins : les premiers, comme l'on sait, font entrer dans la composition de leur nourriture, beaucoup de végétaux, & s'il étoit possible de faire une énumération exacte des hommes, & même des peuples qui, ayant adopté le régime Pythagoricien, ont atteint la plus grande vieillesse, on verroit bientôt que des mangeurs de viande ne sont pas aussi nombreux qu'on le prétend.

Entre les avantages que les végétaux ont sur les animaux considérés comme aliment,

n'oublions point de faire encore remarquer
que les premiers étant détériorés, leur altération fe manifefte à la première infpection,
ils ont un goût & une odeur particulière
que rien ne fauroit mafquer : très-fouvent
même ils font déformés, & les accidens fur-
venus dans les différentes époques de leur
fructification, n'échappent à aucuns de nos
fens exercés.

Les animaux, au contraire, dont nous nous
nourriffons, font expofés à devenir mal-faifans
par une foule de circonftances prefqu'étrangères
aux végétaux ; ils peuvent être morts de maladies peftilentielles ou pour avoir brouté des
Plantes vénéneufes fans montrer à leur extérieur des marques fenfibles d'altération, &
en fuppofant qu'il fût poffible de s'en apercevoir, l'art du Cuifinier, qui n'eft que l'art
de déguifer les faveurs principales, les rendroit
infenfibles par le moyen des affaifonnemens.

Ceux qui prétendent que la chair eft faite
pour nourrir la chair, & que plus les fubftances alimentaires ont d'analogie avec elle,
plus auffi elles doivent avoir le privilége de
nous nourrir, ceux-là, dis-je, ne font pas

attention qu'en fuppofant qu'il y ait des
Sauvages qui par goût fe nourriffent de chair
humaine, elle ne leur eft pas plus analogue
que celle qu'ils mangent dans les bois, parce
qu'avant que les alimens arrivent à l'eftomac,
& qu'ils acquièrent cette analogie prétendue
avec les humeurs animales, il faut qu'ils foient
en état de fubir quelque préparation, d'abord
un premier broiement dans la bouche, &
qu'enfuite pendant la maftication ils fe pénètrent des fucs falivaires qui les ramolliffent,
les atténuent & les diffolvent au point d'en
former un mélange capable de nous nourrir.

M. Bonnet, dans fes *Confidérations fur les
Corps organifés*, prétend que la nutrition eft
cette opération par laquelle le corps organifé
change en fa propre fubftance les matières
alimentaires; fi ces matières alimentaires ont
déjà le caractère de l'animal qu'elles vont
nourrir, comment s'opéreront les changemens
fucceffifs & gradués qu'elles doivent éprouver
pour être converties en fuc nourricier?
l'addition de ces fucs falivaires n'altérera-t-elle
point au contraire la nourriture, plutôt que
de l'affimiler à la nature animale?

La vertu que les alimens poſsèdent de nourrir nos corps, & de ſe changer en notre propre ſubſtance, ne dépend pas uniquement de leur forme extérieure ni de leurs qualités ſenſibles; on doit l'attribuer principalement aux élaborations multipliées qu'ils ſubiſſent dans les différens viſcères où ils ſéjournent : briſés d'abord par les dents, broyés & humectés dans la bouche par la ſalive, ils ſe rendent enſuite dans l'eſtomac où ils éprouvent une nouvelle altération; là ils changent entièrement de nature, & leurs parties diſſoutes, liquéfiées & combinées, ne forment plus enſemble qu'une pâte uniforme, un tout homogène: cette pâte, à demi - digérée, ſe perfectionne dans les inteſtins, & fournit, par ce moyen la liqueur douce & laiteuſe que nous nommons le *chyle*. C'eſt ainſi que s'exprime M. Aſtruc, dans ſon ſavant *Mémoire ſur la Digeſtion*, dont j'emprunte les idées avec d'autant plus de confiance, qu'elles ont été adoptées par pluſieurs Auteurs de réputation.

En comparant les organes de l'homme deſ-tinés à préparer l'aliment pour la nutrition avec ceux des animaux voués manifeſtement au carnage, on s'aperçoit facilement qu'il s'en faut bien que la viande soit l'aliment naturel de l'homme, & que si le Créateur l'eût destiné à se nourrir de chair, il lui auroit donné des dents pointues & isolées pour la déchirer, un goût invincible pour le sang, & des armes offensives comme aux carnivores; mais il semble qu'il lui ait refusé tous ces moyens en lui accordant des dents molaires pour broyer, des incisives pour couper, des canines pour casser les fruits & noyaux, enfin un penchant décidé pour les semences, les fruits & les racines.

Quand nous serions conformés d'une manière marquée par la Nature, à dévorer la chair & à brouter les Plantes; quand la disposition de nos dents, la structure de l'estomac & des intestins pourroient devenir un jour une preuve en faveur de ceux qui prétendent que l'homme est né carnivore, granivore ou frugivore; je pense qu'il sera toujours bien difficile & même impossible de déterminer avec quelque précision les justes limites marquées à cet égard, si l'on se rappelle sur-tout la remarque générale du changement de goût que la domesticité opère dans les animaux.

Que le goût carnivore foit ou ne foit pas
contre nature, quelqu'éloigné que l'homme
foit de fon état primitif, malgré la dépravation de fon attachement pour le régime
animal, on fera toujours forcé de convenir
qu'il n'y a rien de fi délicieux que les femences
& les racines; que l'homme ne peut guère fe
difpenfer, autant que fa pofition lui permet,
de les affocier toujours avec la viande, & que
s'il jouit de la faculté de pouvoir vivre dans
tous les climats, felon les befoins qu'ils font
naître, les végétaux n'aient beaucoup d'avantage fur les fubftances animales, puifque leur
ufage n'occafionne pas auffi aifément la cor-
ruption à laquelle la viande eft fi fujette; qu'ils
portent dans le fang beaucoup de fluide & une
acceffence d'autant plus néceffaire, que la plupart du temps nos humeurs ont une difpofition contraire, je veux dire, une tendance
naturelle à la putréfaction.

Tout doit donc nous porter à croire que
fi la Nature eût indiqué à l'homme un aliment particulier, ce feroit dans la claffe des
végétaux qu'elle l'auroit placé, parce que
ceux-ci renferment une multitude de racines,

de fruits & de femences qui, au moyen de préparations fimples, fans autres affaifonnemens que ceux qu'ils ont eux - mêmes, peuvent offrir une nourriture bienfaifante & relative à chaque tempérament; mais ce feroit auffi s'abufer, que de croire qu'il fallût fe borner à cette feule nourriture, à moins qu'il ne faffe exceffivement chaud, qu'il règne quelques maladies épidémiques, ou que les circonftances que nous avons expofées, ne prefcrivent abfolument ce régime.

Dans les pays où l'agriculture n'eft pas regardée comme un efclavage, & où le fol eft fufceptible de produire des récoltes abondantes, les végétaux devroient toujours former la bafe de la nourriture, & les fubftances animales en faire partie; l'un eft corrigé par l'autre; ils fe prêtent mutuellement leurs fecours : enfin la viande paroît plus néceffaire aux habitans des contrées glacées, à caufe de la chaleur qu'elle porte dans les humeurs, & par une raifon contraire, il faut une abondance de végétaux dans les pays brûlans, pour diminuer l'efferfvefcence du fang; au lieu que fous les climats tempérés, il convient de

n'ufer

n'ufer des uns & des autres que dans des proportions relatives.

ARTICLE XXIX.

Les Farineux, fous la forme de Pain, paroiffent être la nourriture la plus analogue à l'Efpèce humaine.

L'EXPÉRIENCE conftante de tous les âges, a démontré qu'il n'eft pas de nourriture plus propre à prolonger la durée de la vie, que celle à laquelle on eft accoutumé dès l'enfance; or ce font les végétaux qui fuccèdent ordinairement au régime lacté, & l'on fait que dans leur nombre, les farineux particulièrement, ont toujours été préférés par les hommes & par les animaux de toutes les contrées de la Terre.

On compare affez ordinairement la compofition phyfique du chyle à celle du lait; cette dernière liqueur quoique provenant de femelles carnivores ou frugivores, contient des principes dont la nature a beaucoup d'analogie avec ceux de la farine, une fubftance muqueufe, du fucre & une matière extractive.

Si on abandonne à l'air libre, de la farine étendue dans l'eau, elle fermente bientôt & contracte la même odeur & le même goût que du lait aigre : ces deux substances traitées d'une certaine manière, fourniffent chacune féparément par la diftillation, de l'eau-de-vie, boiffon délicieufe pour les Tartares & les habitans du Nord ; le lait rapproché fous forme sèche & jeté fur un charbon rouge, exhale une odeur animale : ils donnent l'un & l'autre par l'analyfe à feu nu, des produits à peu-près femblables, beaucoup d'acide, peu d'huile & de l'alkali volatil fur la fin de l'opération ; enfin on trouve dans les deux cornues un réfidu charbonneux luifant, qui *s'incinère* difficilement & offre des preuves d'alkalicité.

Il eft bien certain que les autres fubftances végétales n'ont pas dans leur conformation avec le liquide laiteux qui va s'affimiler & fe convertir en fang, des rapports & un caractère auffi marqué que les farineux ; portons les regards plus loin, & nous verrons que c'eft par leur moyen qu'on parvient à engraiffer les animaux de toute efpèce & à leur donner une vigueur propre aux travaux forcés que nous exigeons d'eux : confidérons de plus cette foule innombrable d'êtres qui voltigent dans l'air, nagent dans l'eau & refpirent fur la terre, & nous apercevrons avec quelle avidité ils fe jettent fur les farineux ; enfin ce goût eft fi naturel à l'homme & en même temps fi impérieux qu'il va les chercher jufque dans les Plantes vénéneufes.

Par-tout où les femences farineufes ne font pas le fondement de la nourriture, ce font des racines également farineufes qui en font la bafe, & lorfque les unes & les autres manquent, c'eft dans les Plantes fauvages que nous cherchons une matière nourriffante qui leur eft analogue : l'acide doux que les farineux portent dans nos humeurs, empêche leur difpofition à la putréfaction, & fi la viande n'occafionne pas des défordres dans l'économie animale, c'eft à eux que nous en avons l'obligation ; telles font les expreffions d'*Huxham* & de beaucoup d'autres Médecins de la même réputation.

Maintenant, fi nous examinons avec la même impartialité quelle préparation paroît convenir le mieux aux farineux pour en former un comestible salutaire & commode; nous verrons que celle d'après laquelle ils sont transformés en pain est sans contredit la plus parfaite, puisqu'en cet état ils sont recherchés par l'homme de toutes les contrées, ainsi que par les différentes espèces d'animaux : quadrupèdes, volatils, reptiles, poissons, tous se jettent avec avidité sur le pain, enfin c'est de tous les alimens le plus commode ; le soldat à l'armée, le matelot en mer, le voyageur en route, le journalier qui va travailler loin de chez lui, trouvent dans le pain une ressource qu'aucune autre ne sauroit suppléer : entrons dans quelque détail à ce sujet.

J'ai déjà avancé dans les Avertissemens qui précèdent *le Parfait Boulanger* & le *Traité de la Châtaigne,* ainsi que dans les Discours que nous avons prononcés M. *Cadet de Vaux* & moi à l'ouverture de l'École gratuite de Boulangerie, que les semences farineuses semblent avoir été les premiers alimens ; que d'abord elles furent mangées sans aucun apprêt, mais qu'insensiblement l'industrie en avoit perfectionné la nourriture sous la forme de *gruaux* & de *bouillie,* puis sous celle de *galette* & de

pain ; que bien loin que le grain pour arriver
à l'état de pain fût dénaturé dans fes propriétés
alimentaires, les changemens fucceffifs qu'il
avoit éprouvés, étoient autant de pas vers la
perfection ; que s'il étoit poffible que le luxe
eût influé fur cet objet, on pouvoit dire que
pour la première fois l'Homme & la Plante
n'avoient rien perdu aux foins de cet ennemi
de l'aifance ; qu'enfin il étoit inconteftablement
démontré que la farine dans fon paffage à la
fermentation & à la cuiffon, acquéroit du
volume, du poids, & profitoit encore d'un
tiers au moins du côté de l'effet nutritif, fans
compter beaucoup d'autres avantages, comme
d'offrir une nourriture plus favoureufe, plus
digeftible, plus commode & plus économique.

Ce font ces circonftances reconnues &
avouées par tous ceux auxquels le pain fert
de nourriture fondamentale, qui m'ont fait
fouvent avancer, que l'aliment le plus analogue
à l'efpèce humaine, devoit exifter parmi les
farineux, & que la panification étoit précifément le fecours que la Nature demandoit
à l'Art pour perfectionner & accomplir fon
œuvrage.

L'Art fi utile de préparer le pain, eut en effet des commencemens fort groffiers; les degrés qu'on pourroit marquer entre du blé entier & crud, de la pâte levée & cuite, font infinis: il n'y a pas autant de diftance du moût au vin, que de la farine au pain, parce que le grain eft privé de toute humidité néceffaire pour entrer en fermentation, au lieu que le raifin en a plus qu'il ne lui en faut; la différence qu'il y a encore, c'eft que le fuc de ces baies nourrit moins avant qu'après la fermentation, par la raifon que dans cette opération la matière muqueufe fucrée change en partie de nature & de propriétés; au lieu d'être nutritive & émolliente, elle devient tonique & ennivrante: c'eft le contraire pour le grain, dont la vifcofité eft à la vérité également détruite; mais dans fon paffage à la panification, la fubftance alimentaire n'a éprouvé d'autres changemens que ceux de la combinaifon, de la cuiffon & un plus grand développement.

Les grains entiers & cuits, ou bien la farine en gruaux ou fous la forme de *bouillie*, demandent toujours quelques correctifs, comme la torréfaction, ou des mélanges particuliers, afin d'en faciliter la digeftion, & de prévenir les vents & les flatuofités que leur ufage caufe à certains tempéramens fecs. La farine, mêlée avec de l'eau, réunie en maffe, & expofée auffitôt au four ou fous la cendre, ne préfente non plus qu'une maffe lourde, ferrée & vifqueufe; mais l'opération du pain change entièrement les farineux: un pétriffage bien exécuté introduit dans la pâte une grande quantité d'eau & d'air, atténue & divife les parties conftituantes, les pénètre jufqu'aux plus petites parcelles: une fermentation douce & graduée leur fait occuper plus de volume; une cuiffon les réunit & les combine au point de ne plus offrir qu'un tout homogène, agréable & diffoluble, tandis que la bouillie préfente tout le contraire, un *magma* gluant & infipide, que les fucs de l'eftomac ne pénètrent & n'attaquent qu'avec beaucoup de peine, qui paffe bientôt en maffe & par fon poids dans les entrailles.

Si la bouillie de froment, telle qu'on la prépare ordinairement, eft lourde & indigefte, fi elle fatigue l'eftomac des hommes formés & robuftes, de quels inconvéniens ne doit-elle pas être fufceptible pour les enfans dont les organes font encore fi foibles & fi délicats? c'eft cependant de cette manière de les nourrir dans leur première jeuneffe, que dépendent les maladies auxquelles ils fuccombent fi fouvent avant d'arriver à l'état adulte : les Médecins ne ceffent d'élever la voix contre ce genre de nourriture, & je ne puis fonger à un aliment auffi fatigant, fans rappeler aux mères qui allaitent leurs enfans, les dangers auxquels elles expofent leurs nourriffons, & les engager à fubftituer à la bouillie le pain fermenté, délayé dans l'eau, dans le lait, ou dans le bouillon fous la forme de *panade*, nourriture qui réuffit merveilleufement bien au premier âge & à la décrépitude.

Mais fi on ne veut pas renoncer à l'ufage de la bouillie pour les enfans, & qu'on s'obftine à ne pas la remplacer par la panade, qu'elle foit au moins préparée avec l'orge, le maïs, le farrafin, la farine de riz ou l'amidon, toutes fubftances dans lefquelles on ne trouve point cette glutinofité fi effentielle à la fabri- cation du pain, mais fi préjudiciable à l'effet de la bouillie : ainfi la farine qui fournit le

meilleur pain, fera celle dont on préparera
la plus mauvaife bouillie.

Dans la lifte nombreufe des fubftances alimentaires que l'eftomac de l'homme eft en état
de digérer fans que jamais il en réfulte d'inconvéniens, le pain mérite d'occuper la première
place ; il y a même tout lieu de conjecturer que
chez les différens peuples où cet aliment ne
conftitue pas la nourriture principale, les pâtes
& les bouillies qui le remplacent, font préparées avec des farineux qu'on aura vainement
effayé de convertir en pain : j'ofe même affurer
que fi les tentatives entreprifes euffent eu plus
de fuccès, l'ufage de cet aliment auroit fini
par être celui de toute la Terre.

Le magnoc, un des plus riches préfens que
nos Ifles aient reçu de l'Afrique, n'eft-il pas
converti dans ces contrées en galettes ou efpèce
de pain, défigné fous le nom de *caffave !* Le
maïs, improprement appelé *blé de Turquie,*
inconnu en Europe avant la découverte du
Nouveau Monde, ne fe réduit-il pas en farine
à la faveur de mortiers de pierre, & n'en fait-on
point une pâte que l'on cuit fous les cendres !

Quand les Anglois abordèrent par hafard

aux Moluques, ne virent-ils pas les habitans
fe nourrir de gâteaux préparés avec la farine
que l'on retire de certains palmiers, & que l'on
nomme le *fagou!* enfin il n'y a pas jufqu'aux
habitans des pays les plus arides, qui privés de
grains & de racines, réduifent les poiffons dont
ils fe nourriffent fous une forme de *galette*.

Je fais très-bien que le pain n'a pas exifté
de tous les temps, & qu'il eft particulier à
l'Europe; les recherches que j'ai faites pour
découvrir la date de fon ufage, les expériences
d'après lefquelles j'ai conclu qu'il y avoit des
farineux qu'il falloit néceffairement manger
entiers ou fous la forme de *bouillie*, le prouvent
fuffifamment : mais il n'en eft pas moins vrai de
dire que dans l'état préfent des chofes, le pain
ne nous foit d'une néceffité indifpenfable, néceffité fondée fur la nature du fol, les produits
de notre climat, & fortifiée par une habitude
extrêmement ancienne : d'ailleurs, il eft
démontré que fi tous les grains, depuis le
froment jufqu'au riz, pouvoient fe prêter au
mouvement de fermentation, le pain feroit
la nourriture de tous les pays, de tous les
climats & de tous les peuples.

La divinité accordée à ceux qui ont perfectionné le pain ou cultivé la matière première qu'on y emploie, doit ſervir à prouver
qu'on regarde cet aliment comme un bienfait
de la Nature, le triomphe de l'Art, & le
premier de nos alimens : rien ne prouve mieux
d'ailleurs, en faveur de l'efficacité du pain,
que de voir juſqu'à quel point il réunit tous
les ſuffrages : car, outre qu'il eſt l'aliment
favori des Européens & de quelques autres
parties du Continent, il n'y a pas de nations
ſur la table deſquelles on ne ſerve du pain
comme une pièce de luxe ou un mets délicat
& de ſenſualité.

Je demande toujours à ceux qui ont cherché
à calomnier le pain, s'il exiſte un aliment qu'on
fabrique avec autant de facilité, qui ſoit moins
coûteux & plus commode, qu'un ſeul ouvrier
puiſſe préparer en deux heures en quantité ſuffiſante pour les beſoins journaliers de quatre
cents perſonnes, qu'on peut porter par-tout,
confondre avec tout, manger quand & où l'on
veut, ſans courir les riſques d'être incommodés.
Le riz, dont les Chinois font la baſe de la
nourriture, ſeroit peut-être ſupérieur au fro-

ment, s'il étoit poffible d'en faire du pain
ou du bifcuit, parce que l'abfence de la matière glutineufe & fon extrême féchereffe le
mettent fans frais à l'abri de toute altération :
mais quelle différence entre les deux alimens
que ces grains fourniffent !

Un Européen fe propofe-t-il de faire un
voyage de peu de durée, il achète fon pain,
il le met dans fa poche, & fa provifion qui
ne l'incommode que par fon poids, fe conferve fans s'altérer ; s'il fe deffèche, s'il devient
infipide, il ne perd nullement de fes propriétés nutritives ; il confomme cette provifion
en quelqu'endroit que ce foit, fût-ce même
dans un bois éloigné de toute habitation.

Le mangeur de riz, au contraire, ne peut
fe nourrir ainfi de fon grain, quand il feroit
même réduit en farine ; il eft obligé de le faire
cuire pour le manger, & de l'avaler auffitôt
qu'il eft cuit, par la raifon qu'en été peu de
temps après fa cuiffon, il s'aigrit & prend une
faveur que le palais répugne : il eft donc forcé
d'emporter avec lui un appareil convenable,
de l'eau, du feu, & de renouveler la cuiffon
chaque fois qu'il fe détermine à prendre un

repas ; il faut en outre le manger froid : car *Bontius* a décrit les maladies qu'il pourroit occaſionner étant chaud, & c'eſt encore en cela que l'uſage du pain mérite la préférence ſur celui du riz.

Mais le pain n'eſt pas ſeulement l'aliment le plus facile à fabriquer, le plus commode à tranſporter & le plus économique dans ſon uſage ; il eſt encore le plus analogue à la conſtitution humaine ; il renferme les diffé-rentes parties qui conſtituent eſſentiellement la nourriture : pendant la maſtication, il ſe pénètre des ſucs ſalivaires, nettoie les dents & les gencives, acquiert dans la bouche une modification qui le diſpoſe à une bonne & facile digeſtion, tandis que les farineux dans l'état de bouillie, ne faiſant que gliſſer à cauſe de leur molleſſe & de leur flexibilité, ne produiſent aucun de ces effets.

Il ſeroit ſans doute bien difficile dans la multitude des ſubſtances qui compoſent notre nourriture, d'en déſigner une qui l'emportât pour la bonté du chyle qu'il fournit, comme le pain ; auſſi beaucoup de Médecins de répu-tation, permettent-ils avec raiſon à leurs

malades, le pain de préférence au biscuit & à
tous les alimens qu'on peut donner pour flatter
le palais ; on peut le donner sec aux enfans &
en préparer quelques mets. Enfin le pain n'est
point un farineux, comme on le prétend, mais
une production de l'Art d'autant plus parfaite
qu'elle est plus homogène & plus analogue à la
conformation de nos organes, suivant l'observation de *Geoffroy* qui en a fait l'analyse
chimique.

Après l'usage du lait, M. de *Buchan* recommande le pain léger & bien fabriqué :
« On peut, dit ce Médecin, donner du pain
» à un enfant dès qu'il fait paroître de la dif-
» position à mâcher, il est même permis de
» lui en donner en tout temps & autant qu'il
» aura l'air de s'en occuper ; le pain qu'il
» met dans sa bouche aide les dents à percer,
» il excite la filtration de la salive qui se mêle
» dans l'estomac avec le lait de la nourrice &
» concourt à former une bonne digestion ;
» lorsque les Allemandes n'ont pas de lait &
» qu'elles ne veulent pas confier leurs enfans
» à des mères étrangères & mercenaires, elles
les nourrissent avec un peu de pain. » Et M.

Caffini de Thury rapporte dans la Relation de fon Voyage fait dans cette partie de l'Europe, qu'il a vu une foule de ces mères attentives & tendres, dont les enfans ayant été nourris de cette façon, étoient plus robuftes que les autres.

Les excès pour ou contre ne devroient jamais fervir dans aucun cas pour prononcer fur les propriétés d'une fubftance quelconque : en prouvant que l'autorité, fur laquelle s'appuient les détracteurs du pain pour inculper la falubrité de cet aliment, n'étoit confirmée par aucune expérience, je n'ai jamais prétendu nier que pour que le pain réuniffe les bonnes qualités qu'on lui connoît, il falloit que les grains qu'on y emplóie, ne foient pas altérés; qu'ils ne contiennent aucune femence pernicieufe, ou d'autres végétaux contraires à fa nature, que l'on ne fit pas entrer dans fa compofition des fupplémens qui en groffifent la maffe & diminuent de fon volume. Si ceux qui ont cherché à rendre les effets du pain, non-feulement problématiques, mais encore dangereux dans l'économie animale, n'avoient eu en vue que le pain mal fabriqué, employé fans précautions,

ils auroient avancé quelque chose de vraisem-
blable, mais c'est le pain en général qu'on a
calomnié pour prodiguer des éloges à l'usage
du riz & de la bouillie, dont la préparation
assujettit infiniment plus que le pain, sans en
réunir les avantages.

On ne connoît guère d'aliment pour lequel
il ne faille quelques précautions avant de s'en
servir : la première attention que demande
l'École de Salerne, c'est que le pain ne soit
pas mangé au sortir du four ; car en cet état
il est collant, pâteux & on l'a vu produire des
indigestions, des maux d'estomac, des gonfle-
mens & autres affections ; rien n'est même plus
préjudiciable pour les dents, que le pain chaud :
on sait que c'est le moyen dont se servent les
ouvriers pour ramollir l'ivoire ; on ne sauroit
donc trop blâmer cette habitude de manger des
tartines au beurre toutes brûlantes. Les *Éphé-
mérides des Curieux de la Nature*, font mention
de quatre jeunes gens qui ayant été quelques
jours sans rien prendre, mangèrent de bon appétit une très-grande quantité de pain qu'on venoit de retirer du four, trois périrent en une
demi-heure & le quatrième les suivit peu après.

Parce

Parce que le pain qui ne ſera pas aſſez levé & aſſez cuit, ou qui l'eſt trop, ſera pâteux, lourd, collant, indigeſte, brûlé ou amer; parce que ceux qui ſeront aſſez inconſidérés pour manger le pain avant qu'il ſoit parfaitement refroidi, éprouvent des effets fâcheux; parce qu'enfin ayant introduit dans ſa compoſition des matières viciées, des ſemences étrangères & pernicieuſes, le pain qui en réſultera ſe trouvera avoir des qualités nuiſibles; ſera-ce donc une raiſon plauſible pour proſcrire de la claſſe des comeſtibles, celui qui mérite d'y tenir le premier rang, qu'il eſt ſi facile de rendre ſavoureux, bienfaiſant & dont l'excès même n'a jamais occaſionné de ſuites fâcheuſes!

ARTICLE XXX.

De quelques Précautions à employer pendant le temps que durent les Diſettes.

EN multipliant les reſſources alimentaires, mon deſſein n'a jamais été de faire entrer en concurrence les ſupplémens que je propoſe,

ſoit pour la qualité, ſoit pour le prix, avec
les ſubſtances nutritives auxquelles nous
ſommes tellement habitués, que ſitôt qu'elles
manquent, il y a cherté & famine; j'ai tâché
ſeulement d'approprier à nos organes quelques
végétaux négligés par les bêtes elles-mêmes,
& qui dans des temps calamiteux peuvent
devenir une nourriture moins nuiſible & plus
agréable pour les pauvres, que toutes les
choſes ſur leſquelles on les a vus contraints
de ſe jeter pour entretenir une exiſtence dou-
loureuſe qu'ils maudiſſoient.

Peut-on enviſager ſans effroi le tableau
affligeant de ces époques déſaſtreuſes où l'induſtrie aux priſes avec la néceſſité, a été chercher
de quoi aſſouvir une faim cruelle & dévorante
dans les débris des corps appartenans aux trois
règnes de la Nature, dans des matières terreuſes, oſſeuſes & ligneuſes? qui lira ſans
frémir l'hiſtoire de toutes ces tentatives inſ-
pirées par le déſeſpoir, & des ſuites horribles
qui en furent la cataſtrophe? mais tirons le
rideau ſur les malheurs paſſés, & s'il eſt poſſible de laiſſer entrevoir l'eſpérance de les
prévenir, ce ſera au moins pour les cœurs

fenſibles, une fécurité de plus qui leur permettra de jouir des fruits de l'abondance,
trop fouvent étrangère aux habitans de certains
cantons & à quelques ordres de citoyens qui
n'en ont jamais goûté les douceurs.

Mais, dira-t-on, la Providence a placé
dans tous les lieux les fecours que nos vrais
befoins demandent, & cette mère attentive,
femble avoir évité à fes enfans toutes les
occaſions de fe tromper fur le choix des moyens
propres à leur confervation, en donnant aux
alimens convenables à l'homme, une faveur
douce & flatteufe, tandis que ceux dont
elle lui interdit l'ufage, ont une odeur & un
afpect défagréable. Or, s'il arrive que nous
ne difcernions pas toujours leurs véritables
propriétés, c'eſt que la multitude des mets,
& l'art qui les apprête, ont dépravé l'organe
du goût; les animaux s'y méprennent rarement, eux qui n'ont d'autre inſtinct que ce
fens, fecondé par celui de l'odorat, peuvent, à leur aide, fervir de guide dans quelques-unes de nos provinces, pour nous indiquer, par exemple, les bons ou les mauvais
champignons.

C c ij

Cette idée eſt ſans doute conſolante & en même temps bien précieuſe pour l'humanité; mais le Créateur a ſouvent placé l'aliment à côté du poiſon, la ſubſtance cauſtique avec celle qui eſt douce, témoins pluſieurs de nos Plantes indigènes, le pied de veau & la bryone, dont la qualité vénéneuſe n'eſt pas un motif ſuffiſant pour les rejeter tout-à-fait de la claſſe des comeſtibles quand la terre, cette nourrice féconde, nous refuſe nos alimens ordinaires. Cependant il faut être en garde ſur l'adoption ou le mépris que les animaux font de quelques alimens: car il y a des végétaux ſalutaires à pluſieurs eſpèces d'entr'eux, & très-funeſtes à l'homme, & _vice verſâ_. Citons-en pluſieurs exemples déjà connus, qu'il eſt bon de rappeler quelquefois, afin de rendre circonſpects ceux qui ſe hâtent de prononcer ſur les propriétés de certaines ſubſtances, d'après les effets qu'en éprouvent les animaux ſoumis aux eſſais.

On ſait que les oiſeaux becquetent certains fruits, dont l'uſage nous ſeroit dangereux; que les cochons dévorent impunément la juſquiame; que le perſil tue le perroquet:

on dit encore que l'amande amère eft un poifon pour les poules ; que l'hippopotame trouve la mort dans la femence du lupin : enfin, tous les animaux ne femblent-ils point refpecter le haricot vert, quoique nous nous en nourriffions fans rien éprouver de fâcheux ? Mais de quelle utilité feroit un plus grand nombre de pareils exemples ? Paffons aux précautions qu'on peut employer pendant le temps que durent les difettes.

En général, il faut moins de nourriture à l'homme qu'on ne le croit communément ; on feroit même furpris de voir la maffe énorme d'alimens qu'il prend, & la petite quantité de fucs nourriciers qu'il en retire pour la nutrition. Celui qui mange plus qu'il ne faut, fe nourrit moins qu'il le doit ; c'eft un aphorifme de *Sánctorius*, & l'on auroit peine à croire, fans la balance de ce Médecin, qu'une trop grande abondance d'aliment, excite une tranfpiration trop forte.

C'eft vraifemblablement d'après ce principe, qu'on a imaginé, en différens temps, plufieurs moyens pour fe garantir, avec peu de chofe, de la faim & de la foif, fléau encore plus

horrible; les paſtilles pour ce dernier cas
ſont connues : il eſt également poſſible de
remplir l'autre beſoin à peu de frais, ou de
le rendre au moins ſupportable un certain
temps ſans aucun danger. L'expérience a déjà
appris qu'il ſuffiſoit de mâcher habituellement
des feuilles de tabac pour appaiſer la faim;
cet effet ne dépend point, comme on l'a
avancé, des obſtacles que ce végétal apporte
à la tranſpiration inſenſible, ni du mucilage
qu'il ne contient plus dans l'état de fermentation où il ſe trouve : il agit ſur les ſucs
ſalivaires, les expulſe au-dehors, en diminuant
de leur activité.

Au Pérou, les Mineurs qui ſouvent n'ont pas
le temps de manger à cauſe de l'arrivée de l'eau
qui les ſubmergeroit s'ils diſcontinuoient leurs
travaux, mâchent & ſucent toujours du *Coca*,
feuille d'un arbriſſeau que l'on cultive dans cette
partie de l'Amérique, & dont on fait un très-
grand commerce : les Indiens qui mâchent preſque continuellement du *betel* mêlé avec l'*areca*,
pour un autre uſage à la vérité que celui
d'appaiſer la faim, éprouvent cette ſenſation
moins violemment que les autres peuples.

Les Anciens étoient auſſi dans l'uſage
d'employer diverſes compoſitions propres à
ſoulager la faim, ce qu'ils appeloient *ſe nourrir
à peu de frais :* les plus fameuſes ſont les paſtilles d'*Épimenides.* Ils y faiſoient entrer des
feuilles de mauve, de la racine d'aſphodèle,
de l'oignon de ſcylle (ſans doute de l'eſpèce
des ornythogales), toutes ſubſtances mucilagineuſes, incorporées avec du miel, & auxquelles on ajoutoit la ſemence de ſéſame & les
amandes grillées : après les avoir fait ſécher,
ils les diviſoient en petites maſſes de la groſſeur
d'une noix muſcade, une le matin & autant
le ſoir ſuffiſoient pour ſe mettre à l'abri de
la faim.

Sans adopter cette compoſition qui nous
paroît aſſez bizarre, on pourroit faire des
paſtilles contre la faim, plus efficaces & moins
déſagréables, en choiſiſſant parmi nos mucilagineux les plus connus, tels que la gomme
arabique & l'amidon ; en les incorporant avec
du miel ou un ſirop quelconque, on y ajouteroit des ſemences de la claſſe des ombellifères : la ſalive imprégnée d'une ſubſtance
muqueuſe, & avalée, inſenſiblement diminue

la faim ; le glouton , toutes chofes égales d'ailleurs , a befoin de manger davantage que celui
qui conferve long-temps dans la bouche les
morceaux , & qui opère fur eux une parfaite
maftication.

Comme toutes les fubftances roulées un
certain temps dans la bouche , concourent à
rendre la faim moins preffante , il feroit plus
économique & plus commode de fe fervir
des poudres nutritives indiquées précédemment,
fans leur donner la forme de panade : à la chaffe
ou en voyage , ce feroit un moyen de foulager
& même de beaucoup diminuer l'appétit : le
chocolat pris en fubftance , nourrit plus que
dans l'état liquide. *Haffelquift* nous affure que
près de cent perfonnes enfermées par les ennemis, avoient vécu plufieurs mois fans prendre
d'autre nourriture qu'une très-petite dofe de
gomme arabique qu'elles laiffoient fondre dans
la bouche & qu'elles avaloient enfuite : enfin
que l'on demande à quiconque a mangé un
morceau de pâte de guimauve , s'il n'a pas
éteint fa faim en partie !

Nous l'avons déjà dit , & nous le répétons
encore parce que la circonftance l'exige ,

l'habitude, l'oifiveté & d'autres caufes ont
fouvent plus de part à l'appétit que les befoins
de réparer les pertes : à la faveur de quelques
précautions faciles à obferver , non-feulement
on rendroit l'appétit moins confommateur ,
mais on tireroit encore un parti plus avantageux des denrées qui exifteroient ; la moitié
du monde, dit - on , meurt de faim pour être
trop peu nourri & l'autre pour l'être trop ;
combien de fois pour fonger à l'abondance
qui manque, n'oublie-t-on point ce qui peut
devenir mal-faifant ! les difettes produiroient
moins de ravages fi l'homme vouloit réduire
fa nourriture , mais quelle que foit la circonftance où il fe trouve, il defire toujours la
même quantité , & pour fe la procurer, il
facrifie le meilleur aliment au volume en l'a-
longeant par toutes fortes de mélanges plus ou
moins nuifibles , enfin ce n'eft pas fouvent la
grande ou la petite quantité d'aliment qui occafionne les maladies, c'eft l'efpèce & la qualité.

Inutilement pour économifer le comeftible
on s'aviferoit de faire l'éloge de la vie fobre
en repréfentant *Cornaro,* la balance à la main,
pefant tout ce qu'il mange & criant que rien

n'eſt plus avantageux qu'un bon régime; que
la pratique en eſt facile à obſerver, & qu'il
en réſulte beaucoup d'avantages : qui ne ſait
pas que dans ces temps heureux où l'on ignoroit la délicateſſe des tables, & lorſqu'on ne
ſongeoit qu'à remplir les ſeuls beſoins de la
Nature ſans rafiner ſur les moyens d'y ſatisfaire,
les hommes étoient infiniment plus robuſtes!
Ils ſe contentoient alors d'un fruit ſauvage
pour étancher la ſoif, & de quelques ſemences
ou racines agreſtes pour appaiſer la faim ; mais
il ſeroit ridicule de croire qu'on pourroit
établir tout d'un coup une réforme dans le
régime : c'eſt alors que les comeſtibles ſont
rares, qu'ils ſemblent être plus deſirés & porter
à la faim. Voyons ſi quelques circonſtançes ne
pourroient pas diminuer la faim, ſans que l'habitude & les organes fuſſent trop contrariés.

Il conviendroit d'abord dans les temps de
diſette, d'éviter ces repas ſplendides où la volupté
étale avec ſymétrie & profuſion une infinité
de mets, qui par leur manière d'être apprêtés
& ſervis, excitent l'appétit & font manger
beaucoup a u-delà des vrais beſoins; les gens
riches, pour qui il n'y a jamais de famine,

doivent au moins par humanité, chercher à diminuer la conſommation le plus qu'il eſt poſſible, en ordonnant que tout ce qui compoſe le repas leur ſoit ſervi à la fois : une table abondamment couverte eſt encore un moyen de raſſaſier promptement les convives & à peu de frais.

Si la réunion des convives eſt un moyen aſſuré pour conſommer davantage, il ſeroit encore néceſſaire que les gens peu à l'aiſe mangeaſſent ſéparément : la faim eſt une eſpèce d'animal qui ſemble indépendant de notre volonté, & avoir ſon ſiége principal dans la bouche; un rien peut le rendre moins vorace : quelque choſe roulée dans la bouche au moment où il ſe fait le plus ſentir, en vient à bout; enfin il ſuffit de changer l'heure du repas pour diminuer l'appétit.

Comme l'eſpèce de préparation donnée aux différens mets, facilite plus ou moins leur digeſtion; il faudroit éviter ſur-tout de leur donner un trop haut goût : il y a auſſi des alimens qui augmentent l'effet nutritif lorſqu'on ſaiſit le point d'apprêt qui leur convient le mieux : les grains, par exemple, ſont plus nourriſſans étant entiers & cuits qu'écraſés ou en magma ſous la forme de *bouillie*. Dans toute l'Inde, on expoſe le riz à la vapeur de l'eau bouillante ſur des couvercles percés comme des écumoires ; il ſe ramollit ſans ſe crever, & dans cet état on en mange moins & il ſoutient davantage : en un mot, il faut éviter de remplir l'eſtomac par des alimens qui opèrent la plénitude ſans raſſaſier, & rappellent bientôt la faim.

Il ſeroit encore à deſirer qu'aux heures du repas, où la cuiſine eſt remplie du fumet des ragoûts qu'on y prépare, les convives allaſſent y faire un tour ; on ſait combien les exhalaiſons animales ſont nourriſſantes pour ceux qui s'y trouvent perpétuellement, & l'embonpoint des Cuiſiniers, des Bouchers, des Chaircutiers, n'eſt pas toujours dû à la quantité de nourriture : les réflexions qu'a faites à ce ſujet *Cyrano de Bergerac*, lorſqu'on voulut lui perſuader que dans l'Empire de la Lune c'étoit de vapeurs qu'on ſe nourriſſoit, ſont très-ſages.

Qui conſomme la portion la plus ſubſtancielle des grains, & réduit ſouvent nos

malheureux concitoyens à cette affreufe alter-
native ou de fe nourrir des chofes les plus
mal-faines ! notre vanité & le luxe des grandes
villes, qui, comme l'obferve M. Boffu dans
fes *nouveaux Voyages en Amérique*, leur ôte
la fubfiftance principale pour la faire voler fur
les têtes évaporées des coquettes & des petits-
maîtres. *Il faut de la poudre pour poudrer nos*
perruques, dit le citoyen de Genève ; *voilà*
pourquoi tant de pauvres n'ont point de pain.

Nous ferons cependant obferver que la
totalité de l'amidon n'eft pas confacrée à ce
dernier objet, car nos Manufactures de papiers
& de cartons en confomment la plus grande
partie ; les accommodages exigent infiniment
moins de poudre, depuis que les Perruquiers fe
fervent de la houpe de cygne, invention qui,
fi elle eût été imaginée dans la vue d'être
utile, auroit dû mériter à fon auteur une
récompenfe. En 1774, l'Impératrice rendit
une Ordonnance qui défend aux Soldats de fe
poudrer : ailleurs, on coupe les cheveux aux
Troupes pour ménager l'amidon.

On fent bien que pendant que dureroit la
difette il faudroit interdire les Amidoneries, &

ne permettre pour cet emploi que les blés gâtés ;
l'amidon qui en proviendroit pourroit entrer
dans la maffe de la nourriture fans aucun inconvénient, ainfi que je crois l'avoir démontré
dans plufieurs Mémoires lûs en différens temps
à l'Académie. Il feroit convenable auffi de
fermer les Brafferies ; les gruaux blancs & les
gruaux bis, la farine d'orge mêlée avec celle
du froment & du feigle, augmenteroit la
quantité du pain, & les fons épuifés ferviroient
à la nourriture des beftiaux.

Pour obtenir des boiffons propres à remplacer la bière dans l'été, on prendroit du fon
de froment ou de feigle dont on feroit une
décoction dans l'eau de rivière, que l'on
pafferoit enfuite pour en féparer la partie
corticale ; on en rempliroit un tonneau ; on y
délayeroit enfuite un levain de huit jours, &
dans un temps chaud, la fermentation s'éta-
bliroit en moins de vingt-quatre heures : dès
qu'on s'apercevroit que l'écume qui fort par le
bondon commence à s'affaiffer, on boucheroit
exactement le tonneau, on laifferoit dépofer la
liqueur pendant quelques jours afin de lui
donner le temps de s'éclaircir. Lorfqu'on a pris

quelque précaution pour ne laiffer contracter aucune mauvaife odeur au fon ; cette liqueur eft affez agréable ; elle eft rafraîchiffante , & fa faveur eft vineufe , tirant fur l'aigre ; c'eft enfin la limonade des pauvres habitans de la campagne.

Il faut fi peu de chofe pour concilier à l'eau la propriété vineufe & défaltérante, qu'on pourroit encore fe difpenfer de dérober les fons aux beftiaux ; un peu de miel ou de fucre , quelques racines fucrées étendues dans beaucoup de liquide , fuffiroient : dans ce cas , tous les fruits fauvages pourroient auffi fournir une boiffon acidule , & les végétaux farineux , cultivés ou non , ne devroient jamais, dans les temps de difette, fervir qu'à la nourriture.

Il faudroit encore que les Boulangers fuffent autorifés à ne fabriquer, dans les temps où la denrée feroit chère & rare , que de gros pains de douze livres au moins, les petits pains de luxe exigent beaucoup de pâte & éprouvent un déchet confidérable durant leur cuiffon ; d'ailleurs on enlève à une groffe maffe de pain le morceau calculé fur les befoins ;

on fe croit obligé par décence ou même par économie, de manger fon petit pain.

La nourriture a tant d'influence fur la fanté, la vigueur & la population, qu'on ne fauroit trop veiller à ce qu'elle foit toujours en quantité fuffifante, compofée de chofes faines & préparées convenablement. On a cependant cherché à établir qu'il falloit que le peuple fût conftamment nourri d'alimens groffiers, peu fubftantiels & fans apprêt, afin que partout & dans les temps de détreffe, il pût aifément endurer la faim, comme fi les vifcères étoient en état d'effuyer toutes les privations, fans que leur jeu & leurs fonctions ne duffent perdre leur mécanifme ; cette prétention eft prefque auffi originale que celle de ce Particulier, qui voulant accoutumer fon cheval à jeûner, trouva fort extraordinaire qu'il fût mort au moment précifément où il alloit vivre fans manger.

Loin de nous ces infames maximes qui ne fervent qu'à étouffer le fentiment affligeant qu'infpire l'état miférable du peuple dans les temps de difette & à juftifier notre infenfibilité ! on a cherché à établir que l'homme ne

ne travailleroit point s'il n'étoit malheureux,
qu'il falloit qu'il fût efclave pour vivre content,
qu'il ne devoit pas être à l'aife fi on vouloit
qu'il fût docile; mais quelque captieux que
foient de pareils raifonnemens, dignes fans
doute de ceux qui ont imaginé les premiers
le commerce des Nègres, ils ne parviendront
point à féduire celui qui voit dans l'homme
fon pareil & fon égal, qui connoiffant les
droits de l'humanité, eft jaloux de fon bonheur: il femble que nous ferions infiniment
plus heureux s'il n'y avoit que les fléaux de la
Nature à redouter.

Qu'il me foit donc permis d'implorer au
nom de l'humanité, les perfonnes riches,
éclairées & bienfaifantes qui habitent les campagnes fur lefquelles le fléau de la difette pèfe
le plus fouvent: c'eft fur-tout à l'approche de
la moiffon que le payfan eft le plus à plaindre;
manquant de tout, il foupire après la récolte,
fe jette fur le grain qu'il confomme auffi-tôt
qu'il eft coupé; les maladies l'affiègent enfuite
de toutes parts, & il ignore que c'eft dans
l'ufage des grains trop nouveaux qu'il faut
en chercher la caufe. Lorfque faute de temps

D d

& de moyens ils ne peuvent employer la précaution de faire fécher au foleil, ou au four leurs grains, il faudroit que les riches propriétaires exerçaffent la charité envers eux fans leur rien donner, en changeant fimplement les grains nouveaux contre de vieux grains, mefure pour mefure.

On voit dans les capitales des femmes refpectables qui fachant allier les devoirs de bienféance que leur état leur impofe avec les détails domeftiques, vifitent l'indigent jufque dans fon réduit obfcur pour lui tendre une main fecourable: dans les temps de difette, ce n'eft pas toujours l'argent qui manque, mais la denrée première à laquelle fa cherté ne permet point à tout le monde d'atteindre; des provifions alimentaires amaffées dans l'abondance, des châtaignes féchées, des pommes de terre cuites & féchées, du bifcuit de mer concaffé, ne tiennent prefque point de place, font peu coûteux & n'exigent ni frais ni foins pour être confervées longtemps: n'attendrions-nous donc à connoître le prix de ce qui nous manque que quand il fera impoffible de fe le procurer !

ARTICLE XXXI.

Réflexions sur les causes des Diſettes, & sur les moyens de les prévenir.

L'HISTOIRE eſt pleine d'exemples frappans des funeſtes effets que les diſettes ont occaſionnés en différens temps, non-ſeulement dans le Royaume, mais encore dans les autres parties de l'Univers : ces détails affligeans des malheurs & de l'ignorance de nos ayeux, offrent tant d'horreurs, que nous avons crû devoir en épargner le récit à la ſenſibilité de nos Lecteurs; l'eſpèce humaine a aſſez de détracteurs ſans fournir de nouvelles armes contre elle : d'ailleurs, s'il y a eu des hommes aſſez abominables pour établir leur fortune ſur la miſère publique, & voir avec indifférence leurs concitoyens renoncer aux plus chères affections pour aſſouvir une faim dévorante, il s'en eſt trouvé un plus grand nombre chez qui le ſentiment de bienfaiſance & d'humanité a marqué ces époques déſaſtreuſes, par les traits les plus ſublimes; mais cet objet, quoique lié à mon Ouvrage, n'eſt pas entré dans ſon plan : j'ai préféré m'occuper de la

D d ij

recherche des moyens qu'il eſt poſſible d'employer pour éviter & adoucir ce déplorable état, plus cruel que la peſte, & que les Livres ſacrés préſentent comme le dernier ſupplice du genre humain.

Il en eſt ſans doute des diſettes comme de certaines maladies, qu'il eſt plus aiſé de prévenir que de combattre, dès qu'une fois elles ont commencé à manifeſter leur préſence; car quelle que ſoit alors l'efficacité des moyens qu'on puiſſe employer, on ne doit pas eſpérer de garantir tout un pays qui en ſeroit affligé; mais avec des ſoins & quelques précautions, ces temps de calamités ſeront infiniment plus rares & moins fâcheux.

On peut diſtinguer en général trois ſortes de diſettes; l'une, dépendante du dérangement des ſaiſons, des préjugés ou de l'ignorance des Cultivateurs, de la négligence de ceux commis à la garde des productions, ou qui ſont deſtinés à leur donner l'état alimentaire; l'autre, eſt cauſée par les guerres qui portant l'épouvante dans les campagnes, en font déſerter les Cultivateurs, détruiſent juſqu'au fondement des récoltes futures, ou qui interceptant

toute communication, réduifent les habitans
des villes bloquées à la plus extrême détreffe ;
enfin, la troifième a fa fource dans les combinaifons particulières de commerce : or, comme
les abus & les prévarications qu'on peut commettre à cet égard, ne fauroient échapper à la
vigilance éclairée du Gouvernement dont les
principes fur cette matière délicate font fuffifamment connus, nous nous difpenferons d'en
parler, pour nous renfermer feulement dans le
fimple expofé des circonftances qui influent de
la manière la plus directe fur le produit des
récoltes & que nous pouvons prévenir.

La Nature, économe en productions nutritives, ne prouve que trop fouvent à l'homme
que fa fubfiftance journalière eft le fruit de
fes peines & de fon induftrie, puifque livrée
à elle-même elle ne lui donne que des fruits
âpres, des femences fades, des racines groffières, dont la durée & les reffources font
très-précaires : veut-il obtenir des récoltes
abondantes, affurées & pourvues de tous leurs
avantages, il faut qu'il rende fon champ fertile, qu'il le façonne par les labours, qu'il
l'enrichiffe par les engrais, qu'il choififfe &

prépare la femence, qu'il faififfe le moment
favorable de la répandre, qu'enfin il en fur-
veille le produit durant & après la moiffon:
telle eft la loi impofée à quiconque defire
retirer de la terre le fruit qu'elle eft en
état de produire, lorfqu'à la libéralité, elle
joint la reconnoiffance.

En vain tous les efforts fe réuniroient
pour mériter de la terre fes bienfaits, fi le
fol, le climat & les élémens rendent les travaux
infructueux & contrarient les opérations;
heureufement ce n'eft pas toujours l'inconf-
tance des faifons & les viciffitudes de l'atmofphère qui trompent les efpérances les
plus flatteufes des Cultivateurs : la routine
aveugle qui les fubjugue, l'obftination à ne
pas vouloir accorder leur confiance aux expériences faites au grand jour & qui tiennent
de la démonftration, l'éloignement qu'ils ont
pour ceux qui cultivent les Sciences propres
à les éclairer dans leur profeffion, leur réfif-
tance à ne pas vouloir fe plier à des ufages
auxquels ils ne font pas accoutumés dès l'enfance, & qui ne leur ont pas été tranfmis
par leurs pères, la manie qu'ils ont de voir

dans les chofes les plus fimples & les plus naturelles, du merveilleux & de l'extraordinaire, voilà des caufes qui rendent fouvent nos productions maigres, les épis peu grenus, les grains prefque fans farine, les pailles foibles & creufes, enfin des récoltes très-médiocres.

L'application affidue à l'Agriculture eft le premier moyen de prévenir ces différens accidens: pour mettre en rapport une terre qu'on défriche, il fuffit d'opérer la divifion de fes molécules & d'augmenter fes furfaces; car ce n'eft qu'en l'atténuant qu'on parvient à la rendre plus poreufe, plus meuble & plus difpofée à profiter des différens fluides qui circulent dans l'atmofphère: mais quelque multipliés que foient les labours, ils ne peuvent tenir lieu long-temps d'engrais; il eft même important que le nombre en foit limité, car une terre remuée trop fouvent, perdroit par l'impulfion de la charrue, tous fes fels, pour parler le langage ordinaire, je veux dire, fa faculté fertilifante.

Souvent il ne faut non plus qu'un peu d'attention pour fertilifer les champs les plus arides;

nous avons fous la main le pouvoir de compofer à volonté & fans frais, des engrais avec
une infinité de fubftances végétales & animales,
qui, réduites à un certain état, & jointes aux
terres labourables, concourent à leur fécondité: que de matières perdues, & qui, au
moyen de préparations convenables, deviendroient très-propres à cet emploi! L'inciné-
ration des gazons, des plantes dures &
ligneufes, & du chaume après la moiffon, eft
une opération très-utile quand elle s'exécute
fur le terrein même, éloigné des vignes &
des arbres fruitiers; elle eft négligée prefque
par-tout; non-feulement elle fournit de la
cendre, dont l'effet eft connu, mais la flamme
qui réfulte des végétaux que l'on brûle, lèche
la furface de la terre, lui rend la propriété
calcaire qu'elle avoit perdue par les différentes
combinaifons avec l'air & les autres élémens,
en même temps qu'elle détruit les mauvaifes
graines & tue les infectes.

Le règne minéral peut auffi fournir des
engrais à la culture; l'expérience journalière
prouve qu'ils font les plus durables, & que la
marne en eft une des plus utiles, particulièrement

dans pluſieurs de nos provinces : elle donne de l'activité à la terre & du nerf à la plante qui produit des épis chargés de grains & de la meilleure qualité ; auſſi les Cultivateurs, qui ont marné leurs terres, ont mis bientôt en valeur & en produit, des milliers d'arpens, qui juſque-là, par leur maigreur & leur ſtérilité, les avoient déſeſpérés au point de leur faire regretter les fumiers & les labours.

A la vérité, il faut avouer que la rareté des marnières en certains endroits, rend cette opération diſpendieuſe, ſouvent même impraticable. Quelques amis du bien public ſe ſont généreuſement prêtés aux vues louables des Cultivateurs, en permettant la fouille des terreins incultes de leurs domaines, où l'on pouvoit ſoupçonner de la marne. Malheureuſement cet exemple patriotique n'a pas toujours été ſuivi ailleurs ; beaucoup de paroiſſes éprouvent depuis bien des années les entraves les plus gênantes à cet égard : pluſieurs ont offert aux Seigneurs de payer ce qu'ils voudroient pour leurs marnes, ſans en être écoutés : découragés par ces refus contraires à l'humanité, il y a des Laboureurs dans la Brie qui ont été tentés d'abandonner la culture de leurs terres amaigries par l'épuifement des récoltes, faute de pouvoir obtenir à prix d'argent, la marne qui ne fert à rien à fes propriétaires.

Loin donc d'interdire l'accès des marnières ou de rançonner les hommes qui viennent y puifer le principe de la fécondité, ce devroit être autant de dépôts publics ouverts à l'induſtrie des Cultivateurs & aux befoins de l'État, puifqu'il s'agit d'un moyen affuré de multiplier les objets de première néceffité. Il faut efpérer que le Gouvernement convaincu par l'expérience des avantages de la marne, daignera fe rendre aux vœux des citoyens qui defireroient qu'un fage règlement permît à un chacun de prendre de la marne dans tous les terreins incultes où il s'en trouveroit, moyennant la réparation des dégâts & une modique rétribution pour les propriétaires. Ces derniers auroient un autre avantage; leurs fonds ſtériles étant fouvent remués, deviendroient par la fuite très-propres à être plantés en bois ou autrement : ce n'eſt qu'en mélangeant les différentes terres qu'on parvient à les rendre productives; la meilleure efpèce d'entr'elles fi elle eſt pure, reſte ſtérile.

La femaille eft fans contredit le point critique & peut-être le plus important de l'Agriculture; quelques années confécutives de mauvaifes récoltes, fuffifent pour affoiblir à la longue le germe des grains & leur vertu productive, ce qui fait que le plus léger contretemps eft capable de préjudicier aux progrès de la végétation: c'eft même à cette caufe qu'il faut attribuer l'efpèce de difette qui s'eft fait fentir il y a quelques années dans prefque toutes les contrées de l'Europe où l'on n'eft pas encore habitué à foigner convenablement les femailles; car fi un grain réfultant d'une bonne année & confié à une terre excellente, bien fumée, n'a befoin d'aucune préparation préliminaire pour être enfemencé; dans le cas contraire il faut néceffairement recourir à des moyens qui lui donnent une conftitution plus vigoureufe, afin qu'il en provienne une plante fufceptible de réfifter davantage à la gelée, aux pluies & aux autres influences de l'atmofphère.

On doit donc toujours choifir pour cette opération la femence la plus nouvelle, la plus pure, la plus groffe & la mieux nourrie; on doit la purger de toutes ses hétérogénéités, & la soumettre à une préparation préliminaire; la meilleure qu'on puisse employer est le chaulage, parce que la chaux qui en fait la base, donne aux matières extractives végétales & animales contenues dans l'eau de mare, plus d'activité, les fait adhérer à la surface des grains, y entretient une sorte d'humidité, de manière que le blé dont la complexion est délicate, étant recouvert d'une enveloppe grasse & visqueuse, germe plus aisément, devient plus fécond & fournit des grains de la plus excellente qualité.

Si la Nature semble attacher souvent un trop haut prix à ses présens; que de maux imaginaires ne lui prêtons-nous point, qui ne sont que le fruit de notre ignorance & de nos préjugés! Sans doute il n'est pas toujours en notre pouvoir de préserver les grains des accidens qui leur surviennent pendant qu'ils croissent & jusqu'à ce qu'ils soient parvenus à une parfaite maturité; mais il n'en est pas de même de leurs maladies, qui occasionnent pour le moins autant de dégâts dans les récoltes: la carie, par exemple, plus connue sous le nom

générique de *nielle*, ce fléau des moiffons, qui
fe développe au moment même de la germination, qui s'attache aux radicules & anéantit
tous les organes de la fructification, eft indépendante du fol, de la conftitution de l'air &
de l'état des fumiers; c'eft une pouffière noire,
fétide & contagieufe, qu'une fimple leffive de
cendre animée par la chaux détruit fans retour,
en donnant en même temps au grain plus d'ap-
titude à la végétation : pourquoi en dédaigner
l'emploi & ne pas y plonger plufieurs fois les
femences pour peu qu'on les foupçonne in-
fectées de cette carie, puifque c'eft le moyen
infaillible de s'en garantir! J'ai vu il y a quelques
années, dans les environs de Mondidier en
Picardie, les plus belles pièces de froment gâtées
par cette maladie qui avoit prefque réduit à rien
la récolte la plus riche en apparence.

Quand viendrons-nous donc à bout de perfuader aux habitans de la campagne, pour leurs
propres intérêts, que les maladies des grains
& la médiocrité de leurs récoltes ne font nullement l'ouvrage du Ciel en courroux; qu'elles
réfident prefque toujours dans les femences
qu'ils confient aux fillons, & qu'au milieu de

leurs foyers ils poſſèdent le ſpécifique reconnu pour s'en garantir; que ceux qui ont l'attention de le mettre en uſage, ne manquent point d'en être récompenſés par d'abondantes moiſſons; tandis que leur négligence éterniſe par un retour périodique de la contagion, une peſte ruineuſe dans les champs, & qu'enfin malgré les avantages réunis de la ſaiſon pendant les différentes époques de la végétation, l'abondance & la qualité des récoltes ſe reſſentent plus ou moins ſenſiblement des ſoins qu'on a pris pour les ſemailles!

Mais n'importe, quelqu'aveugle que ſoit l'opiniâtreté des Laboureurs à cet égard, les efforts des Phyſiciens ne doivent point ſe rallentir, & quoiqu'en diſe le vulgaire, c'eſt à eux qu'il appartient de les guider ſur ce point capital de l'Agriculture: ils opéreroient encore plus d'effets s'ils étoient ſecondés par le zèle éclairé des Paſteurs; une inſtruction à la ſuite du prône, le Dimanche qui précède les ſemailles, vaudroit mieux que le Traité le plus clair & le plus abrégé. N'eſt-on donc pas coupable envers la Religion de croire toujours la Providence irritée, & de lui imputer des

maux auxquels elle n'a aucune part directe!
N'eft-ce pas un vol fait à la Société que de
refufer de mettre à profit les moyens qui nous
font offerts pour augmenter notre fubfiftance?
La grande quantité de grains forme l'abondance
des États, & la difette y fait le plus horrible
des malheurs.

L'ufage de laiffer la terre fe repofer
pendant une année, facrifie encore mal-à-
propos la moitié ou le tiers au moins du
produit réel qu'on pourroit retirer, au fol
efpoir d'augmenter la récolte de l'année
fuivante. Les Anciens trompés par quelques
obfervations, ont cru que la terre étoit fufceptible de laffitude & de délaffement, en
forte qu'une culture continuée pendant long-
temps fans interruption devoit la fatiguer
au point de la rendre tout-à-fait incapable
de nouvelles productions : pour parer à cet
inconvénient, ils inftituèrent les *jachères*, &
leur opinion a été adoptée fans examen dans
beaucoup d'endroits ; plufieurs Agriculteurs
célèbres les regardent même comme indifpenfables pour divifer la terre par les labours
& faire périr les mauvaifes herbes.

D'autres Auteurs, non moins diftingués, prétendent avec bien plus de fondement, que les années de jachères, loin d'être néceffaires, font inutiles & même dangereufes: étonnés qu'une femblable opinion ait pu s'accréditer parmi les Anciens environnés de forêts, ils obfervent qu'il n'y a point de terrein dont la furface foit plus couverte de végétaux, point de terrein qui produife & nourriffe plus de plantes que les bois & les prés; cependant malgré cette production continuelle, le terrein en eft toujours extrêmement fertile: en effet, les terres de l'efpèce des landes dépériffent par les jachères: les Chinois, les premiers Cultivateurs du Monde, regardent cette coutume, même pour les terres les plus maigres, comme abufive. Il y a des terres dans le Nord & dans le Midi, qui depuis des fiècles qu'elles font mifes en valeur, rapportent deux fois l'année fans jamais fe repofer: enfin, nous avons fous les yeux l'exemple de plufieurs provinces qui recueillent conftamment chaque année de leurs fonds, à peu-près le même produit; d'où l'on peut raifonnablement conclure, que ce n'eft nullement par le moyen

du

du repos qu'on parvient à féconder la terre, mais en lui faiſant nourrir une multitude de végétaux dont les racines produiſent beaucoup de terreau, d'où naît l'abondance & le bon marché, qui en eſt la ſuite naturelle, comme la cherté accompagne toujours la diſette.

L'humidité & la chaleur, les deux grands moyens de la Nature pour la végétation, concourent d'autant mieux à cet objet, que ces moyens ſont proportionnés & ſe prolongent depuis la germination juſqu'à la maturité. Pluſieurs Agronomes inſtruits citent différentes obſervations, qui tendent toutes à prouver que la quantité & la qualité des productions dépendent de la durée de leur végétation; ils expliquent en même temps pourquoi les pays froids ſont ſi fertiles en grain, malgré le déſavantage apparent de leur climat : c'eſt donc une coutume pernicieuſe d'attendre ſi tard, ſoit en automne, ſoit au printemps, pour commencer les ſemailles. Si l'homme réfléchiſſoit quelquefois ſur ſes travaux, non-ſeulement il parviendroit à les abréger, mais il diminueroit encore ſes dépenſes & augmenteroit ſes produits.

Que de grains expofés à la rapine d'animaux
avides, qui femblent fe réunir pour partager
notre fubfiftance, & préjudicier à la bonté de
celle qu'ils nous laiffent ! Si les colombiers
de volière étoient fermés durant les femailles
& la moiffon, on empêcheroit ces nuées de
pigeons de fondre fur les femences, & leur
nourriture en vefce ou autres grains ne con-
fommeroit pas autant ; fi l'on faifoit toujours
peur à ces bandes de francs-moineaux par des
épouvantails, ou que la tête de ces ennemis
ailés fût à prix, comme dans quelques États
d'Allemagne, on préviendroit leur larcin
annuel, qui va à près d'un demi-boiffeau
pour chacun ; enfin, fi on ne négligeoit point
de tendre des piéges aux rats, aux mulots,
le Cultivateur verroit-il fi fouvent le grain
enlevé au moment où il vient de le confier à
la terre, comme le dépôt le plus précieux de
la fociété ?

Un autre fléau non moins terrible, ce font
ces effaims d'infectes fi redoutables à caufe de
leur petiteffe, de leur voracité & de leur
prodigieufe multiplication, que nous avons le
plus grand intérêt d'exterminer, puifque leur

invafion dans les greniers, entraîne après elle
des maladies & des difettes; outre la partie
farineufe qu'ils confomment, l'humidité qui
réfulte de leur tranfpiration, difpofe les grains
à s'échauffer, leur communique une odeur
infecte qui fe conferve dans le pain qu'on
en prépare : ce font les pauvres habitans
de la campagne qui fouffrent le plus de la
mauvaife qualité de ces alimens, & leur fanté
eft de la plus grande importance dans un État;
car c'eft à leurs travaux que nous devons notre
fubfiftance.

Il y a encore des circonftances autres que
les foins des labours, des engrais & des
femailles, qui peuvent amener les difettes, ce
font les coutumes plus ou moins vicieufes de
procéder à la moiffon, & l'oubli des moyens
indiqués pour conferver aux grains toute leur
qualité. La Nature nous livre prefque toujours fes préfens dans le meilleur état; c'eft à
nous à mettre en ufage ce que l'expérience &
l'obfervation nous ont dévoilé de plus effentiel,
pour en tirer le parti le plus avantageux.

Parvenues fans accident au point de maturité
defiré, nos productions font encore expofées

à devenir le jouet des élémens : les pluies continuelles qui précèdent & accompagnent les
moiffons, peuvent diminuer les avantages fous
lefquels elles s'annonçoient d'abord. **Que de**
grains retenus au milieu des champs, dont une
partie germe fur pied & l'autre fe gâte entièrement ! exifte-t-il un fpectacle plus touchant,
pour un cœur vraiment fenfible, que celui
de voir tant de travaux, de foins, l'efpoir,
l'abondance & la vie d'un canton entier, perdus en un moment & le Cultivateur menacé
d'arrofer de fes larmes le pain qu'on voudra
bien lui donner ? mais il pareroit à ce malheur,
fi au lieu de laiffer les javelles fur terre, il fe
hâtoit de les mettre en grandes ou en petites
meules, méthodiquement conftruites & adoptées de temps immémorial dans certains cantons,
pour garantir le blé de l'humidité qui lui
eft fi préjudiciable, & fuppléer au défaut
d'emplacement.

Après avoir donné à l'Agriculture tout ce
qu'elle demande de nos foins & de nos vœux,
pour en obtenir une abondante récolte, il peut
encore arriver des difettes ; car ce n'eft pas le
tout de préferver le blé de la pluie qui tombe

pendant la moiſſon & de le rentrer ſèchement
dans la grange ; l'humidité qu'il contient encore
naturellement ſuffiroit pour le détériorer, ſi
on n'avoit l'attention d'en empêcher l'effet par
un travail preſque continuel : que de grains
de bonne qualité, entièrement perdus par la
négligence puniſſable des Régiſſeurs ! L'ignorance eſt ſouvent moins coupable que la pareſſe
& la cupidité : les Propriétaires qui ne peuvent
inſpecter par eux-mêmes les hommes qu'ils
chargent de leurs greniers, devroient bien, à
leur défaut, les faire inſpecter par quelques
perſonnes de confiance. En ſongeant que rien
ne peut repréſenter le blé, & que dans un
temps de diſette l'or n'a preſque aucune valeur
à côté de lui, peut-on s'empêcher d'être
révolté contre ces négligences affreuſes, qui
dans des circonſtances où l'on n'a que le
néceſſaire, expoſent à des malheurs ſans
nombre !

On ſait combien les Anciens, pour ſe préſerver de tout évènement fâcheux, étoient
occupés, dans les temps d'abondance, à ſe
ménager des armes contre les diſettes, &
l'on ne peut aſſez admirer la ſageſſe de leur

administration, qui avoit l'art de faire un auffi
heureux ufage du fuperflu des bonnes années,
pour fubvenir aux befoins que les mauvaifes
occafionnent; mais on a droit d'être furpris
en même temps que leurs dépôts publics, leurs
greniers de confervation, aient demeuré imparfaits pendant autant de fiècles; que même
l'expérience & le temps ne leur aient pas appris
que ces cîternes, ces puits profonds, ces creux
fouterrains, beaucoup trop vantés par nos
Modernes, racorniffoient le grain, & que
tous les lits de chaux, dont ils en recouvroient
la furface, empêchoient bien l'air de pénétrer
dans l'intérieur de la maffe, mais occafionnoient
des pertes confidérables. Maintenant qu'il eft
aifé de conferver les grains avec leur fraîcheur
& leur qualité fans en facrifier une partie,
quand verrons-nous donc une univerfalité
de foins & d'efforts atteindre un but auffi
utile ?

Dès qu'une fois le blé eft récolté, battu,
vanné & criblé, on le dépofe en tas dans le
grenier; il eft bientôt perdu fi on l'y oublie,
fi on ne le remue & ne l'évente, fi on n'oblige
une colonne d'air frais & fec d'en traverfer les

couches, de renouveler celui qui ſe trouvé interpoſé entre chaque grain, ſi enfin on ne vient à bout d'en interdire l'accès aux ani-maux deſtructeurs. Mais que produiroient tous ces ſoins, toutes ces attentions, ſi le magaſin eſt mal conſtruit, ſitué ſur un ſol humide, dans une expoſition déſavantageuſe, tenu mal-proprement & ouvert de toutes parts, ſi pour tranſporter le blé par eau ou par voiture, on ne le dérobe aux injures de l'air, & on n'emploie les mêmes précautions que pour empêcher le ſel & la chaux de ſe réſoudre & de s'effleurir! Quoi, parce que le grain n'a pas un effet auſſi effrayant dans ſa dété-rioration, s'enſuit-il que cette détérioration ne puiſſe avoir une ſuite encore plus funeſte par les maladies que les blés gâtés occaſionnent! Faut-il s'étonner ſi cet objet nous a tant intéreſſés dans les articles qui traitent de la conſervation & du tranſport des grains! Voyez le *Parfait Boulanger.*

Garder les blés dans des ſacs iſolés les uns des autres de toutes parts, nous paroît la meil-leure méthode de les conſerver ſans frais & ſans ſoins, elle convient aux particuliers les

E e iv

moins à l'aife & logés le plus étroitement; un autre moyen également fimple, facile & peu difpendieux pour la multitude des citoyens intéreffés à garder les grains deftinés à leur propre confommation, c'eft celui que propofe M. l'abbé *Villin*, il confifte à mettre le blé dans des paniers de paille de feigle ayant la forme d'un cône renverfé : on peut en voir les détails dans l'Ouvrage que nous venons de citer.

Toutes les années, il eft vrai, ne fourniffent point des grains qui foient fufceptibles de fe conferver, il en eft auxquels les différens degrés de la végétation ont été fi avantageux, que de ce concours de circonftances heureufes réfulte une univerfalité de bonne efpèce de blé, qui fait époque parmi les cultivateurs, mais il y a des blés provenans de pays froids, d'années pluvieufes & récoltés humides, qui menacent ruine dès qu'ils font au grenier ; les effets de l'air froid & fec feroient infuffifans pour enlever leur humidité furabondante, & prévenir la germination qui en eft la fuite inévitable : il faut donc leur adminiftrer un fecours prompt, & ce fecours c'eft l'étuve, qui achève en même

temps la combinaifon des principes des grains,
qu'un défaut de maturité n'a pas encore perfectionnés; de plus, c'eft un moyen certain de
mettre des provifions immenfes de grains en
état de fe conferver des fiècles, & de fouffrir
fans rifque le féjour de la mer & les voyages
de longs cours dans les pays les plus brûlans :
lorfque les provifions pour les Colonies fe
gâtent dans leur traverfée, on ne doit en
accufer que ceux qui fe fervent de blés peu
fecs ou qui ont négligé de les étuver.

Pour transformer les grains en comeftibles,
il faut d'autres foins & des manipulations différentes, qui influent également fur l'abondance
& les effets de la nourriture : combien de fiècles
écoulés avant qu'on connût l'art de retirer des
grains la totalité de la farine qu'ils contiennent,
& que la moitié reftoit confondue dans les
fons ! Quelle dut être alors la confommation !
Faut-il s'étonner fi les difettes étoient plus
fréquentes, & fi les animaux auxquels on
donnoit les gruaux à manger, regorgeoient
de nourriture lorfque les hommes broutoient
l'herbe & n'avoient pas de pain ! Les moutures
défectueufes font des fléaux dans les temps où

les grains ne font pas abondans : mieux foignées dans les provinces, elles rendroient des fervices infinis à l'État & au Public.

Il falloit autrefois quatre fetiers de blé, mefure de Paris, pour la fubfiftance d'un feul homme ; depuis, ces quatre fetiers font réduits à trois : la mouture économique ayant encore opéré une réduction, deux fetiers fuffifent aujourd'hui, tandis que dans la plupart de nos Provinces où l'on ignore encore le procédé de remoudre les gruaux, il faut peut-être employer trois fetiers & même plus pour opérer le même effet : les moutures défectueufes peuvent donc concourir à rehauffer le prix du pain, autant que les années pluvieufes, les dégâts de la grêle & du vent, les différens accidens qui font maigrir, noircir, rouiller & germer les blés pendant & après leur végétation ; ce feroit donc une richeffe prefque inconnue dans le Royaume, qu'une bonne Meunerie, puifqu'il feroit poffible d'épargner près d'un tiers des grains qu'on y emploie, d'où s'enfuivroit l'abondance dans la circonftance où l'on croiroit n'avoir que le néceffaire, & la fuffifance quand on pourroit craindre des difettes.

Une circonſtance eſſentielle à laquelle on ne fait pas aſſez d'attention, quoique chaque année elle ſe renouvelle avec plus ou moins de violence, c'eſt cette diſette momentanée que fait naître, au ſein même de l'abondance des grains, la ſuſpenſion des moulins à eau & à vent pendant des mois entiers qu'il règne un temps calme, des ſécherEſſes ou qu'il arrive des gelées ou des inondations, ce qui fait renchérir le prix des farines au point de n'avoir plus aucune proportion avec celui des grains ; c'eſt pour remédier à cet inconvénient que nous avons tant cherché à faire valoir les avantages du commerce des farines dans le Royaume, & que nous avons recommandé en même temps l'établiſſement des moulins à pédale de M. *Berthelot:* ce Mécanicien eſtimable eſt ſur le point de faire connoître différens autres moulins pour le même objet, ainſi que pluſieurs machines de force, également ingénieuſes & dont les moteurs ſont inconnus juſqu'à préſent ; il mérite d'être accueilli & protégé.

C'eſt ici où ſe bornent tous les ſoins qui nous paroiſſent les plus eſſentiels pour éloigner toutes les craintes de diſettes. L'art du Boulanger,

quelqu'important qu'il foit à la perfection de
l'aliment principal à la vie, ne fauroit autant
influer fur l'abondance : une remarque qu'on
peut faire ici, c'eft que l'eau & l'air faifant
partie du pain, il doit en introduire dans la
pâte en raifon de la féchereffe des grains &
de la ténuité de leur farine ; fans abufer de ce
précepte, il peut aujourd'hui retirer d'un
même fac de farine cinq à fix pains de quatre
livres de plus qu'autrefois, & c'eft toujours,
comme nous l'avons démontré, autant de
gagné pour la nourriture.

Quand on réfléchit que l'Agriculture, bien
ou mal pratiquée, eft la feule caufe de la
fertilité ou de la ftérilité d'un pays, de la
profpérité ou de la décadence des peuples,
on ne fauroit trop gémir fur toutes ces
opinions qui, bien examinées & approfondies,
ne font que des préjugés, & tiennent le premier de tous les Arts dans l'enfance. Nous
n'examinerons pas ici fi les inftrumens principaux du labourage font au point de perfection qu'ils peuvent atteindre, & fi, comme
on le prétend, on sème trop ; nous terminerons par une Obfervation fur un ufage

reçu parmi les Laboureurs, & qui nous paroît
encore nuire à l'abondance.

L'idée, dans laquelle on eſt que le blé
exige beaucoup de la terre, fait changer alternativement les productions; ce ſont d'autres
graminés qu'on cultive, dont les racines ſont
également maigres, chétives, & qui produiſent
fort peu de terreau : leur produit en farine
eſt très-médiocre en comparaiſon de celui
du blé ; il faudroit donc ne ſuivre cet uſage
qu'avec beaucoup de circonſpection : il y a
tant de variétés de blé, qu'on pourroit en
ſemer dans les différentes eſpèces de terre &
dans toutes les expoſitions : abondantes en matière alimentaire, elles mettroient l'État à l'abri
des diſettes, & le bon Laboureur, à même
de ſe nourrir toujours d'un comeſtible plus
ſubſtanciel : car c'eſt une vérité conſtatée par
les expériences les plus authentiques, que ſi
les blés, à meſure égale, rendent d'autant
moins qu'ils ſont petits & maigres, ils fourniſſent à peu-près autant, à poids égal, que
les blés de la première qualité.

Le principal aliment des Plantes réſide dans
l'atmoſphère, & le blé n'épuiſe pas plus la

terre, que les autres graminés ; il en eft un
dans le nombre qu'il faudroit fupprimer ou
diminuer beaucoup, non-feulement parce qu'il
contient fort peu de matière farineufe, mais
encore par la raifon que fouvent il ne produit point aux Fermiers leurs labours & leurs
fumiers : c'eft l'avoine dont la culture abforbe
une grande partie des meilleurs terreins,
l'ufage de ce grain eft déjà remplacé avec
fuccès dans quelques endroits par l'orge, dont
la végétation eft plus facile, plus fûre, &
qui produit une nourriture plus fubftancielle
& plus abondante que l'avoine. Ne pourroit-on
pas encore diminuer la quantité des chevaux
que le luxe a tant multiplié, en les fubftituant
pour les labours & même pour les tranfports
par des bœufs ; ces animaux doux, fobres &
infatigables, que la Providence femble avoir
deftinés à être le foutien du ménage champêtre, s'accommodent de tout ; auffi aifés à
nourrir que dociles à conduire, ils fertilifent
les pâturages, ne coûtent pas autant, font
moins délicats que les chevaux, & quand ils
ceffent d'être propres aux travaux, on peut
encore les difpofer pour les Boucheries. On

peut voir deux Tableaux des dépenfes & du profit qu'il y a faire en employant des bœufs au lieu de chevaux, dans un Ouvrage rempli de vues neuves & d'obfervations judicieufes : il eft intitulé *Réflexions fur l'état actuel de l'Agriculture,*

Combien il feroit à fouhaiter que dans le nombre des productions auxquelles nous confacrons l'emploi de nos terreins & du temps, on choisît toujours de préférence celles que l'expérience & l'obfervation auroient fait reconnoître comme les plus faines, les plus fécondes, les plus nutritives, & les moins affujetties au caprice des faifons ; celles dont les frais de culture & de récolte feroient peu difpendieux, qui pourroient fe conferver, fe tranfporter & s'apprêter le plus commodément ! Mais fi les terres étoient cultivées, fumées & améliorées telles qu'elles devroient l'être ; fi les jachères étoient fupprimées & que les récoltes fe fiffent avec précaution ; fi nous ne nous occupions pas autant à multiplier les allées, les parcs, les jardins, & fur-tout ces fentiers tortueux qui aboutiffent de toutes parts au même endroit, en donnant lieu à des dégâts

ruineux, affurément la France deviendroit le
grenier de l'Europe ; nos récoltes feroient
plus riches , nos produits auroient plus de
qualité ; enfin , & c'eft-là le vœu que nous
ne ceffons de former ; les mauvaifes années,
les momens de cherté, les temps de famine,
les difettes , en un mot , feroient moins à
redouter.

ARTICLE XXXII.

*Expofé des Objections faites fur la
culture & l'ufage des Pommes de
terre , apprêtées fous différentes formes,
& de leurs Réponfes.*

D'APRÈS les détails dans lefquels je fuis
déjà entré, relativement aux pommes de terre,
on verra très-aifément que j'ai répondu à la
plupart des objections qui m'ont été adreffées
contre la culture & l'ufage de ces racines,
apprêtées fous différentes formes ; ainfi, les
éclairciffemens qu'il me refte encore à fournir
fe borneront à quelques faits principaux, pris
au hafard dans la multitude de ceux qui exif-
tent maintenant en faveur d'un végétal trop

préconifé

préconifé par les uns & trop déprimé par les autres, malgré les précautions que j'ai toujours employées pour éviter ces deux extrêmes, dont je redoutois les effets.

Les premiers motifs qui m'ont déterminé à écrire fur la pomme de terre ne font ignorés de perfonne; mais j'ai penfé qu'il ne fuffiroit point d'avoir vengé cette Plante des accufations que l'efprit de fyftème & de contradiction avoit formées contre elle: je me fuis occupé fans relâche des moyens de rendre fa culture plus générale, & de la faire adopter dans les cantons d'où les préjugés fembloient l'avoir bannie pour toujours; fans doute que ces moyens étoient les meilleurs qu'on pouvoit employer, puifqu'ils ont réuffi; & la pomme de terre, dédaignée, avilie, calomniée dans quelques endroits de la France, a acquis l'eftime générale qu'elle mérite, depuis fur-tout qu'elle a été ennoblie par la panification.

Mais la pomme de terre n'a pas befoin toujours de l'appareil de la boulangerie pour devenir un aliment falubre; il faut la manger en nature quand il y a abondance de grains, la mêler à leur farine dans les années médiocres,

& n'attendre à en faire du pain pur que dans les temps de difette : tel eft le début de mes Lettres aux Seigneurs de paroiffes, qui m'ont demandé quelquefois des éclairciffemens dans la vue de préparer du pain de pommes de terre. Ces Racines, telles que la Nature nous les donne, peuvent foulager le pauvre pendant l'hiver, & lui procurer une nourriture fubftancielle & à peu de frais : accoutumez-y vos Vaffaux, leur ajoutai-je, par toutes fortes de voies, excepté par l'autorité ; ordonnez qu'on en ferve fur vos tables avec difcrétion ; traitez-les comme un mets précieux pour la fanté & pour l'économie : choififfez pour les planter l'endroit le plus expofé à la vue ; défendez-en expreffément l'entrée ; donnez une efpèce d'éclat à votre récolte, afin que chacun puiffe être témoin de fa fécondité. C'eft ainfi qu'à l'aide de quelques ftratagêmes, on parvient fans efforts & fans contrainte à infpirer à l'homme de la curiofité, & le defir de faire ce qu'on a intention qu'il faffe pour fon propre intérêt.

L'exemple & les exhortations produifent toujours un bon effet quand ils font bien préfentés. Un bon Curé du bas-Poitou a fervi d'encouragement dans tout fon canton : depuis trois ou quatre années il confacre à la culture des pommes de terre un terrein dont ci-devant il ne tiroit aucun parti ; fon but a été de venir au fecours des malheureux dans les temps de cherté : il en confomme chez lui, tant pour fa table que pour fes gens & fes beftiaux ; tous y ont pris goût ; les pauvres viennent maintenant demander, à fa porte, quelques pommes de terre, comme autrefois ils lui demandoient un morceau de pain, & il affure que pour ces différens ufages, il épargne plus de cent écus par année, ce qui lui permet de faire d'autres actes de charité. Quel gré les gens de bien ne doivent-ils pas favoir à ce digne Pafteur, de fa conduite & fon zèle ! Il n'eft pas un de fes Paroiffiens qui ne le béniffe, & ne le regarde comme leur Bienfaiteur : plufieurs Propriétaires commencent à fuivre cet exemple : c'eft le moyen d'établir dans une Province, un nouveau genre de fubfiftance, & de tirer bon parti des terres incapables de produire des grains, & il y en a beaucoup de cette efpèce & dans beaucoup de Provinces.

Je ne difcuterai pas ici de nouveau toutes les réclamations qu'on a faites touchant le pain de pommes de terre ; il me fuffira de dire qu'après avoir vérifié les titres de leurs Auteurs pour connoître jufqu'à quel point ils étoient fondés, je leur ai démontré que tous ces moyens, dont ils me parloient, & d'après lefquels ils n'avoient jamais pu venir à bout de porter ces racines à la fermentation panaire, fans le concours d'un mélange quelconque, avoient été appréciés à leur jufte valeur, en ajoutant aux plus opiniâtres d'entr'eux, qu'ils pouvoient rendre leurs prétentions publiques, & que je me chargeois d'y répondre, parce que, quand on a la vérité de fon côté & des motifs auffi purs, il en coûte peu pour fe défendre.

Ne croiroit-on point qu'on a voulu me forcer d'attacher à mon travail plus de prix que je n'en mets réellement ! La converfion de la pomme de terre en pain, regardée comme impoffible par tous ceux qui ont multiplié leurs effais dans cette vue, m'a occupé plus particulièrement : fi j'ai réuffi, c'eft en re-nonçant pour ainfi-dire aux principes reçus fur la fermentation; c'eſt en m'écartant de tous les procédés décrits dans les meilleurs Mémoires qui ont paru juſqu'à ce jour; je n'avois donc garde, malgré ma confiance dans l'étendue de leurs lumières, de les invoquer, puiſqu'ils ne m'auroient montré que la difficulté du ſuccès que je cherchois à vaincre; ainſi le ſeul mérite que j'ai, c'eſt celui d'avoir pourſuivi ſans interruption mes recherches, de les avoir variées & multipliées: l'on ſait que la perſévérance en moral comme en phyſique, eſt toujours couronnée par quelque ſuccès.

Je deſirerois bien que le travail dont-il eſt queſtion ici, offrît plutôt un objet de reſſource qu'une ſimple expérience de curioſité: pour le ſimplifier & le rendre d'une exécution facile, on n'a rien épargné; j'ai invoqué les lumières de Témoins célèbres dont je n'ai ceſſé de m'environner dans l'eſpoir d'atteindre à ce but; mais tout s'eſt borné à la ſurpriſe: les Boulangers ne peuvent revenir de leur étonnement, en voyant une racine groſſière, compacte & aqueuſe, ſe métamorphoſer en un pain blanc & léger; & c'eſt aux yeux des Chimiſtes les plus éclairés, la ſolution de deux

problèmes intéreſſans ; le premier, qu'une matière peut ſubir la panification ſans rien contenir
de glutineux ; le ſecond, que la fermentation
panaire a lieu ſans le concours d'une ſubſtance
ſucrée, puiſque l'analyſe de ces racines telles
que nous pouvons les avoir dans ces climats,
n'y a pas fait découvrir encore de ſucre &
de gluten ; mais je ſuis bien éloigné d'avoir
jamais regardé cette découverte comme la
plus importante du ſiècle : ce que j'ai fait,
un autre avec la même conſtance l'auroit fait
à ma place.

Quant aux détracteurs de profeſſion, diſ-
poſés par goût & par caractère à couvrir de
ridicule les travaux les plus utiles & entrepris
dans les meilleures vues, il ne faut pas eſpérer
de les changer, par conſéquent de les éclairer :
la poſſibilité de faire du bon pain de pommes
de terre ſeroit un phénomène infiniment plus
intéreſſant & d'une reſſource beaucoup plus
précieuſe ; la découverte & l'Auteur n'ob-
tiendroient pas plus de grâce auprès d'eux ; dans
le nombre, il n'en eſt aucun cependant qui ſe
trouvant dans quelques provinces d'Allemagne
& même en France, obligé, je ne dis pas de

fe paffer de pain, mais de fe nourrir de celui
que les payfans y préparent pour leur confommation journalière, ne baisât mille fois
la main qui lui préfenteroit un morceau de
pain de pommes de terre bien fait, & ne
regardât cette production de l'Art comme un
don du Ciel: c'eft-là où fouvent il faut attendre le commun des hommes; la plupart ne
font affectés que du moment préfent de leur
exiftence.

Si encore il pouvoit réfulter quelques lumières de cet acharnement à déprécier; fi au
lieu de crier: *cela ne vaut rien, le procédé eft
impraticable,* on vouloit au moins indiquer ce
qu'il eft poffible de rectifier, de retrancher
ou d'ajouter, les critiques deviendroient utiles,
la fcience & le bien public y trouveroient leur
compte, & ce feroit en même temps un dédommagement pour ceux qui s'y livrent; mais
non contens de jeter de la défiance fur des expériences conftatées, s'ils allèguent quelque
chofe de contradictoire, ils n'ofent rifquer
leur nom pour en garantir la vérité: ainfi, enveloppés du voile de l'anonyme, ils perpétuent
les erreurs populaires & les routines aveugles;

ils tâchent de donner des interprétations défavorables aux meilleures vues, de prêter aux
Auteurs des motifs qu'ils n'ont jamais eu, &
fans favoir le chemin qu'on tient, ils veulent
vous le montrer. Le temps eſt trop court
pour le perdre à répondre à de pareilles fortes
de gens, & je fuivrai en cela le conſeil que m'a
donné M. l'abbé *Dicquemare*, qui connoiſſant
mieux que perfonne le prix des inſtans, les
confacre tous à l'étude de la Nature & au
bonheur de l'Humanité. On me permettra
d'inférer ici la Lettre trop obligeante que ce
célèbre Obſervateur a eu la bonté de m'écrire,
pour m'inviter à ne me point diſtraire des
objets qui m'occupent.

LETTRE *de M. l'Abbé Dicquemare.*

MONSIEUR

« EN annonçant votre excellent Traité
» de la Châtaigne, le Journal de Phyſique,
» *tome XVI, page 78,* vous donne un titre
» d'autant plus glorieux, qu'il eſt juſtement
» mérité. J'ai vu avec une égale fatisfaction,

que pluſieurs vous rendent le même tribut «
de louanges. J'ai cependant ouï-dire qu'on «
vous peint ſous des couleurs moins avan- «
tageuſes à l'occaſion du pain de pommes «
de terre, quoiqu'il ait été reçu avec autant «
d'applaudiſſement que de gratitude : le con- «
traſte m'a frappé, & ſur ce, Monſieur, «
j'ai cru devoir vous écrire, & vous engager «
à ne vous pas diſtraire; il y auroit tout à «
perdre pour le Public; laiſſez-lui le ſoin «
de vous défendre. Vous avez procédé en «
ſa préſence, il a vu les Boulangers opérer «
de concert avec vous, & applaudir avec cet «
empreſſement que ſuggère l'aperçu des prin- «
cipes & des réſultats. Je n'oublierai jamais «
ces deux grandes ſéances, où, en préſence «
de tout le Quartier général ſi bien com- «
poſé, qui étoit au Havre en 1778, des «
Officiers de ſanté de l'armée, de pluſieurs «
Académiciens, de Chimiſtes, & d'un nombre «
conſidérable d'hommes de choix de tous «
états, vous dévoilâtes, *ex profeſſo*, les «
dangers de l'uſage des champignons, & les «
avantages de la panification des pommes de «
terre. Tous les hommes éclairés & verſés «

» dans l'Art des obfervations & des expé-
» riences, témoins de votre procédé, devin-
» rent, avec connoiffance de caufe, vos plus
» zélés admirateurs. Vous le favez, Monfieur,
» cet Art eft fi difficile, que fouvent des
» hommes inftruits, des Savans même, s'y
» trompent de bonne foi, & croyent voir
» l'expérience en contradiction avec elle-
» même; n'attribuez donc point à la malignité
» ce qu'on pourroit oppofer à l'évidence!
» Il eft dans l'ordre que vous faffiez bien;
» il paroît auffi dans l'ordre que le bien que
» vous faites, foit éclairé par des oppofitions.
» Vous devez au Public de ne pas affoiblir
» fa confiance, en répondant à des objections
» déjà prévues ou qui porteroient à faux. Si,
» ce que je ne crois pas, il pouvoit refter quel-
» chofe à defirer dans le réfultat de vos heu-
» reufes découvertes ou de vos manipulations,
» vous avez des occafions de l'éclaircir. J'avoue
» qu'après vous avoir vu, Monfieur, faire de
» beau, d'excellent pain de pommes de terre,
» fans autre mélange que celui de la levure
» de bière, ce qui fut répété par plufieurs
» autres avec le plus grand fuccès; après avoir

entendu nos Cultivateurs les plus diſtingués «
y applaudir & s'en féliciter, quoique le Gou- «
vernement général du Havre ſoit riche en «
beau froment; après avoir, dis-je, conſervé «
votre pain & votre biſcuit de mer pendant «
dix-huit mois ſans altération , vu mes conci- «
toyens jouer , pour ainſi dire , ſur cette «
pratique, en faiſant d'excellente pâtiſſerie, «
de petits enfans & des valétudinaires s'accom- «
moder très-bien de la bouillie de votre «
amidon, &c. &c. on ne devoit pas s'attendre «
à des obſervations captieuſes. N'importe, «
Monſieur; vos talens, la nature & l'im- «
portance de vos travaux, vous élèvent «
au niveau des hommes les plus célèbres: «
annoncez publiquement que , laſſé par «
quelques contradictions, vous ceſſez vos «
travaux, auſſi-tôt toutes les voix ſe réu- «
niront pour vous y rappeler. L'indigence «
raſſaſiée élèvera la voix, & parlera toujours «
avec force en faveur de l'Auteur du «
Parfait Boulanger, des *Traités de la Châ-* «
taigne, du *Pain de Pommes de terre*, & de «
pluſieurs autres Ouvrages conſacrés à l'uſage «
du Peuple. Qu'il me ſoit permis de ſolliciter «

» vivement la publication de celui que l'hu-
» manité vous a fuggéré, & que vous avez
» promis, fur les moyens de prévenir les di-
» fettes! le voir paroître doit être le vœu de
» toutes les Nations. Quel chagrin pour un
» Prince de voir la difette défoler fes États!
» quel poids accablant pour le pauvre! feroit-il
» poffible que vous ajoutaffiez quelques inf-
» tructions fur ce qu'on doit faire lorfque par
» quelque circonftance malheureufe on n'a pu
» éviter la difette! Mais c'eft à la charité feule
» à vous ouvrir des vues. Quel beau champ
» vous cultivez, Monfieur! que vous êtes
» heureux! quel avantage pour la Ville, pour
» la Province, pour le Royaume qui vous
» ont vu naître! vos Ouvrages feront traduits
» dans toutes les langues, & on dira avec véné-
» ration : c'eft un François qui a fait cela.
» Votre Ouvrage dût-il être d'abord fatyrifé
» par l'envie, ne regardez pas en arrière : cette
» grandeur d'ame qui naît de l'heureux ac-
» cord de la Philofophie avec la Religion,
» nous élève infiniment au-deffus du petit
» tourbillon obfcur où règne la tracafferie.
» Je fais que la fenfibilité, l'honneur, fi

naturels aux François, peuvent quelquefois «
s'indigner à l'afpect d'un farcafme : mais «
Monfieur, lorfqu'une balle de moufquet, «
fortant d'un bois touffu, vient fiffler à «
l'oreille du voyageur ifolé, l'honneur exige- «
t-il de lutter contre l'anonyme ! Le gros & «
le menu peuple fe nourriffent des écrits «
fatyriques, parce qu'ils en aperçoivent ra- «
rement le véritable but. Le grand homme «
s'élève au-deffus des évenemens; s'il effuie «
quelques railleries amères, c'eft un cygne «
que les oififlons conjurés ont voulu couvrir «
d'immondices, & qui fe plongeant, reparoît «
plus beau que jamais. Continuez, Monfieur, «
de faire du bien en vous plongeant dans de «
nouveaux travaux; ils augmenteront votre «
gloire & la félicité publique; ils feront les «
délices des ames fenfibles : je le fens, & «
pénétré d'autant de reconnoiffance que de «
refpect, »

J'ai l'honneur d'être, &c.

Voilà pour les Critiques ignorans, mal-adroits
& fur-tout pour l'Auteur de la prétendue
Réfutation du pain de pommes de terre, inférée

dans le volume de l'*Esprit des Journaux*, du mois de Juillet 1780, une Lettre bien redoutable, puisqu'il avance que tous les Physiciens se font laissé convaincre de la possibilité de mon procédé, sans qu'aucun deux ait eu le courage de le voir exécuter, répéter pour savoir s'il étoit praticable : vraisemblablement il ne révoquera pas en doute les lumières de M. l'abbé *Dicquemare*, à qui toute l'Europe rend avec plaisir presque chaque mois dans le *Journal de Physique* le juste tribut d'admiration & de reconnoissance qu'il mérite à tant de titres.

Au milieu de cet essaim d'êtres oisifs, présomptueux & incapables des travaux qu'ils se mêlent de juger, il s'élève quelquefois des hommes assez courageux & assez éclairés pour ne pas se laisser entraîner par leur prononcé : combien j'en aurois à citer qui, après un examen réfléchi, ont bien voulu me défendre contre les sarcasmes, essayer d'étouffer le cri de la prévention & de l'envie ! tandis que ces critiques sans vue, s'exhaloient par-tout contre ma proposition, dont ils ignoroient jusqu'à l'énoncé, des Patriotes s'occupoient en silence de l'étudier & de la confirmer. Je pourrois inscrire sur cette lifte plufieurs Souverains d'Allemagne qui ont bien voulu m'informer de leurs effais; mais je ne puis paffer fous filence le fuccès qu'a eu au Cap-François, île Saint-Domingue, M. *Gerard.* Ce Médecin parvint au commencement de l'année dernière à faire, fuivant mon procédé, du pain & du bifcuit de pommes de terre, fupérieur à tout ce que j'avois obtenu jufqu'à préfent, il m'en envoya des échantillons qui étoient en effet de la plus grande beauté; & je crus qu'il étoit de mon devoir d'en informer les Bureaux de la marine par la Lettre fuivante.

Lettre à M. de la Cofte, Chef du Bureau des Colonies.

Monsieur

« Permettez que fans avoir l'honneur d'être connu de vous, je réclame vos bontés « pour M. *Gerard*, Médecin au cap François, « qui après des tentatives multipliées eft enfin « parvenu à faire, d'après mes procédés, du « pain & du bifcuit de mer excellent avec des «

» pommes de terre pures : l'échantillon qu'il
» vient de m'en envoyer, & que M. *Regnard*,
» Avocat au Parlement de Paris, vous a éga-
» lement adreffé de fa part, eft de la plus
» grande beauté ; je ne crains pas même de
» vous avouer que mes effais en ce genre
» n'ont rien produit de femblable ; que vu
» l'état de féchereffe & de perfection où fe
» trouve le bifcuit dont il s'agit, il ne foit
» en état de braver long-temps le féjour des
» rades & plufieurs voyages de longs cours.
» L'auteur, frappé avec raifon de l'importance
» dont pouvoit être un jour à nos Colonies,
» ce travail, en a communiqué auffi-tôt le
» réfultat au Gouvernement & à la Chambre
» d'Agriculture du Cap, qui y ont applaudi.
» Je dois vous obferver, Monfieur, que
» les expériences auxquelles M. *Gerard* con-
» facre fes momens de loifir, ne fe font pas
» feulement exercées fur les pommes de terre,
» elles ont encore eu pour objet les ignames,
» qu'il auroit cru plus fufceptibles de la pani-
» fication : fes efforts à cet égard n'ont pas
» eu le même fuccès. Je lui écris pour l'en-
» gager à reprendre fon travail, perfuadé

qu'avec

qu'avec de la perſévérance il pourra en venir «
à bout : il ſe propoſe de me procurer un «
baril de ces racines, afin d'eſſayer de mon «
côté ſi je ſerai plus heureux, & je me ferai «
un grand plaiſir de vous en rendre compte. «

Le changement des racines en pain & en «
biſcuit, eſt un moyen aſſuré de prolonger «
leur durée d'une récolte à l'autre ; de con- «
centrer la nourriture qu'elles renferment «
ſous le plus petit volume poſſible , ſans «
nuire à ſes effets ; de pouvoir les tranſ- «
porter dans tous les climats & à peu de frais ; «
de préſenter un comeſtible tout prêt à être «
employé, dont la forme & le goût plaiſent «
à tous les peuples de l'Univers. «

C'eſt ſous ce point de vue général que «
je vous prie, Monſieur, de conſidérer le «
biſcuit de pomme de terre : auſſi M. *Gerard* «
remarque-t-il, dans la lettre qu'il a écrite à «
ce ſujet, que c'eſt un bienfait pour nos «
Iſles , qu'un jour elles en retireront le plus «
grand profit ; que ſi en 1776 & en 1779, «
les habitans de la Colonie où il eſt employé «
euſſent connu cette expérience, ils n'auroient «
pas été ſi en peine de ſe nourrir eux & leurs «

G g

» efclaves ; enfin il ne doute point qu'à l'avenir
» ils n'aient la précaution d'avoir toujours plu-
» fieurs milliers de ce bifcuit en réferve, pour
» s'en fervir au befoin.

» Occupé maintenant d'un travail fur les
» moyens de prévenir les difettes, j'ai tâché
» de raffembler toutes les Plantes alimentaires
» qui croiffent fpontanément dans nos pro-
» vinces, & qui au moyen de préparations
» fimples que j'indique, peuvent remplacer
» dans ces temps malheureux les alimens ordi-
» naires : mes recherches, il eft vrai, ne
» s'étendent qu'au royaume ; combien un
» pareil travail dans chacune de nos Ifles
» deviendroit utile ! perfonne, j'ofe vous
» l'affurer, Monfieur, n'eft plus capable de
» s'en acquitter que M. *Gerard*, & les éloges
» que je pourrois lui donner ici ne fauroient
» être fufpects, car je ne connois abfolument
» ce Médecin que par fon zèle éclairé & fon
» amour du bien public.

» Si mes obfervations, Monfieur, vous
» paroiffent fondées, je me flatte que vous
» voudrez bien les mettre fous les yeux de
» M. le Marquis de Caftries : jamais je n'ai

cherché à arrêter la faveur du Miniſtère ſur «
mes travaux; mais puis-je me diſpenſer de «
la ſolliciter aujourd'hui pour le citoyen qui «
s'occupe à en perfectionner l'objet, pour «
un homme aſſez laborieux & patriote pour «
employer le temps de ſes délaſſemens aux «
recherches les plus eſſentiellement utiles? on «
peut s'y livrer il eſt vrai ſans être entraîné «
dans des frais ; les expériences, toujours «
coûteuſes pour le Particulier qui les entre- «
prend , ſont toujours chétives pour le «
Gouvernement qui en a beſoin : enfin je «
crois, Monſieur, que M. *Gerard* eſt déjà «
ſuſceptible des grâces du Roi, par le droit «
puiſſant qu'il a acquis ſur ma découverte. »

Inventa perficere non inglorium.

Je ſuis, &c.

Cette lettre ſera encore une preuve de
l'empreſſement avec lequel j'ai toujours accueilli ceux qui prennent la peine de confirmer mes travaux par de nouvelles expériences
& obſervations. Je profitai du premier Bâti-
ment qui paſſoit en Amérique, pour remercier
M. *Gerard* deſon attention à m'inſtruire de ſes

recherches & le féliciter fur leur fuccès qui n'étoit pas équivoque. J'avois befoin de favoir fi ce qu'il nommoit toujours *patate*, devoit être regardé comme notre pomme de terre : les détails relatifs à cette queftion méritent encore d'être connus, afin qu'un jour fi on acquiert plus de lumières à cet égard, on ne vienne pas m'inculper d'avoir confondu des végétaux dont les caractères botaniques font très-différens.

LETTRE à M. Gerard, Médecin au Cap François.

« JE ne faurois affez vous témoigner,
» Monfieur, ma fenfibilité & ma reconnoif-
» fance pour l'échantillon de bifcuit de pommes
» de terre que M. *Regnard* a eu la complaifance
» de me remettre de votre part ; il veut bien
» fe charger de vous faire parvenir ma Lettre,
» mais le peu de temps qu'il me laiffe pour
» l'écrire ne me permet point d'accompagner
» les remercîmens que je vous dois de quelques
» détails effentiels & relatifs aux objets patrio-
» tiques qui rempliffent vos loifirs, je les
» réferve pour une autre occafion. Je vous

je répète, Monſieur, je ne trouve pas d'ex- «
preſſions pour vous manifeſter tout le plaiſir «
que m'a fait votre biſcuit de pommes de «
terre; il eſt ſupérieurement fabriqué, & notre «
pain molet n'eſt ni mieux fermenté ni plus «
léger, mon regret eſt de n'en avoir pas eu «
aſſez pour contenter la curioſité gourmande «
de tous ceux qui l'ont pu voir : je dis à «
quiconque veut l'entendre, que mon procédé «
a infiniment gagné entre vos mains; qu'il «
y a au nouveau monde, un Phyſicien qui «
ne dédaigne pas de mettre la main à la pâte, «
& que ſi quelqu'un peut faire porter de «
bons fruits au champ que je crois avoir dé- «
friché, c'eſt vous, Monſieur, qui joignez «
à beaucoup de ſavoir, une honnêteté & une «
modeſtie peu commnnes. «

J'aurois bien deſiré, Monſieur, recevoir «
le baril d'*ignames* que vous me deſtiniez & «
que le retour du départ du convoi ne vous «
a pas permis de m'envoyer. Les Auteurs «
qui ont parlé de ces racines, les décrivent «
comme farineuſes & propres à faire de la «
bouillie & du pain, mais je les ai ſi ſouvent «
pris en défaut ſur cet objet, que je ne m'en «

» rapporte plus qu'à ce que j'ai vu & fait; je
» me perfuade affez volontiers qu'il eft im-
» poffible de transformer l'*igname* en pain,
» puifque vous n'avez pu en venir à bout,
» cependant fi elle contient de l'amidon & qu'à
» la faveur de la cuiffon & du broyement on
» en forme une pâte tenace & vifqueufe, la
» chofe eft praticable : reprenez votre travail,
» variez vos moyens & vous obtiendrez un
» réfultat fatisfaifant; ce n'eft qu'à force de
» perfévérance qu'on peut fe flatter de quelque
» fuccès heureux.

» J'accepte bien volontiers, Monfieur, la
» propofition obligeante que vous avez la
» bonté de me faire; il y a trop à gagner de
» correfpondre avec vous, pour en négliger
» les occafions; l'intérêt particulier que vous
» prenez à mes travaux, m'engage à vous
» en faire paffer la fuite : j'achève dans ce
» moment un Ouvrage qui traite des moyens
» de prévenir les difettes ; les fupplémens
» que je propofe dans ces temps malheureux,
» font pris dans le règne végétal & ne s'étendent
» qu'au Royaume : combien on fignaleroit
» fon patriotifme envers chacune de nos

Colonies, ſi on indiquoit les plantes alimen- «
taires qui y croiſſent ſans culture & la pré- «
paration qu'elles exigeroient pour devenir «
aiſément un comeſtible ſalutaire ! Vous de- «
vriez, Monſieur, ſonger à ce travail ; être «
utile aux claſſes les plus nombreuſes de la «
ſociété, mettre à la portée du Peuple les «
vérités les plus précieuſes, encourager ſon «
activité & multiplier ſes reſſources : voilà «
des jouiſſances que votre cœur peut goûter. «

J'ai lû dans les nouveaux Voyages de «
l'Amérique ſeptentrionale par M. *Boſſu,* «
que la folle-avoine eſt tellement commune «
dans ces contrées, que les ſauvages en font «
chaque année d'abondantes récoltes : comme «
cette Plante vient aiſément en touffes au- «
deſſus de l'eau, pourquoi ne pas la ſubſtituer «
aux roſeaux & aux joncs qui en couvrent les «
marais & les lacs ! les hommes & les animaux «
y trouveroient une nourriture ſubſtancielle. «
Vous avez très-certainement, Monſieur, «
beaucoup de végétaux ſauvages à la ſuperficie «
de terrein inculte de la partie de l'Amérique «
que vous habitez, dont on pourroit tirer «
parti : il me ſemble même qu'on ne s'eſt pas «

» fuffifamment occupé de celles que l'on y cul-
» tive habituellement ; on auroit pu en enrichir
» notre Europe : le maïs, la patate, le topi-
» nambourg & la pomme de terre y ont fi
» bien réuffi. Le Voyageur qui feroit ces
» tentatives, ne feroit-il pas plus utile à fa patrie
» que celui qui apporte des oifeaux & des
» coquillages pour embellir les Cabinets
» d'Hiftoire naturelle des gens riches ?

» Je ne doute point, Monfieur, qu'en con-
» tinuant vos recherches, les habitans du Cap-
» françois n'ajoutent aux obligations qu'ils vous
» ont déjà, celle de connoître dans les temps
» calamiteux de la difette, un genre d'aliment
» qui fupplée à tous les autres, & qu'enfuite
» vous n'ayez dans toutes nos îles quelques
» imitateurs : vous aurez auffi beaucoup de
» détracteurs, des envieux de mauvaife foi,
» des ennemis fourds, il faut vous y attendre ;
» mais un jour on ne manquera pas de vous
» rendre juftice & de reconnoître l'avantage
» de votre travail. Les hommes reffemblent
» la plupart à des Matelots libertins, ils blaf-
» phèment quand la férénité du ciel ne leur
» laiffe entrevoir aucun danger ; furvient-il

un orage, ils font pleins de foi, font tous «
les vœux & toutes les promeffes que l'amour «
de leur confervation peut leur fuggérer; «
mais qu'importe : «

> *Le plaifir de faire le bien,*
> *Eft le prix de l'homme qui penfe.*

Je vous prie, Monfieur, d'éclairer un «
doute; vous vous fervez toujours du nom «
de *patate,* pour exprimer la racine que vous «
avez transformée en pain & en bifcuit; ne «
feroit-ce donc pas la pomme de terre qu'on «
défigne ainfi dans certains cantons de l'Eu- «
rope ? Le bifcuit, dont vous m'avez gratifié, «
femble provenir d'une matière farineufe «
fucrée; vous favez que l'une de ces Plantes, «
eft de la claffe des *folanum,* & que l'autre «
appartient à la famille des *convolvulus;* que «
la première eft très-fade, & que la feconde, «
au contraire, eft fort fucrée; qu'enfin la «
pomme de terre contient de l'amidon, & «
la patate n'en a point, du moins celle que «
j'ai examinée, & qui m'avoit été envoyée «
de Malte, où on la cultive, par M. le «
Chevalier *Deodat de Dolomieu.* Il y a tout «
lieu de préfumer que beaucoup de Plantes «

» contractent une faveur fucrée dans les climats
» où elles fe plaifent le mieux, comme nous
» voyons beaucoup de nos fruits & de nos
» racines agreftes, changer de goût par le
» fimple fecours de la culture. Joignez, je
» vous prie, au baril d'igname que vous
» m'offrez, quelques-unes de vos patates, afin
» que je puiffe m'affurer par moi-même de leur
reffemblance avec nos pommes de terre. »

Je fuis, &c.

Que pourra objecter maintenant, l'Auteur
de la foi-difant *Réfutation du pain de pommes
de terre*, qui a donné fon défaut de réuffite,
comme la preuve la plus pofitive de l'impoffibilité de changer la pomme de terre en pain!
J'avois eu d'abord quelqu'envie de lui répondre;
mais la plume m'eft tombée des mains en parcourant fa diatribe, qui ne renferme que des
objections que je me fuis déjà faites pour y
répondre; en voyant qu'il refufoit à l'amidon
la propriété nourriffante, & ne connoiffoit
que le fucre qui en fût doué; qu'il ne pouvoit
parvenir à former une matière tenace & élaftique avec des pommes de terre cuites &

broyées; qu'il ne favoit faire ni levain ni pâte; qu'il ignoroit les avantages qui réfultent de la panification des pommes de terre ; qu'il taxoit ces racines d'être acerbes, narcotiques, & capables d'occafionner des dévoiemens; que d'après ces affertions originales, il prétendoit avoir établi l'impoffibilité, l'inutilité & même le danger du pain dont il s'agit. A coup fûr, me fuis - je dit, un pareil Critique n'eft pas un ennemi bien redoutable : il n'eft ni Philo-fophe, ni Chimifte, ni Boulanger, il n'eft pas même ami du bien public : car fi cet intérêt l'eût dominé, il n'auroit pas oublié de nous demander en quoi il manquoit, & nous nous ferions empreffés de lui fournir tous les éclair-ciffemens dont il avoit grand befoin; mais, ou il n'a fait nullement les tentatives qu'il rapporte, ou il n'a vu que ce qu'il defiroit voir, en forte qu'on peut conclure. . . . Mais bornons - là nos réflexions : fans la circonf-tance, nous aurions gardé le filence le plus profond.

Beaucoup de motifs puiffans peuvent engager à confeiller la culture des pommes de terre; il n'en eft point qui doive juftifier de tenter

avec emphafe à en détourner : les habitans
des campagnes travaillant beaucoup & gagnant
peu, trouveroient dans ce végétal une reffource
que nulle autre production n'eft en état de
leur procurer ; les pays même les plus riches
en grains, ne feroient-ils donc pas expofés à
en manquer ! à la vérité, le défaut d'une
récolte à l'autre ne fauroit occafionner de
difette ; mais il augmente exceffivement la
denrée, & ôte aux malheureux la faculté de
fe procurer une nourriture conforme à leurs
moyens : donnons-leur l'exemple, & bientôt
nous les verrons bêcher le coin d'un jardin
& du verger, qui leur rapportoit au plus un
boiffeau de pois, pour y planter des pommes
de terre qui leur en produiront plufieurs facs,
ce qui les mettra en état de fubfifter pendant
la faifon la plus morte de l'année ; enfin j'ofe
affurer que fi on accorde aux pommes de terre
la même confidération qu'aux femences légumineufes, ce fera le moyen le plus efficace
pour parer toujours aux inconvéniens de la
cherté & aux malheurs de la famine.

PREMIÈRE OBJECTION.

LES travaux publiés jufqu'à préfent fur les pommes de terre, n'ont guère fixé notre opinion fur les efpèces particulières qu'il falloit cultiver de préférence : leurs variétés, que les Auteurs font monter à foixante & plus, ne font fans doute que des dégénérations de la même Plante !

RÉPONSE.

C'EST que rarement on prend la peine de confulter les Ouvrages écrits dans une autre langue que la nôtre ; car les livres Allemands & Anglois font remplis d'obfervations très-judicieufes à ce fujet. M. *Engel*, qui n'a rien négligé pour indiquer toutes les efpèces de pommes de terre connues en Europe, a fait un très-grand nombre d'effais pour favoir quelle étoit la culture la plus avantageufe à fuivre ; il nous apprend que fi le goût, la groffeur & l'abondance des pommes de terre dépendent de la qualité du fol auquel on les confie, leurs variétés ne fauroient être dûes à une pareille caufe, puifque les parties de la fructification étoient distinguées par des nuances très-marquées; que les blanches &, les rouges, les grifes & les violettes, les longues & les rondes, constituent chacune des espèces particulières, qui se reproduisoient dans la même forme & dans la même couleur, indépendamment du sol, de la culture & de l'exposition. Suivant mes expériences, les rouges & rondes m'ont toujours paru plus favoureuses & plus visqueuses que les blanches, qui font plus fades & plus farineuses : les longues font plus productives.

Cependant il faut convenir que l'espèce de pommes de terre la plus propre à chaque canton, à chaque climat, à chaque terroir n'est pas encore suffisamment connue. J'aurois desiré suivre la chaîne des variétés que présente cette Plante, indiquer celle qui mériteroit le plus, par sa qualité & sa production, d'être propagée dans le Royaume; mais ces expériences demanderoient à être faites en grand, & les dépenses où elles entraîneroient font beaucoup au-dessus de mes moyens : heureusement que M. l'abbé *Teffier*, Membre de la Société de Médecine, se dispose à se livrer à cet objet ; il a même eu l'honnêteté de m'écrire pour m'en prévenir , & l'on doit attendre de fon zèle éclairé & de fes recherches, toutes les connoiffances qu'il eft poffible de defirer fur ce point d'économie rurale très-important.

Deuxième Objection.

La végétation de la pomme de terre exige beaucoup du fol ; bientôt elle épuife le meilleur terrein, lui enlève tous fes fels & le rend incapable de produire des grains !

Réponse.

Cette idée dans laquelle font encore quelques perfonnes, vient moins de leurs obfervations particulières que des conjectures qu'elles fe forment fur la végétation : perfuadées d'une part, que la racine eft l'organe principal deftiné à pomper la nourriture & à la tranfmettre au refte de la plante, voyant de l'autre la quantité énorme de groffes racines charnues que raffemble un pied de pommes de terre, elles en ont conclu que cette croif-fance vigoureufe ne s'opéroit qu'aux dépens du terrein qu'elle appauvriſſoit, & que chaque eſpèce de terre & d'engrais, avoit des ſels particuliers; mais le temps & l'expérience ont montré que c'étoit ſans fondement qu'on prétendoit que cette Plante épuiſoit les terres; qu'il y en avoit au contraire certaines qu'elle amélioroit en les rendant plus légères, plus meubles! que les Plantes tiroient leur ſuc nourricier moins de la terre que de l'atmoſphère au milieu duquel elles vivoient; que la racine elle-même ne végétoit & ne ſe multiplioit qu'à la faveur de ce ſuc nourricier: cela eſt tellement vrai, que ſi les animaux viennent brouter la fane des pommes de terre avant que leurs tubercules ſe ſoient entièrement formés, ils avortent & ne groſſiſſent point; mais s'il étoit vrai que la pomme de terre épuiſât le ſol, comme on le dit ſi vaguement, pourquoi dans certains cantons ſa récolte eſt-elle aujourd'hui ce qu'elle étoit il y a un ſiècle!

Sans rappeler ici ce que nous avons avancé dans nos Additions aux Récréations chimiques de *Model*, touchant la cauſe de la fécondité des terres, nous ferons obſerver que c'eſt

à tort

à tort qu'on l'a attribué aux matières falines, graffes & fulfureufes, puifque les expériences modernes les mieux faites, n'avoient jamais démontré l'exiftence d'aucune de ces matières dans les terres labourables réputées les plus fertiles; que fi ces fubftances contribuoient à l'accroiffement des végétaux, ce ne pouvoit être par leurs propres parties; qu'il ne falloit les confidérer, ainfi que les engrais & leffives employés pour les femailles, que comme des inftrumens propres à attirer les vapeurs qui circulent dans l'air, à les retenir, à les communiquer d'une manière très-divifée, aux orifices des vaiffeaux deftinés pour la nutrition; mais qu'une fois les Plantes développées, c'étoit par leurs feuilles qu'elles fe nourriffoient; que c'étoit autant de puiffances que la Nature fe ménageoit pour enlever dans l'atmofphère le fluide effentiel à leur accroiffement, l'élaborer & le diftribuer aux autres parties, & que la racine elle-même fe nourriffoit & groffiffoit par le moyen des fucs qui defcendoient des feuilles & de la tige.

S'il étoit vrai que la pomme de terre épuifât le fol au point de le mettre hors d'état de produire des grains, pourquoi, dans certains cantons, la récolte eft - elle aujourd'hui ce qu'elle étoit il y a un fiècle, & fait-on fuc- céder dans certains endroits, à cette culture, dans la même pièce, celle des grains, qui rap- portent plus que les jachères ordinaires! L'Au- teur eftimable du *Guide du Fermier*, affure que la culture de la pomme de terre a cet avantage; qu'il n'eft pas néceffaire de laiffer repofer le terrein, quelque maigre qu'il foit: il a vu conftamment & pendant une longue fuite d'années, planter des pommes de terre dans des terreins où l'on jetoit peu d'engrais, qui ne fruétifioient pas moins bien, n'en devenoient pas moins groffes, pas moins abondantes.

La pomme de terre n'épuife donc pas davan- tage le terrein que le blé de Turquie & les autres graminés dont les racines font fibreufes & grêles; il faut feulement avoir l'attention de lui donner les labours, ainfi que les engrais convenables, & ne la point cultiver deux années de fuite fur le même alignement; les meilleures prairies & les meilleurs champs, en Irlande, doivent leur origine à la culture des pommes de terre. Les labours profonds, les engrais, les différens rechauſſemens, l'obligation où l'on eſt de remuer & de fouiller la terre pour en faire la récolte, ſont ſans doute les meilleurs moyens de la préparer à recevoir & à multiplier les grains qu'on voudra faire ſuccéder à cette Plante, ſoit froment, orge, chanvre, lin, &c. Dans un terrein ainſi amélioré, il faut beaucoup moins de ſemences, la récolte en eſt ſûre & abondante; c'eſt d'ailleurs un excellent moyen de purger la terre des mauvaiſes herbes étouffées par l'épaiſſeur des tiges de la pomme de terre, & peut-être par une ſorte de virulence : ainſi, loin de détériorer le ſol, notre Plante concourt à ſa fécondité.

TROISIÈME OBJECTION.

EN conſultant les Mémoires publiés ſur la culture des pommes de terre, on rencontre tant de méthodes différentes entr'elles, qu'on ne ſait à laquelle donner la préférence pour obtenir des récoltes aſſurées, abondantes & à peu de frais.

H h ij

RÉPONSE.

IL exiſte, à la vérité, pluſieurs méthodes de cultiver la pomme de terre, dont la bonté eſt conſtatée par des expériences déciſives, & qu'on pratique maintenant avec ſuccès dans différentes contrées; elles ont même été décrites par des hommes d'un mérite ſupérieur; il ſuffit de les nommer: M.ʳˢ *Duhamel*, de *Sauſſure*, *Engel*, *Sprenger* & le Chevalier *Muſtel*. Comme ces méthodes varient entre elles, en raiſon ſans doute des eſpèces, de la nature du ſol & des expoſitions, j'avois eu le projet de les eſſayer toutes, afin de pouvoir indiquer la meilleure à ſuivre: déjà pluſieurs arpens de terre avoient été conſacrés à cet objet; mais privé des premières notions d'Agriculture, & obligé de partir pour l'armée, la plantation qui eut tout le ſuccès poſſible du côté de l'abondance, ne put entièrement remplir mes vues.

Convaincu de plus en plus que cette Plante ne deviendroit avantageuſe à la plupart de nos provinces, qu'autant qu'il ſeroit poſſible de la cultiver en grand & avec des animaux,

comme on cultive les vignes en Gaſcogne,
je pris quelques informations pour connoître
les recherches qui avoient été faites à ce ſujet.
Je ſus par feu M. d'*Eſpagnac de Puimarets*,
que M. *Dubois*, Baron de Saint-Hilaire, s'étoit
occupé de ce travail, dont il avoit envoyé
le réſultat à la Société royale d'Agriculture
de Limoges; je fis en ſorte de me le procurer, & j'en rappelle ici l'abrégé. J'écrivis auſſi
à M. *Blanchet*, l'Apôtre des pommes de terre
en Bretagne, & ſans contredit l'Agriculteur
le plus diſtingué de cette province, pour
avoir également ſon avis, perſuadé qu'ayant
voyagé dans les cantons à pommes de terre,
il devoit avoir examiné, obſervé & comparé
toutes les méthodes de cultiver ce végétal,
& que celle qu'il avoit adoptée, ſeroit la
plus parfaite; il me procura tous les détails
que je pouvois deſirer : je vais auſſi les
publier; car on ne ſauroit trop raſſembler
de faits & d'obſervations ſur une matière qui
intéreſſe la ſubſiſtance journalière des hommes
les moins à l'aiſe.

MÉTHODE *pratiquée en Bretagne.*

LÀ culture de la pomme de terre se pratique
de différentes manières : mais la meilleure est
sûrement celle qui consiste à les planter en
rangs, à la main, en alignant des trous d'environ un pied en quarré, dix pouces de profondeur & deux pieds entre chaque trou,
ce qui forme trois pieds de distance entre
chaque plant ; la terre étant préparée par
différens labours pendant l'hiver, on y dépose,
vers la fin de Mars, une pomme de terre,
depuis la grosseur d'une noix jusqu'à celle d'un
œuf de poule, si elle est plus grosse, on la
coupe par quartier : on met sur chacune une
jointée de bon fumier, on recouvre le tout
d'environ six pouces de terre ; après que les
tiges sont élevées de cinq à six pouces au-dessus
de la surface, on les étend en éventail, on
les couvre de terre de cinq pouces d'épaisseur,
environ de quatre à cinq pieds d'intervalle
entre les rangs : ce binage détruit les mau-
vaises herbes. En Mai, vers la fin de Juin,
on recouvre encore de terre les tiges, observant

de laiſſer toujours à l'air leurs extrémités, autrement elles dépériroient; après le ſecond recouvrage, ce qui formoit cavité, devient butte comme une groſſe mère taupinière : s'il paroît encore de mauvaiſes herbes, il faudroit les détruire, ſoit en binant ou rechauſſant les tiges une troiſième fois, ſoit en les arrachant à la main, car elles nuiſent beaucoup à l'accroiſſement de ces racines. Cette façon eſt diſpendieuſe, où l'œuvre de main eſt chère; mais elle paye amplement les dépenſes par l'abondante récolte qu'elle procure.

La méthode que je pratique conſiſte à cultiver mes pommes de terre à la charrue; je prépare le terrein par deux & trois labours, ſuivant que la terre a beſoin d'être diviſée; au dernier, je la fais former en ſillons de quatre raies de charrue, les plus égaux & les plus droits poſſibles: pour mon pays, où on laboure mal, malgré les inſtructions que je n'ai ceſſé de donner depuis vingt-huit ans, les ſillons étant d'environ trois pieds de large chacun avant de ſemer, je fais rapprofondir la raie par un trait de charrue & y ſemer une pomme de terre de ſeize à dix-huit pouces de

diſtance; je mets ſur chaque ſemence; ſoit entière ou coupée en quartier, une jointée de
fumier, & enſuite je la fais recouvrir d'un
trait de charrue à environ ſix pouces de terre;
lorſque les tiges ont ſix pouces à peu-près de
hauteur, je les fais couvrir d'un côté d'un trait
de charrue, obſervant de laiſſer à l'air les extrémités des tiges; trois ſemaines après je les
fais recouvrir de l'autre côté auſſi avec la
charrue & dreſſer la terre autour des tiges avec
le bidant ou le fort rateau; s'il y a de mauvaiſes
herbes, elles ſont arrachées au commencement
de Juillet; je fais creuſer les raies par la charrue
& jeter la terre vers les tiges : une charrue à
pointe droite & deux verſoirs, eſt excellente
pour cette opération. Au 8 Septembre, on
peut couper les tiges, c'eſt-à-dire ce qui eſt
bon à manger, environ à huit pouces au-
deſſus de la terre, & les donner à manger au
gros bétail; les pommes de terre n'en groſſiſſent
pas moins à perfection, & c'eſt une très-bonne
nourriture pendant un mois pour les beſtiaux:
ces racines ſont mûres au 1.er Octobre &
même plus tôt ſi les tiges jauniſſent. Pour les
récolter, je les déchauſſe avec la charrue, &

les deux dernières raies renverfées à droite &
à gauche, mettent en rigoles ou raies ce qui
étoit en fillons en jetant dehors affez proprement les pommes de terre que l'on fait
ferrer dans des paniers pour les tranfporter
la maifon dans un lieu fec & où on puiffe
les couvrir de paille afin de les préferver
de la gelée, feul inconvénient deftruĉteur des
pommes de terre : la récolte annuelle en eft
plus fûre que celle de tous les grains cultivés
en Europe.

MÉTHODE *pratiquée dans le bas Limofin.*

POUR connoître au vrai la différence des
frais & du produit de la culture à bras ou
avec des bœufs, je pris deux portions de terre
égales en furface & en qualité; dans l'une, je fis
faire des trous de trois pieds de diamètre &
huit pouces de profondeur, diftans de deux
pieds les uns des autres; ce travail fut fait
dans un terrein de deux mille pieds de fuperficie; je fis donner à l'autre terre un labour
profond avant Noël, il fallut deux journées
de bœuf & d'un homme, un fecond labour

au mois de Février & un troifième au mois de
Mars, pour difpofer ma terre en planches de
quatre pieds fix pouces de large, non compris
les fentiers ; ces deux labours n'exigèrent
que deux journées de deux bœufs & d'un
laboureur.

Mes planches ainfi difpofées, je fis tranfporter dans ce champ trois charretées de terreau
mal confommé, fait de balayures de baffe-cour;
ce fumier fut dépofé dans les fentiers qui fé-
paroient les planches; il fallut une journée
de deux bœufs & de trois hommes : le lendemain, un homme fema des pommes de terre,
coupées par quartiers fur ce fumier, & le Laboureur les recouvroit d'un trait de charrue; on
mit une demi-journée à ce travail.

L'autre portion de champ donna beaucoup
plus de peine : comme l'efpace entre les trous
n'étoit pas fuffifant pour faire paffer une char-
rette, il fallut dépofer le fumier à la tête du
champ & le porter dans les trous avec des
paniers; celui qui fit ce tranfport n'ayant pas
obfervé d'égalité, trois charretées ne furent
pas fuffifantes ; on en tranfporta deux de
plus : les différens tranfports de fumiers ou la

plantation qui eut lieu en même temps, occu-
pèrent quatre hommes pendant six jours, &
deux bœufs pendant une demi-journée.

Ces plantations dans l'une & l'autre terre,
furent faites du 8 au 20 d'Avril.

Vers le 12 Mai on donna un léger farclage
à la main, aux plantes qui étoient dans les
trous : ce travail occupa quatre hommes pendant deux jours.

Dans l'autre portion de terre femée à rayons,
la naissance des plantes fût plus tardive ; elles
ne parurent que le 25 Mai : j'attribuai cette
lenteur à ce qu'étant femées fur le fumier
même, elles furent repliées par l'oreille de la
charrue, & que le fumier étant mal confommé,
forma comme une croûte au-deffus ; mais dès
qu'elles eurent été farclées, elles réparèrent
bien vîte le temps qu'elles avoient mis à naître :
cette façon qu'on leur donna vers les premiers jours de Juin occupa quatre hommes
pendant un jour.

Les différens travaux des récoltes ne permirent pas de s'occuper de leur culture jufqu'à
la fin de Juillet que je fis donner un binage à
chacune de mes deux pièces.

Les Plantes, dans la pièce femée à rayons, n'avoient que dix-huit pouces de hauteur; elles furent rechauffées de deux traits de charrue, donnés de chaque côté de rayon: ce travail occupa trois hommes & un bœuf depuis quatre heures jufqu'à dix, ce qui fait une demi-journée. Le binage, dans l'autre pièce, fut beaucoup plus coûteux; on le donna avec le hoyau, & comme les Plantes avoient pour la plupart trois pieds de hauteur, & que la terre amollie par les pluies abondantes qui tombèrent en Juin & Juillet, étoit en groffes mottes, ce travail fut long & pénible; il occupa quatre hommes pendant huit jours: les occupations de la faifon ne permirent point de leur donner d'autre façon.

L'autre champ eut deux façons de plus, l'une vers le 15 Août, l'autre au 8 Septembre; ces deux façons n'exigèrent pas plus de temps que la première: chacune une demi-journée de trois hommes & d'un bœuf.

Avant de paffer au produit de ces deux pièces, je crois néceffaire de raffembler les prix des différentes façons données à ces deux terres, pour mieux juger à laquelle de ces deux cultures on doit donner la préférence: quoique tous ces travaux aient été faits par des valets à gage, j'ai eftimé les journées d'homme & de bœufs, nourriture comprife, au taux commun du canton que j'habite.

Culture à Bras.

Prix fait des trous.	7^{tt} 12^{f}
Façon de fumier & Plantes, de bœufs & d'un homme	// 15.
Vingt - quatre journées d'hommes à 12 fous	14. 8.
Sarclage, huit journées à 12 fous . . .	4. 16.
Binage, trente-deux journées à 15 fous.	24. //
TOTAL	51. 11.

Culture à Bœuf.

Premier labour, deux journées de deux bœufs & d'un homme à 1^{tt} 10 fous.	3^{tt} //^{f}
2.e & 3.e Labours, 2 journées, *idem.*	3. //
Façon de fumer, demi - journée d'un Bouvier & de deux bœufs	// 15.
Plus, deux journées d'homme.	1. 4.
Façon de femer, demi-journée de bœuf.	// 15.
Plus, demi - journée d'homme	// 6.
	9. //

De l'autre part.............	9^H	n^s
Sarclage, quatre journées à 15 sous..	3.	n
1.er, 2.e & 3.e Binages, une journée & demie d'un bœuf & d'un homme.	2.	5.
Plus, trois journées d'un homme ..	2.	5.
TOTAL,....	16.	10.

On voit par ces deux états de dépenſe, que la culture à bras eſt deux fois plus diſpendieuſe que celle des bœufs, qui doit être préférée, en ce que dans un pays où les bras manquent, il eſt preſqu'impoſſible, quand on veut cultiver en grand cette Plante, de donner à propos pluſieurs façons qui peuvent ſeules procurer une récolte abondante.

Le produit de ces deux portions de terre, fut auſſi différent que le ſont les frais des deux cultures ; dans la portion cultivée par les bœufs, on rechauſſa les Plantes graduellement ; leur croiſſance n'en fut pas interrompue, & malgré qu'il gela au mois d'Octobre, ce qui s'oppoſa à leur parfaite maturité, cette pièce me rendit deux charretées & demie, la charretée évaluée à douze quintaux, ce qui fait en tout trente quintaux.

Il s'en faut bien que l'autre pièce ait

autant rendu; les pluies continuelles qu'il fit
cette année, ayant trop ſouvent inondé les
trous, un quart de la ſemence ou à peu-près,
ſe pourrit ſans germer, & celles qu'on replanta,
ne donnèrent que des tiges ſans fruit : ces
Plantes ayant d'ailleurs été battues bruſquement de deux pieds ſix pouces de terre peu
meuble, ce poids ſubit empêcha les racines
de s'étendre, & chaque Plante ne donna que
trois ou quatre tubercules, tandis que dans
l'autre pièce, le produit fut énorme; ce qui
m'a déterminé à la culture à bœuf.

En conſéquence, les deux mêmes portions
de terre ont été ſemées à rayons l'année
ſuivante, & cultivées avec les bœufs; la culture de la première année ayant rendu la terre
très-meuble à une grande profondeur, il n'a
fallu qu'un léger labour afin d'unir le terrein,
avant de dreſſer les planches : la ſeule différence que je fis mettre dans la façon de ſemer,
fut de faire recouvrir de terre le fumier dépoſé
dans les ſentiers, de faire ſemer les pommes
ſur cette terre & non ſur le fumier, comme
l'année précédente, pour prévenir l'inconvénient que je préſumois avoir retardé leur

naiſſance ; ce travail ſe fit en donnant d'abord un trait de charrue du côté du ſillon ; un homme venant derrière le Bouvier, ſemoit des portions de pommes à un pas de diſtance les unes des autres, & les aſſuroit avec les pieds, & le Laboureur les recouvroit d'un ſecond trait de charrue donné en ſens contraire : on fit un ſarclage à la main dès que les Plantes furent nées, & trois binages avec les bœufs : le dernier fut donné dans les premiers jours de Septembre.

La fane ayant ſéché au commencement de Novembre, on fit la récolte des pommes de terre en renverſant la terre de côté & d'autre, en dos-d'âne, par pluſieurs coups de charrue, que l'on réitère juſqu'à ce qu'on découvre les tubercules, ce qui accélère beaucoup le travail ; après cette opération, un homme arrache, d'un coup de hoyau, les Plantes qu'il jette à côté de lui, & les pommes ſont ramaſſées par des femmes & des enfans : cette façon de les recueillir eſt ſans contredit la plus expéditive : le produit a été de cinq charretées, évaluées à douze quintaux, ce qui fait ſoixante quintaux.

QUATRIÈME

QUATRIÈME OBJECTION.

LA culture des pommes de terre eft auffi coûteufe que celle des grains, il faut la même quantité de labours & d'engrais, des foins auffi réfléchis & auffi multipliés, leur végétation eft également affujettie à toutes les intempéries des faifons.

RÉPONSE.

SI la culture des pommes de terre eft auffi difpendieufe que celle des grains, leur récolte vaut au moins un labour, elle rend la terre plus difpofée à profiter de l'humidité de l'automne, & en fuppofant que les frais foient auffi confidérables, le produit dédommage amplement : la végétation ayant lieu dans l'intérieur de la terre, elle n'a rien à redouter de la part de la grêle & des autres accidens qui anéantiffent en un moment nos moiffons, elle eft à l'abri de la rouille & de la nielle. Les brouillards qui la frappent, les pluies qui tombent pendant la floraifon, ne font pas avorter le fruit ; il y a plus, c'eft que quand une des époques de la végétation des grains n'a pas été heureufe, la faifon enfuite a beau

être favorable, tout eſt dit, les grains ſont
ou chétifs ou peu abondans; au lieu que ſi
la pomme de terre a langui dans ſa fructification à cauſe de la grande ſéchereſſe, les
pluies abondantes qui ſurviennent, font bientôt reprendre à cette plante ſa vigueur naturelle; on en a vu au mois de Septembre
qui annonçoient toutes les apparences de la
ſtérilité, produire à étonner; cette plante eſt
ſi vigoureuſe qu'elle brave le pied des bœufs
& le ſoc de la charrue, mal dirigés: nous
n'avons pas d'exemples que la gelée ait perdu
des récoltes; ces racines, enfoncées profondément dans la terre, s'y conſervent pendant
l'hiver, germent au printemps & continuent
ainſi leur reproduction.

Ce ne ſont pas là les ſeuls avantages que
puiſſent offrir les pommes de terre; le temps
où l'on sème cette Plante eſt après toutes les
ſemailles; celui de leur récolte termine toutes
les moiſſons, de manière que le temps qu'elles
exigent dans l'un & l'autre cas, n'eſt nullement
pris ſur les travaux ordinaires de la campagne:
mais je conſens qu'il faille autant de labours,
d'engrais & de ſoins pour la culture des pommes

de terre que pour celle des blés ſemés ſur le meilleur ſol, elles rapporteront toujours de quoi dédommager amplement de tous les frais; d'ailleurs cette Plante préſente le moyen de tirer parti des plus mauvaiſes terres où il ne croît pas même de l'herbe; toutes ſont favorables à la pomme de terre.

Encore une fois, une culture reconnue ſi avantageuſe, depuis un ſiècle qu'elle eſt pratiquée avec ſuccès par des Nations ſages, qui bien inſtruites en matière rurale, la regardent comme la baſe & le ſoutien de leur exiſtence, ne ſauroit être balancée par aucun inconvénient que l'on puiſſe raiſonnablement citer: je ne doute pas même que le concours des Cultivateurs intelligens ne ſoit porté un jour à perfectionner les premiers efforts qui ont été tentés à cet égard, en dépit de tous les détracteurs.

CINQUIÈME OBJECTION.

QUAND il ſeroit poſſible de juger, à l'inſtant de la plantation de la pomme de terre, du défaut de récolte future des grains, par la raiſon que ceux-ci auroient été frappés par la gelée, comme en 1709, ou que la germination ne fe feroit pas développée comme il faut, feroit-on encore à temps d'en prévenir les fuites par une culture plus abondante de pommes de terre, y auroit-il fuffifamment de femence pour feconder toutes les vues !

RÉPONSE.

ON fe ferviroit alors de toutes les facultés productives que la pomme de terre a reçues de la Nature, & comme il pourroit bien fe faire que dans la difette de ces racines il ne fût pas poffible de fe paffer de la nourriture qu'elles procurent, on fe ferviroit alors des pelures & même des baies ou fruits qui formeroient également des tubercules ; la première année ils feroient petits, la feconde plus gros, & la troifième enfin, femblables à l'efpèce dont ils proviendroient : cette Plante vient auffi de bouture, comme nous l'avons remarqué : on emploîroit dans cette circonftance les meilleures terres, on ne feroit avare ni de labours ni d'engrais, enfin on réuniroit tous les foins employés ordinairement à la culture des grains, ce qui multiplieroit d'autant plus la pomme de terre.

On a calculé qu'il falloit un arpent de terre femé en blé, pour nourrir un homme pendant un an, à caufe de l'année de jachère; or le même éfpace de terrein le plus ingrat, confacré aux pommes de terre, produira au moins de quoi alimenter trois hommes, non-feule-ment par rapport au produit qui fera infiniment plus confidérable, mais encore par la raifon que l'année fuivante produira à peu-près autant de ces racines : on ne devroit jamais fonder la fubfiftance journalière fur des productions dont la récolte eft incertaine.

SIXIÈME OBJECTION.

DEPUIS l'inftant où les pommes de terre font plantées jufqu'à celui où l'on doit en faire la récolte, il y a un intervalle de fix mois au moins, pendant lequel on eft privé de cette reffource, & l'on ne fauroit en pro-longer la durée; quelle différence des grains qui fe gardent des temps infinis moyennant quelques précautions, & qui fouffrent même les voyages de long cours fans perdre de leurs propriétés !

RÉPONSE.

ON a fuffifamment établi la fupériorité qu'ont les grains fur la pomme de terre, pour jamais ofer donner à cette dernière production la préférence; le degré de féchereffe qu'ont les femences, la quantité de matières nourriffantes qu'elles renferment fous un petit volume, feront toujours pour les hommes de tous les pays & de toutes les conditions, la portion la plus précieufe des végétaux farineux.

La pomme de terre, au contraire, a moins de matière nutritive fous beaucoup plus de volume; elle ne fauroit être emmagafinée & tranfportée au loin aifément, il faut les confommer fur les lieux comme les menus grains: elle fe gâte & germe aifément, ce qui confervera toujours la primauté aux grains. Mais il feroit bien à fouhaiter que l'on vînt au fecours des pauvres habitans des campagnes, en leur indiquant de la manière la plus concife, la meilleure méthode de cultiver la pomme de terre; peut-être feroit-il poffible de leur ménager cette reffource pendant toute l'année.

Il y en a une efpèce plus commune en Angleterre que parmi nous, & qui ne diffère de l'autre que parce qu'elle parcourt un cercle de temps moins confidérable pour parvenir à fa maturité; on la plante en Mars, & on la récolte au commencement de Juillet; en forte qu'on ne s'en trouveroit privé que deux mois au plus, encore pourroit-on y fuppléer par une provifion de pain, de bif-cuit, ou enfin, de ces racines cuites & féchées, comme nous l'avons décrit.

SEPTIÈME OBJECTION.

LA pomme de terre n'eft utile que depuis la fin d'Octobre jufqu'à la fin de Mars; fi, pendant ce temps, elle fe gèle, ou que la germination s'y établiffe, la voilà perdue pour toujours : la défficcation qui feroit le moyen le plus efficace pour les préferver de tout évènement fâcheux, détériore ces racines, au point que les animaux ne s'en foucient plus ; l'amidon lui-même, qu'on en retire, s'altère au retour du printemps.

RÉPONSE.

LES fubftances végétales comeftibles, ne font pas les feules fufceptibles de s'altérer & de fe corrompre dans un laps de quelques années; les productions des trois règnes font affujetties aux mêmes viciffitudes : tout fe forme & fe détruit avec le temps; les corps les plus durs & les plus compacts, tels que le granit & l'agathe, ne fauroient fe dérober à cette loi générale; enfin, les fubftances falines, qui femblent s'oppofer à la fermentation de certains corps, éprouvent également des changemens. Il eft vrai que fi la Nature, abandonnée à elle-même, va toujours créant & détruifant, l'homme eft parvenu par fon induftrie, fon intelligence & fes foins multipliés, à prolonger la durée de fes bienfaits en reculant les bornes de leur deftruction, c'eft ainfi qu'on eft parvenu à conferver des temps infinis, les grains farineux.

La faculté germinative des pommes de terre leur eft fans doute très-inhérente; on la voit fe déployer au retour de la belle faifon; les racines végètent, prennent un goût

âcre, herbacé, qui répugne aux hommes &
aux animaux : mais cette faculté ne ſubſiſte
plus dans leur farine bien ſéchée, & encore
moins dans leur amidon ; il eſt peu de ſubſtance dans la Nature, plus ſuſceptible de ſe
conſerver ; l'état ſec & froid qu'elle a conſtamment, ne permet point qu'elle ſe gâte : j'ai
de cet amidon fabriqué depuis dix ans, auſſi
blanc & auſſi pur que le premier jour. Les
Parfumeurs & les Perruquiers dépoſent journellement en faveur de l'inaltérabilité de
l'amidon ; ils conviennent tous que quand il
eſt pur & ſans mélange, il peut ſe garder long-
temps, pourvu qu'il ſoit dans un endroit ſec ;
l'amidon de pommes de terre pourra donc ſe
conſerver des ſiècles, & deviendra d'un avantage ineſtimable pour les voyages de long
cours : on ne peut pas ſe flatter de venir jamais
à bout de garder long-temps dans les Vaiſſeaux,
les pommes de terre fraîches en barrique, vu
la chaleur humide qui y règne toujours.

On peut conſerver les pommes de terre
de la même manière que les racines potagères,
en les tenant dans un lieu ſec & froid ;
comme elles ſont fort tendres à la gelée, &

très-susceptibles de la germination, la cave &
le grenier où on les renferme, ne les préservent pas toujours de ces accidens : l'un
est quelquefois trop froid, & l'autre trop
humide ; il seroit douloureux de se voir privé
en un moment, d'une ressource aussi essen-
tielle, faute de quelques précautions. Les
Allemands & les Anglois les enterrent dans
des trous d'une verge de profondeur, qu'ils
garnissent de lits de paille ; ils les en recou-
vrent également, & font au-dessus une meule
avec du terreau en forme de cône ou de talus :
ces trous doivent être les plus voisins de la
maison, & leur grandeur proportionnée à la
consommation.

Toutes les expériences que j'ai faites sur
les pommes de terre gelées & germées, m'ont
prouvé que le froid altéroit plus tôt la matière extractive que l'amidon, & qu'on pouvoit
avoir cette substance encore très - bonne,
pourvu qu'on ne perdît point de temps pour
son extraction ; mais que la germination diminuoit la quantité de cet amidon, qu'on peut
aussi obtenir & employer aux mêmes usages.

HUITIÈME OBJECTION.

FAUDRA-T-IL donc pour récolter beaucoup de pommes de terre, détruire ou abandonner nos prairies & y employer nos bonnes terres à blé! d'ailleurs en s'appliquant trop à la culture de ces racines, ne négligera-t-on point celle du froment, toujours préférable!

RÉPONSE.

IL ne s'agit pas de substituer à la culture du blé & du seigle celle des pommes de terre, ni de déranger l'ordre ordinaire des récoltes; ces racines réussissent dans tous les terreins bons & médiocres, leur production, à la vérité, est toujours relative à la nature du sol, à la qualité des engrais, à la bonté de l'exposition & aux soins intelligens qu'on en prend.

Toutes les terres ne sont pas propres à la culture des grains, il n'y en a point dont les pommes de terre ne s'accommodent, pourvu qu'elles soient assez flexibles pour céder à l'écartement que les tubercules exigent pour grossir & se multiplier; elles viennent mal dans une terre trop forte, elles y contractent un mauvais goût; on ne demande pour cette culture, que des terres qui ne rapporteront pas en grains la femence qu'on y auroit jetée.

Un arpent de terre fablonneufe produit affez communément quarante à cinquante fetiers de pommes de terre, lorfque la même étendue du meilleur fol ne donneroit que cinq à fix fetiers de froment : on a déjà commencé des défrichemens avec beaucoup de fuccès, par ce genre de culture ; plufieurs hommes éclairés, qu'on pourroit citer comme autant d'autorités en Agriculture, m'ont écrit qu'une longue expérience leur avoit prouvé que le produit de la pomme de terre à terrein égal, étoit dix fois plus confidérable que celui de tous les grains que l'on sème ; & les Irlandois, qu'on peut regarder comme les plus habiles culti-vateurs de pommes de terre, retirent fuivant leur méthode, cent pour un, eu égard à la femence, c'eft cette méthode que M. d'*Ef-pagnac de Puimarets* a publiée. Que de terreins encore incultes dans le Royaume, auxquels on pourroit faire porter des pommes de terre, & que l'on difpoferoit par ce moyen à d'autres récoltes ! dans les Domaines du Roi

& des Princes, il y a des vides plus ou moins
grands, incultes, fur lefquels on permet aux
Gardes de faire paître des beftiaux qui trouvent
à peine un peu d'herbe à brouter ; que d'avantages n'en retireroit-on point s'ils étoient couverts de nos racines, qui réuffiroient à caufe
de l'humidité qui y règne continuellement !
Il y a des forêts où il ne peut croître que de
la bruyère & du genêt : le gland qu'on y re-
cueille eft affermé jufqu'à douze mille francs :
que de places inutiles qu'on pourroit occuper
par cette Plante, la glandée manque fi fouvent !

Pendant le féjour que M. *Blanchet* fit dans
le haut Poitou, il détermina par l'exemple
& fa générofité, les petits cultivateurs qui
n'avoient qu'une portion de terrein très-cir-
confcrit, à y planter des pommes de terre,
qui ont fuffi par la fuite à leur fubfiftance
pendant tout l'hiver : fix années après, ayant
eu occafion de repaffer dans le canton, il fut
comblé de bénédictions par ces bonnes gens
qui lui crioient les larmes aux yeux : *vous nous
avez fauvé la vie, brave homme, en nous mon-
trant à retirer du coin de notre champ ce qu'à
peine des arpens entiers nous rendoient !*

La pomme de terre préfentera toujours de grands avantages aux habitans des pays dont le fol froid & ftérile ne pourroit fournir fuffifamment de grains pour leur fubfiftance annuelle ; ces racines y fuppléent, ils peuvent les recueillir fans peine & mettre, à la faveur de quelques précautions fimples, leurs petites provifions à l'abri de tous les accidens.

Comment donc la culture des pommes de terre préjudicieroit-elle à celle des blés ! bien foignée, elle diminuera feulement la confommation des grains dans les campagnes, procurera l'abondance dans les villes, & tiendra leur prix en équilibre, d'où s'enfuivra que le payfan fera mieux nourri & aura une plus grande quantité de beftiaux ; que le journalier citadin y gagnera de quoi fuffire à fa fubfiftance, & qu'on pourra établir dans le Royaume une branche de commerce très-utile.

NEUVIÈME OBJECTION.

Si la récolte en grains fe trouvoit proportionnément auffi abondante que celle des pommes de terre, on préférera toujours la

nourriture que les premiers donnent pour les
hommes & les beſtiaux; que deviendroient
alors ces racines qu'on ne peut garder en bon
état que fix mois au plus! l'abondance d'une
denrée n'eſt-elle pas fuperflue quand on n'en
trouve pas la conſommation!

RÉPONSE.

L'HUMIDITÉ continue fait un tort réel
aux grains, en diminuant leur nombre &
leur qualité; la pomme de terre, au contraire
groſſit & fe multiplie, d'où il fuit que les
années peu fromentacées font favorables à ces
racines, *& vice verſâ;* c'eſt donc une forte de
dédommagement que nous offre la Nature
& dont il ne tient qu'à nous de profiter,
mais quand les deux récoltes feroient également abondantes, & que la grande quantité
de grains circonſcriroit l'uſage des pommes
de terre, on pourroit toujours en tirer un
parti avantageux, foit en en préparant de
l'amidon, qui peut fe conferver des fiècles,
pour s'en fervir dans tous les cas que nous
avons indiqués, foit en l'employant en nature
à l'engrais des animaux.

Les cochons aiment les pommes deterre, &
il eſt difficile de trouver une matière plus ſubſtancielle, plus ſalubre, qui convienne mieux
à leur conſtitution & aux vues que l'on a de
les engraiſſer promptement & à peu de frais;
mais ils ne ſont pas les ſeuls animaux qu'on
puiſſe nourrir ainſi, tous les autres s'en accommodent également: dans la ſaiſon où ils ne
ſauroient trouver de quoi paître, il faut alors
y ſuppléer par les fourrages ſecs qui donnent
moins de lait; les Fermiers ſeront indemniſés
au-delà de la dépenſe qu'ils font pour nourrir
ainſi leurs vaches, par la quantité de beurre
& de fromage qu'ils en tireront en hiver. Le
défaut de ſubſiſtance empêche les habitans des
pays où il y a des pâturages, de faire des élèves
pendant l'été, en ſorte que les uns négligent
cette branche de commerce; que les autres
vendent leurs beſtiaux à l'approche de l'hiver;
au moyen des pommes de terre, ces difficultés n'auroient plus lieu, & on auroit de quoi
engraiſſer les animaux de toute eſpèce.

DIXIÈME

DIXIÈME OBJECTION.

L'USAGE des pommes de terre pour les beftiaux, n'eft pas encore auffi exempt d'inconvéniens qu'on veut bien l'affurer : quelques Obfervateurs ont déjà remarqué que le lard des cochons qui en avoient été engraiffés, n'avoit pas beaucoup de confiftance.

RÉPONSE.

L'AVANTAGE d'engraiffer les animaux fans employer les grains utiles à la confommation de l'homme, ne fauroit être contefté, & dans le nombre des fubftances qui peuvent y fuppléer, la pomme de terre doit, fans doute, être confidérée comme la plus nourriffante; il eft poffible que, vu la quantité d'eau que renferme la pomme de terre, la graiffe des animaux qui s'en alimentent, ne foit pas très-ferme, & en fuppofant que cet inconvénient foit vrai, ne pourroit-on pas y remédier en ajoutant à ce manger, vers la fin, du fon ou de la farine d'orge, pour abforber la furabondance d'humidité? Voici une Obfervation qui mérite d'être connue.

K k

M. *Blanchet* a éprouvé qu'en donnant beaucoup de pommes de terre à des bêtes à corne
qu'on a deffein d'engraiffer, elles enflent à
caufe de leur trop grande quantité de matière
nutritive ; il penfe qu'un boiffeau de Paris de
ces racines, partagées matin & foir, hachées
menues comme des groffes noix, mêlées d'un
peu de fon & de fel, en Bretagne où il eft
à bon marché, avec du foin, fuivant l'ufage
à midi & pour les nuits, avance beaucoup
l'engrais des bêtes à corne, même des chevaux, que cette nourriture les foutient fans
avoine aux travaux du labourage. M. *Blanchet*
ajoute qu'étant Régiffeur d'une ferme dans
le haut Poitou, il avoit recueilli en 1765,
environ mille facs de gros navets, qu'il avoit
femés & cultivés par rangs ; il fit engraiffer
pendant l'hiver, dix-huit bœufs : fes Valets,
appelés *Grangiers*, c'eft-à-dire, attachés à la
grange pour nourrir les bœufs qu'on engraiffe,
leur donnoient journellement une fi grande
quantité de navets, qu'il en fut étonné ; pendant plufieurs jours, il fit pefer ce qu'on en
donnoit à deux bœufs, il trouva qu'une paire,
l'une dans l'autre, en mangeoit de quatre cents

quatre-vingts à cinq cents livres par jour, ce qui eſt un poids énorme, & prouve que le navet contient peu de ſubſtance nutritive: auſſi lui a-t-on aſſuré que les navets n'engraiſſoient point, mais rafraîchiſſoient, & préparoient les bœufs à prendre de la graiſſe. Outre cette quantité prodigieuſe de navets, on leur donnoit encore d'excellent foin; d'où il conclud que cinquante livres environ de pommes de terre & le même foin, produiſent autant d'effets que cinq cents livres de navets par jour ſur deux bœufs mis à l'engrais : mais il eſt bon de faire cuire ces racines les quinze derniers jours de l'engrais, parce qu'au moyen de la cuiſſon, la partie aqueuſe ſe combine avec les autres principes, ce qui forme un aliment plus ſolide.

Onzième Objection.

La pomme de terre conſidérée ſous le point de vue alimentaire pour les hommes, n'eſt pas non plus à l'abri de tout reproche; il faut avoir un eſtomac fort & vigoureux pour être en état de digérer l'aliment viſqueux & groſſier que ces racines fourniſſent.

RÉPONSE.

TEL eſt le langage de beaucoup d'habitans de la Capitale, qui n'en ſont jamais ſortis,
& qui ne voient dans la pomme de terre
qu'un mets de plus, dont la fadeur naturelle
ne poſsède pas, à la vérité, de quoi ſtimuler
leur palais blaſé; mais ce n'eſt jamais ſous ce
point de vue que nous avons conſidéré la
racine dont il s'agit: jamais le luxe de nos
tables ne gagnera rien à mes recherches, &
je n'ai pas encore ſongé à groſſir le nombre des
mets qui les couvrent; mon unique but, c'eſt
d'augmenter la denrée de première néceſſité
pour l'Humanité la plus indigente.

On a vu l'aliment que fournit la pomme
de terre réuſſir même dans les cantons à châtaignes. M. le Baron de *Saint-Hilaire*, l'un
des premiers qui ait cherché à encourager la
culture de cette Plante dans le Limoſin,
avoit déterminé les habitans de ſes Terres, à
cuire enſemble la châtaigne & la pomme de
terre; ce mélange a tellement pris faveur,
qu'on voit les enfans épier le moment où
on le retire de la marmite, pour dérober la

pomme de terre, dont la fadeur eft relevée par la fapidité de la châtaigne, & c'eft encore un moyen de fuppléer au défaut de ce fruit.

Toutes les allégations défavorables à l'innocuité de la pomme de terre, ne prévaudront jamais contre l'expérience & l'obfervation; elles prouvent que l'aliment farineux, contenu dans cette racine, n'eft pas plus groffier que celui des femences, & que s'il a occafionné des pefanteurs & des indigeftions, ces accidens ne font connus que des eftomacs infatiables. Je n'ai jamais ouï dire en Allemagne que même leur excès eût nui; j'ai vu pendant tout l'hiver, le repas du matin en pommes de terre, fe réitérer le foir avec la même fenfualité, & les habitans des campagnes attendre avec impatience le moment de la récolte pour jouir de ce bienfait, dont la privation feroit un véritable fléau pour eux. Il y a plufieurs milliers d'hommes qui ne vivent prefque que de pommes de terre dans les provinces les plus peuplées de l'Allemagne; j'y ai vu beaucoup de nos troupes paffer brufquement de l'ufage du pain ou de la châtaigne à celui de pommes de terre en nature, fans en être incommodées : ajoutons ici encore un fait qui confirme de nouveau la vérité de cette Obſervation.

Un Charpentier, accablé de miſère, & chargé d'une nombreuſe famille, à qui le produit de ſes journées, ne pouvoit procurer la quantité de pain ſuffiſante pour ſa nourriture, celle de ſa femme & de ſes enfans; cet homme, que l'on avoit aidé avec des pommes de terre, en avoit continuellement ſur le feu, un chaudron rempli, & dans la cour, un baquet où on les mettoit lorſqu'elles étoient cuites pour les faire refroidir, & d'où on les tiroit enſuite pour les diſtribuer : cet Ouvrier en mangea, pour ſon premier coup d'eſſai, ce qu'en contiendroit un demi-boiſſeau, ſans aucun inconvénient; il augmenta dans le pays la conſommation de ce végétal, car il engagea, par ſon exemple, tous les Ouvriers & les Journaliers du canton, à faire uſage de pommes de terre.

On voit dans tous les Ouvrages de M. *Tiſſot,* que ce célèbre Médecin fait le plus grand éloge des pommes de terre; il dit dans ſa Lettre à M. Hirzel, *page 54,* en parlant de ces racines :

« Je fuis perfuadé & je l'ai dit dans un Ouvrage
prêt à paroître, qu'il y a peu d'alimens «
auffi falutaires, & qu'il n'y a point de fari- «
neux non fermentés, dont on puiffe manger «
une auffi grande quantité ; je le crois fort «
préférable au maïs, au farrafin, au millet & «
même au riz : on peut en manger fans dégoût «
à peu-près auffi fouvent que du pain : il n'a «
befoin d'aucune préparation au fortir de la «
terre ; on peut le cuire & le manger ; c'eft «
bien de tous les fruits des deux Indes, celui «
dont l'Europe doit bénir la découverte : on «
ne peut trop en encourager la culture, & je «
ne puis trop en recommander l'ufage. » Le
même Auteur affure encore dans fon *Traité*
des maladies des Nerfs, tome II, partie 1,
page 44, « qu'il a vu plufieurs exemples de
femmes qui ne pouvoient foutenir d'autre «
légume que les pommes de terre ; ce fa- «
rineux doux, peu favoureux, il eft vrai, «
mais très - digeftible, & qui eft de tous «
les légumes celui dont on peut généra- «
lement manger une grande quantité fans en «
reffentir aucune incommodité. »

Nous avons déjà fait remarquer que l'usage des pommes de terre concourroit à augmenter le lait des Nourrices : l'expérience journalière ne cesse de confirmer cette vérité ; M. *Sigaud*, Médecin de la Faculté de Paris, si connu par sa célèbre opération de la section de la symphise, l'une des plus importantes découvertes de ce siècle, se sert avec avantage de ce farineux : quand les mères sont trop délicates il supplée à ces racines par leur amidon accommodé au gras ou au maigre ; jamais il ne s'est aperçu que ce régime fût suivi de ces coliques dont sont si souvent tourmentées les Nourrices.

J'ai rassemblé quelques faits à l'article XIII, qui prouvent incontestablement que la pomme de terre pouvoit dans certains cas servir à la fois de remède & d'aliment ; je vais encore en fournir une nouvelle preuve qui m'a été communiquée par M. *Renou*, Directeur des Mines de Saint - George, homme d'un mérite rare, qui a exercé autrefois la Médecine, ainsi que la Chirurgie, avec beaucoup de distinction : je transcris ici ses observations telles qu'il me les a adreffées ; elles portent avec elles le caractère de la clarté & de la fenfibilité de leur eftimable Auteur.

OBSERVATIONS *fur une propriété intéreffante des Pommes de terre.*

« OUTRE l'avantage alimentaire que pof- fèdent les pommes de terre, elles ont des « propriétés qui méritent une férieufe attention « de la part de ceux qui s'occupent de l'art dif- « ficile de guérir : la vertu anti-fcorbutique de « ces tubercules reconnue & démontrée par « l'expérience en eft une preuve ; mais leur effet « apéritif n'a peut-être pas été également re- « marqué : les obfervations ci-après peuvent « fervir à faire connoître cette propriété qu'elles « ont d'exciter l'évacuation des urines, fans « perdre de leur qualité nourriffante, & que « formant alors un enfemble qui réuniffant le « remède à l'aliment, préfente un moyen pré- « cieux dans une infinité de circonftances, & « qu'une main intelligente dans le traitement « des maladies ne doit pas laiffer échapper. «

Tout le monde eft à portée d'obferver avec «

» quel plaifir les enfans à l'âge même le plus
» tendre, mangent de ces racines fous différentes
» formes , & fur-tout cuites fous les cendres ;
» j'ai eu occafion de faire cette remarque une
» infinité de fois fur mes enfans & je m'y fuis
» d'autant plus appliqué que j'étois perfuadé de
» l'avantage qui en réfulteroit pour leur fanté.
» En effet, pendant plufieurs mois deux petites
» filles , l'une de trois ans, & l'autre d'environ
» dix-huit mois, faifoient leur goûter de ces tu-
» bercules cuits dans les cendres chaudes, aux-
» quels on ajoutoit un peu de beurre & de fel :
» l'appétit & la promptitude avec lefquels cet
» aliment paffoit, formoient un fpectacle tout-
» à-fait amufant pour moi ; mais il n'étoit ce-
» pendant pas fans inconvénient , car chaque
» fois que mes petites avoient fait un femblable
» repas , on pouvoit être fûr qu'elles étoient
» très-preffées par le befoin d'uriner, & que
» même elles piffoient au lit , ce qui n'avoit pas
» lieu lorfqu'elles ne prenoient pas cette nour-
» riture : cette expérience faite différentes fois,
» me perfuada de la propriété apéritive des
» pommes de terre , & j'ai eu peu de temps après
» une nouvelle occafion de la conftater.

Une Demoiſelle d'Ingrande-ſur-Loire, «
âgée d'environ vingt-deux ans, tomba malade «
dans le courant de l'hiver 1776, à la ſuite «
d'une ſueur ſupprimée, qui produiſit par gra- «
dation une hydropiſie aſcite : la maladie étant «
alors dans ſon état, je fus conſulté, & comme «
juſqu'à ce moment on avoit abſolument pris «
le change & traité la malade comme affectée «
de la poitrine, elle ne fut pas peu ſurpriſe «
lorſque je lui annonçai qu'il y avoit un épan- «
chement dans l'abdomen, qu'en conſéquence «
ſa ſituation étoit très-férieuſe & qu'il n'y avoit «
pas un inſtant à perdre ; ce pronoſtic la déter- «
mina ſur le champ à ſe rendre à Nantes & «
de-là à Montaigu en bas Poitou auprès de «
M. *Richard* Docteur en Médecine, homme «
d'un mérite rare, chez lequel les malades ſont «
ſûrs de trouver un ami & qui a les ſoins les «
plus étonnans dans le traitement de pluſieurs «
maladies de cette eſpèce. «

Cette Demoiſelle ſe mit auſſi-tôt à l'uſage «
des remèdes qui lui furent preſcrits & s'aperçut «
pendant quelques ſemaines que ſon ventre «
diminuoit de groſſeur, ainſi que l'infiltration «
qui s'étoit faite dans les cuiſſes & dans les «

» jambes ; mais cette apparence de mieux ne fut
» que d'une courte durée, & bientôt la malade
» fentant fa fituation devenir plus mauvaife, re-
» vint dans la maifon paternelle vers les premiers
» jours de Juin ; M. *Richard* s'y rendit pour
» fuivre le traitement de la maladie, & je fus
» pareillement appelé pour y coopérer avec lui :
» mais comme malgré tous nos efforts, & que les
» remèdes, pris dans les trois règnes de la Nature,
» n'avoient pu établir la fecrétion ni l'évacuation
» des urines, le gonflement du bas-ventre aug-
» menta au point, que nous ne vîmes plus
» d'autres reffources que dans la paracentèfe : la
» malade, dont le courage n'a ceffé de mériter
» mon admiration, fut préparée à cette opé-
» ration le 24 Juin, & la ponction, faite fuivant
» les règles de l'Art, produifit une évacuation
» de vingt-quatre livres de férofité.

»   Le calme qui fuivit, fit renaître les efpé-
» rances, & on continua l'application des remèdes
» appropriés. Un mois à peine étoit-il paffé,
» que nos alarmes fe renouvelèrent, & fuccef-
» fivement l'épanchement fe fit au point, que
» la malade fut obligée de fe foumettre une
» feconde fois à la ponction, ce qui eut lieu

vers la fin du mois d'Août, & produifit une «
évacuation d'environ trente - deux livres de «
liqueur.   «

La foibleffe & l'accablement, fuites inévi- «
tables d'une maladie auffi longue, & même «
du régime & des moyens curatifs, défoloient «
tout le monde excepté la malade, dont la féré- «
nité de l'ame n'étoit aucunement altérée. Dans «
cet état violent, & lorfque le fecours des «
Gens de l'Art, paroît ne pas atteindre au «
but, il eft naturel, plus que prudent fans «
doute, de mettre en ufage tous les moyens «
qu'on nous préfente pour nous fouftraire à «
une deftruction qui nous paroît inévitable; «
quelqu'un des environs fut annoncé comme «
devant produire l'effet defiré : on fit ufage «
des moyens qu'il préfenta, mais on ne tarda «
pas à fe repentir de cette confiance irréfléchie, «
& la malade, dont l'épuifement augmenta, «
fe trouva dans un marafme prefqu'extrême, «
& il ne lui reftoit plus qu'un fouffle de vie; «
fon eftomac accablé ne pouvoit plus fouffrir «
ni remèdes ni nourriture : un vomiffement «
prefque continuel chaffoit au-dehors des ma- «
tières glaireufes, teintes de la couleur des «

» matières qu'on avoit fait prendre, & la ma-
» lade, dans les efforts qu'elle faifoit, étoit
» fur le point d'expirer; le ventre étoit tou-
» jours gonflé, & l'épanchement confidérable,
» ainfi que l'enflure des cuiffes & des jambes,
» tandis que les extrémités fupérieures étoient
» d'une maigreur effrayante.

» Je continuois toujours, quoique dans l'é-
» loignement, une correfpondance fuivie avec
» M. *Richard*, dont l'amitié m'étoit devenue
» chère & les lumières dignes de toute ma
» confiance: il fut fenfiblement affligé du por-
» trait que je lui faifois de la conftitution de
» notre malade, il ne falloit rien moins qu'une
» ame fenfible comme la fienne, animée du
» defir d'arracher au cifeau deftruceur un objet
» digne d'être exempt de fes atteintes. Tout eft
» mort que l'efpérance vit encore, dit un célèbre
» Écrivain *; & en effet, malgré le fpectacle
» d'une deftruction prochaine, nous ne cef-
» fames, M. *Richard* & moi, d'employer tout
» ce que nous crumes capable de pouvoir s'y
» oppofer; l'eftomac délabré de la malade

---

* M. de Buffon.

& dans un état d'irritabilité extrême, nous «
paroiffant ne pouvoir fouffrir aucune nour- «
riture tirée du règne animal, nous y renon- «
çames abfolument ; & parmi les végétaux nous «
n'employames d'abord que ceux qui font «
compofés de fubftances amilacées & qui joi- «
gnent une qualité tonique à une grande divi- «
fibilité : l'eau de riz très-légère fut la première «
liqueur que l'eftomac voulut fouffrir & «
elle fut la feule nourriture pendant plufieurs «
jours : je la rendis fucceffivement plus forte «
à mefure que l'eftomac s'y accoutumoit, & «
par gradations la malade paffa à l'ufage des «
crêmes de riz, du fagou, des légères panades, «
de quelques légumes cuits tels que des tiges «
de céleri, du porreau, des carottes, &c. Tout «
cela paffant & fe digérant bien, les accidens «
les plus urgens étoient diffipés ; mais l'état «
hydropique exiftoit toujours & la fécrétion «
des urines étoit prefque nulle, l'évacuation «
n'étoit que de quelques cuillerées d'une «
liqueur rouge briquetée, qui n'opéroit rien «
pour le bien de la malade. Ce fut dans cette «
circonftance que je lui confeillai l'ufage des «
pommes de terre, perfuadé que leur qualité «

» alimentaire jointe à la propriété apéritive que
» je leur avois reconnue, rempliſſoit toutes les
» indications qui ſe préſentoient. Je ne fus point
» trompé dans mon attente : la malade ayant
» auſſi-tôt ſuivi mes conſeils, fit une partie de
» ſa nourriture de pommes de terre bien cuites
» ſous les cendres chaudes, aſſaiſonnées quel-
» quefois de très-peu de beurre & de ſel, ſou-
» vent ſans aucun aſſaiſonnement, & ce genre
» de nourriture fut l'époque où les urines com-
» mencèrent à donner & où par ſucceſſion de
» temps les liqueurs ſorties des loix de la cir-
» culation y rentrèrent, & que l'hydropiſie &
» tous ſes ſymptômes furent diſſipés ; ce qui
» demanda environ l'eſpace de trois mois ; les
» forces vinrent à proportion & la malade au
» printemps 1777, n'avoit pas le moindre reſte
» de ſa maladie. Depuis ce temps elle jouit
» d'une excellente ſanté.

» Mon changement de poſition & d'état
» m'ayant depuis ce temps privé de faire aucun
» uſage des pommes de terre dans le traitement
» des maladies ; je n'ai pu en étendre davantage
» l'application ; mais je ſuis intimement con-
» vaincu que cette production eſt digne de
» l'attention

l'attention des Médecins, auxquels elle «
pourra fournir des moyens précieux, lorſque «
l'emploi ſera dirigé par une main exercée «
& par l'eſprit d'obſervation, qui eſt la baſe «
& le fondement de l'Art de guérir ».

DOUZIÈME OBJECTION.

LA fabrication du pain de pommes de terre
compoſé de leur amidon & de leur pulpe,
eſt trop difficile ; pour faire l'amidon, il faut
nettoyer, râper, tamiſer, laver à pluſieurs
repriſes, & faire ſécher ; pour obtenir la pulpe,
il eſt néceſſaire de cuire, de peler & d'écraſer
exactement ſous un rouleau : cette double
opération exige du travail, de l'adreſſe &
des frais.

RÉPONSE.

TOUTES les pratiques nouvelles paſſent
d'abord l'intelligence des hommes groſſiers,
mais inſenſiblement ils s'y rendent propres,
ſur-tout lorſqu'ils ſont inſtruits par l'exemple.
Telle eſt l'opinion d'un grand Miniſtre, &
la manière dont il l'a exprimée dans une
Lettre qu'il m'a fait l'honneur de m'écrire
au ſujet des avantages qu'il reconnoiſſoit au

pain de pommes de terre. Le temps &
l'induſtrie n'ont-ils pas amené à la plus grande
ſimplicité d'exécution poſſible, des procédés
qui à leur origine ſe trouvoient très-com-
pliqués; d'ailleurs, quand bien même cette
fabrication exigeroit quelques ſoins de plus que
celle des grains, cette raiſon pourroit-elle
arrêter ſi le bon marché du réſultat dédom-
mageoit! Ne voyons-nous pas les Béarnois
ſe donner beaucoup de ſoins pour obtenir
du pain avec du blé de Turquie, & en former
dans certains cantons la nourriture principale,
parce qu'ils ont reconnu qu'elle étoit pour
eux la plus économique. La gêne de la préparation de l'amidon eſt enflée par les préjugés;
on l'a déjà beaucoup diminuée par le moulin-
râpe que nous propoſons, en ſorte qu'on doit
eſpérer que la dépehſe de l'amidon ne ſera pas
auſſi coûteuſe qu'on prétend l'inſinuer. Pourquoi la Mécanique ne fera-t-elle pas auſſi
quelques efforts pour préparer la pulpe d'une
manière également expéditive! Ces deux préparations au reſte ſont déjà ſi aiſées, qu'on
pourroit les confier à la perſonne la moins
intelligente de la maiſon.

TREIZIÈME OBJECTION.

APRÈS toutes les opérations d'amidon & de pulpe, plus ou moins longues & dispendieufes, on n'aura point encore de pain de pommes de terre; il faut en outre avoir recours aux détails de la Boulangerie, qui ne peuvent qu'ajouter au prix de l'aliment & à l'embarras de fa fabrication.

RÉPONSE.

SANS parler ici des circonftances qui obligent quelquefois de laver & de fécher les grains avant de les porter au moulin, ne faut-il pas en tout temps, par le moyen des différens cribles, les purger des femences étrangères qui ont crû dans le champ avec eux & de la poufflière qui en recouvre la furface; ce n'eft pas tout, ils ne peuvent ainfi fervir d'aliment, & entrer dans le pétrin du Boulanger; il eft néceffaire de les tranfporter au moulin, d'où fouvent l'on eft fort éloigné, y attendre fon tour, foigner fon grain, le rapporter moulu à la maifon pour le bluter: de plus, il faut fe précautionner contre les intempéries des faisons qui fufpendent les moutures, garder de la farine un certain temps afin de l'employer avec quelque profit; tout cela a lieu naturellement fans fonger aux embarras multipliés, à la perte du temps, aux rifques que l'on court, livré à la difcrétion d'un Meunier infidèle & mal-adroit, & tant d'autres inconvéniens qu'entraînent néceffairement dans les campagnes, le travail de la converfion des grains en farine, & auxquels on ne fait nulle attention, parce qu'on en aura contracté l'habitude. L'action variée des Élémens ne fauroit fufpendre l'extraction de l'amidon, tout fera fous la main de celui qui en préparera du pain; le Cultivateur peut déterrer la pomme de terre le matin, & avoir du pain à midi: la manipulation en deviendra par la fuite plus facile, à la faveur des machines qui ont vaincu de plus grandes difficultés, en rendant tout poffible.

QUATORZIÈME OBJECTION.

COMME la pomme de terre n'a guère que le goût que lui donne la cuiffon, le fel qu'on eft obligé d'ajouter au pain qu'on en

prépare, pour en relever la fadeur & le rendre
d'une digeſtion facile, deviendra un excès de
dépenſe, ſur-tout dans les provinces où cet
aſſaiſonnement n'eſt pas à bon compte; mais
malgré ce ſecours le pain de ces racines, évidemment trop cher pour les pauvres, ne ſera
pas aſſez bon pour les riches.

RÉPONSE.

LA pomme de terre, ſous quelque forme
qu'on la mange, ne ſauroit être agréable &
même digeſtible ſans le ſecours d'un aſſaiſonnement; qu'eſt-ce d'ailleurs qu'un demi-gros
de ſel par livre de pain? Cette quantité eſt à
peine appréciable pour cent livres; il en faut
davantage pour les manger en nature, parce
que la fermentation développe dans le corps
où ce mouvement s'établit, une eſpèce de
gas dont la combinaiſon pendant la cuiſſon,
relève un peu la fadeur du pain: celui de nos
différens grains a plus de goût que leur farine
en galette ou en bouillie. Dans les Provinces
méridionales de France où les blés ſont plus
ſavoureux que ceux du Nord, n'ajoute-t-on
pas au pain une plus grande quantité de ſel?

pourquoi la pomme de terre, moins sapide encore que les grains, ne seroit-elle pas susceptible de cette addition !

J'ai toujours annoncé la qualité du pain dont il s'agit, comme inférieure à celle du froment & du seigle; mais il mérite de tenir ensuite le premier rang, & je ne doute point qu'un jour il ne soit à meilleur compte que les diverses espèces de pain dont l'usage est adopté dans le Royaume, parce que le produit du végétal farineux avec lequel on le prépare, est aussi le plus fécond & le moins exposé au caprice des saisons.

Que nous importe que les hommes opulens ne trouvent point dans la délicatesse de ce nouveau pain de quoi satisfaire leur goût & leur fantaisie, pourvu que dans tous les temps ce soit une ressource pour les pauvres, pourvu que ceux qui sont placés au milieu des campagnes où il n'y a que des pommes de terre, puissent se passer du mauvais pain d'orge, de sarrasin & d'avoine, qu'ils fabriquent à grands frais? c'est-là le but du travail que nous avons entrepris & l'objet de nos vœux.

QUINZIÈME OBJECTION.

ON ne peut pas prouver que les pommes de terre apprêtées ſous les formes ordinaires, même mélangées en différentes proportions avec la farine de nos grains, ait produit quelques changemens dans l'économie animale ; mais a-t-on la même certitude à l'égard de ce pain préparé ſans mélange ?

RÉPONSE.

TOUT le monde ſait que les farineux ſe perfectionnent étant broyés, pétris, fermentés & cuits ; la première opération atténue leurs parties, la ſeconde les combine avec l'air & l'eau, la troiſième augmente leur volume, la quatrième enfin, achève de former un tout homogène & parfait : or les pommes de terre dans leur paſſage à l'état panaire, ſubiſſent les mêmes changemens & acquièrent les mêmes avantages : ces racines pourroient même avoir quelques défauts qu'elles perdroient durant la fermentation ; or ſi les pommes de terre cuites dans l'eau ou ſous la cendre, ſont digeſtibles & nourriſſantes ſous la forme de pain, elles doivent fuftenter davantage & d'une manière encore plus commode.

Si dix degrés de chaud & de froid fuffifent fouvent pour anéantir la provifion de l'hiver en pommes de terre : lorfque ce malheur arrive, au lieu de s'abandonner à la douleur & au défefpoir, ou bien de courir les rifques de s'alimenter d'une fubftance de mauvais goût, on pourroit faire cuire ces racines altérées dans leur organifation & les introduire dans la pâte des différens grains ; on pourroit en retirer l'amidon qu'elles contiennent ; il eft auffi fain & auffi nourriffant qu'avant la gelée & la germination ; ainfi, loin que la panification puiffe nuire à la pomme de terre, elle eft un moyen de l'approprier encore à la nourriture.

SEIZIÈME OBJECTION.

DANS la fuppofition qu'il n'y ait aucune fuite fàcheufe à redouter de l'ufage du pain de pommes de terre fans mélange, ne feroit-il pas dangereux de paffer brufquement d'un aliment à un autre, fur-tout lorfque cet aliment fait la bafe de la nourriture journalière, & qu'il accompagne tout ce qu'on mange depuis le

commencement jufqu'à la fin du repas! le pain
préparé avec les différens grains, produit
indépendamment de l'effet nutritif, d'autres
propriétés qui caractérifent l'efpèce de grain
dont il eft compofé, mais la pomme de terre
eft une racine dont les parties conftituantes
étant infiniment plus groffières que celles des
femences, il ne doit y avoir aucune affinité
entr'elles.

RÉPONSE.

IL y a infiniment plus de rapport avec le
pain, foit de froment, ou de feigle, ou de
pommes de terre, qu'il n'en exifte avec le
pain d'orge & de farrafin. Le pain de pommes
de terre, mélangé ou non, a même une propriété qui manque à celui de froment, c'eft
de fe tenir frais longtemps fans fe moifir intérieurement ni contracter aucun mauvais
goût, du moins c'eft l'obfervation qu'ont
faite plufieurs perfonnes qui ne font pas en-
thoufiaftes, ce qui eft à confidérer par rapport
à l'avantage qu'on auroit de ne pas être obligé
de cuire auffi fouvent.

A l'égard des parties conftituantes des racines

que l'on regarde fort mal-à-propos comme
moins élaborées que celles des femences, l'expérience prouve bien que les premières font
infiniment plus abondantes en matière fibreufe,
mais les autres principes y font auffi atténués
que dans les autres parties de la fructification
des Plantes. N'en retire-t-on point du camphre,
du fucre & de l'amidon, des fubftances colorantes auffi parfaites que des autres parties des
Plantes ! deftinées à élaborer les premiers fucs
nourriciers qui concourrent au développement, il a bien fallu que la Nature donnât
aux racines une folidité plus confidérable !

DIX-SEPTIÈME OBJECTION.

QUELLES font les expériences en grand,
propres à conftater de la manière la plus dé-
cifive, que le pain de pommes de terre eft
auffi fubftantiel & auffi nourriffant que celui
du froment pris dans la même quantité !

RÉPONSE.

IL feroit à defirer fans doute que des
effais variés & répétés en grand pendant un
efpace de temps affez long, euffent appris
à quoi s'en tenir à ce fujet ; le temps &

les moyens me manquent pour le faire: j'invite ceux qui habitent les pays où la pomme de terre eft très - commune, d'entreprendre ce travail.) J'obferverai feulement que plufieurs fujets robuftes & grands mangeurs de pain, ont été également raffafiés par celui de pommes de terre pris en même quantité que le pain de froment : à cette autorité, nous pourrons ajouter quelques Obfervations. Il eft d'abord démontré à n'en pouvoir douter, que l'amidon eft la partie principalement nutritive des farineux, & quelle que foit la portion des différentes Plantes d'où on le retire, il poffède les mêmes propriétés ; il eft également démontré qu'il entre dans une livre de pain de froment environ demi-livre d'amidon ; il en entre à peu-près la même quantité dans chaque livre de pain de pommes de terre, & il faut trois livres & démie de ces racines.

Dix-huitième Objection.

Si jamais la pomme de terre fourniffoit une partie de la nourriture des habitans du Royaume, foit fous la forme de pain ou en qualité de légume, n'y auroit-t-il pas à craindre

qu'on ne trouvât plus enfuite à fe défaire
des grains une fois remplacés par ces racines,
ou que du moins leur prix devînt fi médiocre,
que le Fermier courût peut-être les rifques
de ne pas trouver dans la vente de quoi payer
les Impofitions & le Propriétaire !

RÉPONSE.

ON mangera toujours du pain de froment
& de feigle dans les villes ; il faut bien que
les campagnes y pourvoient. En Alface & en
Lorraine, il n'eft guère poffible de voir fans
une furprife mêlée d'admiration, cette quantité
prodigieufe d'animaux de toute efpèce, ce
nombre confidérable de domeftiques que
renferment toutes les métairies : les pommes
de terre en font cependant la principale
fource ; elles permettent d'avoir un nombre
confidérable de beftiaux, ce qui facilite la
culture des terres, l'abondance des engrais &
le nettoiement des mauvaifes herbes : on confomme dans ces endroits fort peu de grains ;
on en vend beaucoup, rarement il en refte ;
par-tout où il y a des rivières navigables, on
trouve aifément à fe défaire de ces denrées

précieufes; d'ailleurs la circulation intérieure
du royaume ne la portera-t-elle point naturellement dans les différens cantons qui en ont
befoin? L'excédant de nos récoltes en grains
fera toujours une fource de richeffe pour
le royaume par le moyen de l'exportation
fagement dirigée.

DIX-NEUVIÈME OBJECTION.

NON-SEULEMENT le pain de pommes de
terre ne fera pas auffi bon que celui de froment,
il fera encore plus cher; la livre d'amidon qui
repréfente la farine, coûte un écu : ainfi cette
reffource eft hors de la portée du peuple.

RÉPONSE.

J'AI déjà donné un aperçu du prix que
le pain de pommes de terre pouvoit coûter
dans les cantons du royaume où les grains
font rares & où ces racines font au contraire
fort communes, & fourniffent pendant une
partie de l'année la nourriture fondamentale
de leurs habitans : ce pain ne reviendra pas
à plus d'un fou la livre, ce qu'il eft très-aifé
de conftater d'après l'achat de la pomme de
terre elle-même & les frais de fabrication : une

denrée n'eſt jamais à bon compte dans un
pays qu'autant que l'uſage en a fait un beſoin
journalier. C'eſt donc une folie de calculer à
quoi reviendroit le pain de pommes de terre
par le prix dont eſt l'amidon dans certains endroits où il n'exiſte encore ni machine ni
fabrique ; cet amidon qu'on vendoit à Paris
ſix francs la livre lorſque j'annonçai qu'on
pouvoit l'adminiſtrer aux malades & aux
convaleſcens à la place du ſagou & du ſalep,
eſt aujourd'hui diminué de plus des deux tiers ;
le moulin que nous décrirons va encore en
diminuer le prix ; la matière elle-même, d'où
on tire l'amidon, deviendra plus commune.

On me permettra cette comparaiſon : ſi on
commandoit au meilleur Ouvrier une aiguille,
il emploîroit une demi-journée à la faire ;
il faudroit alors la lui payer un écu ; elles
valent dix ſous le cent à la Manufacture : s'il
s'agiſſoit d'écraſer le blé à l'aide de pilon &
de mortier, de bluter avec des tamis à la main,
on auroit en un jour vingt livres au plus de
farine défectueuſe, avec laquelle on n'ob-
tiendroit qu'un pain de médiocre qualité, cher
& ſuffiſant à peine à la nourriture de quelques

hommes ; telle fut néanmoins pendant long-temps la nourriture parmi les peuples les plus anciens. Si on vouloit fe nourrir à Paris de pain de blé de Turquie & de farrafin, il coûteroit infiniment plus cher que celui de froment ; enfin le pain de feigle ne coûte-t-il pas à Paris cinq fous la livre ! Pourquoi l'induftrie qui s'eft tant fignalée en faveur du pain de blé, ne feroit-elle pas quelques efforts pour celui de pommes de terre dès que l'expérience & l'obfervation en auront démontré l'utilité ! Quand un procédé n'a plus que des machines à inventer, il a déjà atteint le point de perfection defiré.

VINGTIÈME OBJECTION.

SI on calcule bien le prix de la pomme de terre, ce qu'il en entre dans une livre de pain, les frais de préparation, d'amidon, de pulpe & de manutention, on jugera qu'il eft im-poffible que cette nourriture puiffe jamais arriver à un taux qui en permette l'ufage à toutes les claffes.

RÉPONSE.

IL feroit fans doute bien difficile d'établir ici pofitivement le prix auquel pourroit revenir

le pain de pommes de terre, puisque la culture
de ces racines est encore fort peu répandue
dans certains cantons, & que leur abondance
ne s'y trouve pas même en proportion de la
consommation qu'on en fait comme légumes;
dans les cantons où la pomme de terre forme
une des nourritures principales, un sac se
vend au plus quarante sous quand l'année a été
favorable à leur végétation, tandis que la
même mesure coûte ailleurs au moins 6 livres:
on ne peut donc donner à ce sujet qu'un
aperçu qui suffira cependant pour montrer de
plus en plus les avantages du pain de pommes
de terre par rapport à l'Économie.

Le setier de pommes de terres contenant
douze boisseaux pèse ordinairement deux cents
dix-huit livres, ce qui équivaut pour le poids,
à un setier de blé de médiocre qualité; il en
faut trois setiers & demi pour produire la
même quantité de pain, & chaque setier coûte
année commune, dans les pays où cette culture
est en faveur, environ 2 livres, ce qui fait
en tout 7 livres; je suppose qu'il en coûte
pour les frais de préparation, de pulpe &
d'amidon, à peu-près autant que pour ceux

de fabrication, & on aura deux cents dix-huit livres de pain pour onze francs. Donc ce pain ne coûteroit pas un fou la livre. Quand fon prix tierceroit, ne fera-t-il donc pas toujours moins cher que celui du pain d'orge, d'a- voine, de farrafin & de millet ?

VINGT-UNIÈME OBJECTION.

LE pain de pommes de terre coûtera né- ceffairement plus cher dès qu'on en aura adopté l'ufage, car le prix de ces racines dou- blera au moins, fi par la fuite leur culture prend faveur; alors on préférera de fe nourrir du pain de froment & des autres grains, qui ne reviendra pas plus cher & auquel nos organes font accoutumés depuis très-long- temps.

RÉPONSE.

JE continue de déclarer que je n'ai jamais propofé l'ufage du pain de pommes de terre fans mélange lorfqu'il y aura fuffifamment de froment & de feigle pour la confommation journalière; c'eft une reffource que j'offre quand ces grains deviendront exceffivement chers, foit par le manque de récolte ou à

M m

l'aspect d'une mauvaise année ; car alors le pauvre paysan languit & périt misérablement faute des moyens de se procurer une nourriture suffisante & salubre : ne seroit-ce pas doubler la provision en grains que d'y associer pour moitié la pulpe & l'amidon de pomme de terre à parties égales ! Je ne crains pas de l'assurer, l'orge, le sarrasin, le maïs seuls ou mélangés ensemble, fournissent des pains de médiocre qualité : ainsi, fussent-ils dans la plus grande abondance, il y auroit toujours plus d'avantage de mêler leur farine avec la pulpe des pommes de terre pour perfectionner l'aliment qui en proviendroit; des épreuves faites en différens pays en attestent la bonté.

A mesure que l'on connoîtra le degré d'utilité dont peut être la pomme de terre dans toutes les circonstances, leur culture s'étendra & deviendra plus générale : lorsque la curiosité, l'exemple & les encouragemens détermineront tout habitant de la campagne à en planter dans un coin de leurs jardins & vergers, vous les verrez, au lieu d'un boisseau de pois ou de haricots, recueillir plusieurs sacs de pommes de terre, qui procureront constamment une nourriture

auſſi ſaine pour le moins, & plus ſuſceptible
de ſe prêter à tous les genres d'accommodages.
Que ne ſera-ce point quand au lieu de ſe
borner à un coin de terre, on y conſacrera
des arpens entiers ! cette culture ſoutenue alors
contre le choc des préjugés, par la facilité de ſa
végétation & ſon extrême fécondité, en entre-
tiendront ſans ceſſe la quantité & le bon
marché. Rien de plus commun que de voir
les grains manquer dans certaines provinces :
cet accident arrive rarement aux pommes de
terre : on a du moins fort peu d'exemples
bien avérés à citer à cet égard.

Il n'y a que le froment & le ſeigle qu'il
faudroit toujours convertir en pain, & il ne
faut jamais négliger la culture de ces deux
grains quand les terreins y ſont propres, &
que le produit eſt en raiſon de la ſemence ;
les autres graminées ne devroient ſervir qu'à la
braſſerie & à l'engrais des animaux, & ſi l'on
eſt forcé d'en faire auſſi du pain, il ſeroit
néceſſaire d'y faire entrer la pomme de terre,
qui diminueroit leur viſcoſité & leur mauvais
goût.

VINGT-DEUXIÈME OBJECTION.

ON auroit pu convertir la pomme de terre en pain, fans avoir befoin d'invoquer les ref-fources de la Chimie, qui rend ce travail pénible & difpendieux, en faifant fécher ces racines, les pulvérifant & y introduifant un levain approprié.

RÉPONSE.

S'IL n'eût été queftion pour transformer les pommes de terre en pain, que de fouftraire leur humidité furabondante, de rompre enfuite leur agrégation & de les foumettre aux dif-férentes opérations du pétriffage, il fuffiroit fans doute, de traiter ces racines à l'inftar des grains récoltés dans les années humides, de les expofer à la chaleur de l'étuve, de les écrafer fous des meules, enfin d'employer tous les procédés de la Boulangerie la mieux dirigée ; c'étoit fans doute fuivre la marche naturelle : mais il ne s'agit pas ici d'une fe-mence sèche qui fe réduit aifément en poudre & prend la forme d'une pâte continue avec l'eau ; c'eft une racine aqueufe à laquelle la Nature a refufé toutes les propriétés panaires, comme

elle les a prodiguées au froment : il a donc
fallu néceſſairement avoir recours aux moyens
que l'art ſuggéroit pour y ſuppléer.

L'étude particulière que j'ai eu occaſion
de faire des parties conſtituantes des farineux,
ainſi que des phénomènes qui s'opèrent pendant
leur converſion en pain, m'a convaincu plus
d'une fois qu'il falloit, pour qu'une ſubſtance
fût ſuſceptible de la panification, qu'elle ren-
fermât deux choſes eſſentielles; la première,
un corps ſec & capable d'acquérir de la tranſparence & de la flexibilité en ſubiſſant la
cuiſſon; la ſeconde, une ſubſtance capable de
devenir tenace & élaſtique par ſa combinaiſon
avec l'eau, & diſpoſée à prendre le mouvement
de fermentation & à le communiquer à toute
la maſſe : telles ſont les propriétés eſſentielles
que j'avois beſoin de trouver dans la pomme
de terre, & il a fallu pour ainſi dire que l'art
les créât.

La deſſiccation la plus ménagée des pommes
de terre, ne donne jamais qu'une farine d'un
blanc ſale; cette farine, combinée avec l'eau,
ne préſente qu'une pâte ſans continuité, dont
la couleur ſe développe tellement, qu'après

la cuiſſon, il n'en réſulte que des maſſes lourdes, noires & déſagréables : cette couleur eſt dûe à la matière extractive, & le ſeul moyen d'en empêcher l'effet, conſiſte à la combiner avec les autres principes par le moyen de la cuiſſon ; la pomme de terre en cet état n'eſt pas encore une pâte viſqueuſe, il faut la broyer promptement ſous un rouleau : amenée à cet état de tenacité, elle eſt trop molle & trop humide, il faut lui aſſocier une ſubſtance sèche qui lui donne de la fermeté, & c'eſt l'amidon. Je ne crois donc pas qu'il ſoit jamais poſſible de trouver un autre procédé pour faire du pain de pommes de terre ſans mélange, ou pour augmenter celui des grains connus.

Vingt-troisième Objection.

Comment une racine farineuſe dans laquelle l'analyſe chimique n'a pu faire découvrir de matière ſucrée, peut elle contracter ſpontanément l'odeur vineuſe des levains, paſſer à la fermentation ſpiritueuſe & préſenter après la cuiſſon une ſubſtance œilletée ſemblable à du pain ?

RÉPONSE.

JE crois avoir fuffifamment répondu à cette objection en prouvant, d'après les expériences les plus convaincantes, que la fermentation panaire n'étoit nullement fpiritueufe, comme on l'avoit avancé fouvent; qu'il ne falloit la confidérer que comme le commencement d'une fermentation que j'ai nommée à caufe de cela, *fermentation gafeufe ;* ce qui fert à confirmer de plus en plus la théorie que j'ai établie à ce fujet, c'eft que le levain de froment dans l'état où il faut qu'il foit pour être employé en boulangerie étant diftillé à feu nu, avec l'eau néceffaire, donne une liqueur volatile gafeufe, qui n'eft pas inflammable; que la bière nouvelle & le cidre fortant de la cuve font dans le même cas; mais que fi on attend que toutes ces matières aient paffé à l'aigre, alors on obtient de chaque, de l'efprit ardent.

L'amidon conftitue, comme l'on fait, l'effence & la bonté du pain; mais pur & ifolé, il manque abfolument de moyens pour abforber & retenir l'humidité qu'on lui

préfente, il ne peut par conféquent prendre
l'état d'une pâte molle, affez tenace & affez
flexible pour obéir fans fe rompre au mouvement qui doit s'opérer dans l'intérieur. Il
faut dans ce cas lui ajouter une fubftance non-
feulement capable de cet effet, mais qui ait
encore la faculté de réfifter à l'échappement
d'un fluide élaftique qui, en foulevant la
maffe, écarte toutes fes parties, donne le
volume que l'on cherche à obtenir par la
fermentation, & à arrêter brufquement par
la cuiffon; or la pomme de terre dans l'état
de pulpe, remplit les fonctions de la fubftance glutineufe du froment, qu'il eft indifpenfable de produire artificiellement dès qu'elle
manque dans les fubftances foumifes à la panification, mais jamais en fe fervant d'aucun
gluten animal, comme l'ont confeillé quelques
Chimiftes d'après fon analogie prétendue avec
la fubftance élaftique du froment, car il n'en
réfulteroit jamais qu'un aliment déteftable.

VINGT-QUATRIÈME OBJECTION.

SI on en croit différens Auteurs, rien n'eft
plus facile que de faire de l'eau-de-vie de

pommes de terre; il faut bien que ces racines contiennent du fucre, car ce fel effentiel eft une des conditions fans laquelle il ne peut y avoir de fermentation vineufe, & par conféquent de l'efprit ardent.

RÉPONSE.

J'AVOUE que je fuis fort embarraffé pour donner à ce fujet les éclairciffemens qu'on pourroit defirer; j'ai cherché infructueufement le corps fucré dans les pommes de terre, en prenant ces racines dans tous les états, gelées, germées, crues, râpées, cuites, defféchées & pulvérifées: cependant je n'oferois encore affurer que ce principe n'y exifte point, où du moins les matériaux pour le former. J'ai répété enfuite avec tout le foin poffible, les différens procédés qu'on a publiés fur la manière de faire de l'eau-de-vie de pommes de terre fans jamais avoir rien obtenu qui reffemblât à de l'efprit inflammable: cependant, quelqu'infructueux qu'aient été mes efforts, je n'ai garde de prononcer; l'habitude de faire des expériences apprend à rendre circonfpect & défiant fur les règles générales. Ce feroit fuivant moi un phénomène chimique que de prouver que, malgré l'abfence du fucre dans les pommes de terre, on puiffe établir la fermentation fpiritueufe.

Indépendamment de ceux qui ont dit vaguement qu'on faifoit de l'eau-de-vie de pommes de terre, plufieurs perfonnes dignes de foi, me l'ont certifié. M. *Tfchiffety,* Secrétaire du fuprême Confiftoire & de la Société économique de Berne, eut même la complaifance de m'en envoyer deux petites bouteilles pour la goûter; elle n'avoit rien de particulier que la faveur empyreumatique qui lui étoit étrangère : du refte, elle poffédoit toutes les propriétés de l'eau-de-vie ordinaire. La lettre de ce Savant, que la mort vient d'enlever au grand regret de fa Patrie & des Lettres, contient, ainfi que ma Réponfe, des détails qui ferviront à juftifier mon défaut de fuccès, & celui de beaucoup de perfonnes qui ont fait des tentatives auffi vaines que les miennes.

LETTRE *de* M. Tſchiffety.

MONSIEUR,

« JE viens de recevoir, avec autant de plaiſir que de reconnoiſſance, par le canal « de M. de Malesherbes, votre obligeante « Lettre du 8 du mois paſſé, jointe à votre « intéreſſant Mémoire ſur la fabrication d'un « bon pain de pommes de terre ſans autre mé- « lange. D'avance je me fais une très-grande « fête de les communiquer à notre Société « économique à ſa rentrée à la prochaine « Saint-Martin, & de propoſer la réception « d'un Membre auſſi utile par ſes grandes « connoiſſances, que reſpectable par le noble « emploi qu'il en fait. Pour cette démarche « je n'attends, Monſieur, que votre ap- « probation. «

Les pommes de terre ſont une ſorte de « pain que la Providence nous préſente tout « formé. Rien n'eſt plus vrai, rien n'eſt plus « ſage que cet avis que vous donnez aux « Ménagères; c'eſt cette réflexion qui m'a «

» conftamment foutenu dans l'opinion qu'il
» étoit fuperflu de les traveftir artificiellement
» & au moyen de bien des manipulations, fous
» la forme de pain ordinaire. Il n'en eft pas
» de même de l'opération de les réduire en
» amidon ou de les fécher par petites tranches,
» foit au four, foit au foleil. Cette réduction
» donne le très-grand avantage de conferver
» pendant des années le fuperflu de la provi-
» fion de chaque hiver, que la germination
» détruiroit néceffairement au retour des
» chaleurs. La converfion de ce fruit précieux
» en amidon, convient fur-tout à un pays tel
» que la Suiffe. Peu de ménages font affez
» pauvres pour ne pas pouvoir fe procurer
» du lait crémé, qui eft ici à très-vil prix. Il
» n'en faut pas davantage pour former de ces
» deux ingrédiens une des nourritures les plus
» faines, les plus agréables & les plus fub-
» ftancielles qui foit à la portée du peuple.
» Cette efpèce de bouillie eft connue ici depuis
» plus de trente ans ; mais inutilement nous
» avons cherché jufqu'ici à fubftituer au lait
» quelqu'autre ingrédient auffi peu coûteux
» pour en tenir la place en cas de befoin. Qui

le trouveroit, rendroit un grand ſervice à «
l'humanité en le publiant. «

Quelquefois une réflexion en amène une «
autre. Il y a pluſieurs années qu'on m'a «
communiqué la manière de faire d'aſſez «
bonne eau-de-vie de pommes de terre ; j'en «
ai fait faire l'eſſai par un diſtillateur ſous «
mes yeux ; la facilité du ſuccès m'a effrayé ; «
j'ai craint que notre peuple, aſſez enclin aux «
boiſſons ſpiritueuſes, ſur-tout aux plus «
fortes, ne convertît en poiſon ce que la «
Nature lui préſente comme aliment ſalubre. «
Cette conſidération m'a engagé, ainſi que «
notre Société, à n'en pas publier le procédé «
dans nos Mémoires, mais d'un autre côté, «
cette même découverte m'a fait penſer s'il «
ne ſeroit pas poſſible de ſubſtituer à l'orge «
la pomme de terre pour en faire de la bière «
dans un pays où les blés de toute eſpèce «
ſont habituellenent auſſi chers qu'en Suiſſe. «
Cette boiſſon moins violente, plus ſaine, «
plus nourriſſante que l'eau-de-vie, ſeroit un «
confortatif proportionné aux facultés du «
pauvre journalier. Oſerai-je, Monſieur, «
vous propoſer cette queſtion & vous en «

» demander la folution ! Vos connoiffances
» en Chimie, dont malheureufement je n'ai
» aucune notion, m'éclairciroient fur cet objet.
» Je vous offre en retour tout ce qui peut
» dépendre de mes petits fervices, ayant
» l'honneur d'être d'ailleurs avec les fentimens les plus diftingués, »

Votre très - humble, &c.

RÉPONSE.

MONSIEUR,

« J'ACCEPTE avec autant de recon-
» noiffance que de fenfibilité, la propofition
» obligeante que vous avez la bonté de me
» faire : rien ne me doit être plus agréable
» que d'appartenir à une Société favante, dont
» tous les travaux tendent au bien public.
» J'avois toujours douté, Monfieur, qu'il
» fût poffible de faire de l'eau-de-vie de
» pommes de terre, mais, depuis votre lettre,
» je fuis un peu plus croyant, & d'après ce

que vous me certifiez, je penſe qu'il ne ſera «
pas non plus difficile d'en préparer une «
boiſſon comparable à la bière. Je vous «
avouerai même que ce genre de travail m'a «
pour le moins autant occupé que celui du «
pain de pommes de terre; l'eſpèce de levain «
que j'étois parvenu à faire d'abord, me «
donna quelqu'eſpoir de réuſſir.   «

Je commençai donc à employer les «
pommes de terre ſéchées & pulvériſées; je «
braſſai ſuivant les règles ordinaires, mais «
au bout d'un certain temps je n'obtins «
qu'une liqueur gluante & fort trouble; ce «
mauvais ſuccès ne me découragea point, je «
l'attribuai à l'état mat & lourd de ma «
farine. J'imaginai qu'en faiſant germer nos «
racines, elles pourroient gonfler, ainſi que les «
graminées & les légumineux, qu'enfin leurs «
parties atténuées & diviſées par cette opé- «
ration, fermenteroient aiſément, mais le «
ſuccès fut toujours le même; enfin je les «
traitai comme les Allemands traitent les «
grains, à deſſein d'en tirer de l'eau-de-vie : «
elles ne fournirent rien qui reſſemblât à de «
l'eſprit inflammable.   «

» Depuis, j'ai pris vingt-cinq livres de pâte
» de pommes de terre deſtinée à faire du pain,
» c'eſt-à-dire compoſée de parties égales de
» pulpe & d'amidon: je l'ai laiſſé paſſer à l'état
» de levain le plus fort & le plus aigre pour
» enſuite le diſtiller à feu nu. Dès que l'ébul-
» lition a été établie dans la cucurbite, j'ai
» ſéparé les premières huit onces de liqueur
» qui avoient paſſé & j'ai pourſuivi la diſ-
» tillation juſqu'à ce que j'euſſe encore le
» double de liqueur; alors je l'ai arrêtée pour
» examiner mes deux produits; l'un & l'autre
» furent rectifiés à une douce chaleur: je les
» ai verſés dans une fiole à long col que j'ai
» placée ſur les charbons ardens; dès que l'éva-
» poration a commencé à ſe faire, j'ai préſenté
» à l'orifice de la fiole une bougie allumée,
» mais la vapeur loin de s'enflammer, éteignoit
» la bougie; cet effet a été plus marqué lorſ-
» que la liqueur a été bouillante, ce qui
» paroît ſuffire pour prouver que la pomme
» de terre, dans le degré de fermentation où
» la farine de froment & des autres graminées
» donne du ſpiritueux, ne fournit pas un
» atome d'eſprit ardent.

» J'ai

J'ai fait encore de nouvelles tentatives cette «
année, j'ai opéré fur une plus grande quan- «
tité de pommes de terre que je n'en avois «
employé d'abord, j'en aî eſſayé différentes «
eſpèces provenantes de différens cantons, «
cultivées & recueillies par diverſes méthodes; «
enfin j'ai varié les procédés : cependant tous «
mes efforts à cet égard ont été inutiles. «

Vous voyez, Monſieur, que les difficultés «
que je rencontre pour développer dans la «
pomme de terre le mouvement de fermen- «
tation néceſſaire pour avoir une boiſſon «
ſpiritueuſe, ne ſe concilient guère avec la «
facilité du ſuccès à Berne & en Ruſſie ; car «
vous ſaurez, Monſieur, que le célèbre «
Model, dont j'ai traduit les Œuvres, a «
annoncé la même choſe dans ſa *Diſſertation* «
ſur la Diſtillation de l'eau-de-vie de grains : «
je ſoupçonne toujours quelques mépriſes à «
ce ſujet, & voici ſur quoi je me fonde. «

Il faudroit ſavoir 1.° ſi ce n'eſt point en «
mêlant aux pommes de terre, des matières «
ſucrées, telles que le ſucre, le miel, la lie «
de vin, des ſemences céréales & légumineuſes, «
des fruits & des racines douces, qu'on eſt «

N n

» parvenu à obtenir l'eau-de-vie! 2.° N'auroit-
» on pas pris pour pommes de terre, leurs baies
» ou fruits qui renfermant le muqueux sucré,
» sont sans contredit très-propres à la fermen-
» tation spiritueuse! 3.° La liqueur que l'on
» dit être si commune en Angleterre, & que
» l'on boit sous le nom d'*eau-de-vie de patate*,
» ne proviendroit-elle pas d'une racine sucrée
» appartenant à une autre plante, & dont le
» nom est souvent donné à la pomme de terre,
» parce que vraisemblablement elles viennent
» l'une & l'autre de l'Amérique, & qu'on
» les a cultivées en Europe presqu'à la même
» époque! 4.° Enfin, ne pourroit-il pas exister
» parmi les pommes de terre, une espèce parti-
» culière, qui au lieu d'avoir un extrait savon-
» neux semblable à celui de la bourrache & de
» la buglose, se trouveroit être de la même
» nature que celui des semences céréales & lé-
» gumineuses, je veux dire, sucré! Le marron
» d'Inde, par exemple, est revêtu de deux
» écorces comme la châtaigne ; la substance
» charnue de ces deux fruits est également
» composée de substance fibreuse & d'amidon
» dans les mêmes proportions ; mais, comme

l'on ſait, la matière extractive de l'un eſt «
amère & réſineuſe, tandis que celle de l'autre «
eſt muqueuſe & ſucrée, cette différence «
n'auroit-elle pas lieu également ici ? telles ſont «
les queſtions que je me ſuis faites, je les «
ſoumets volontiers à vos lumières. «

Je ſoupçonne depuis quelque temps, «
Monſieur, que le produit de l'eſprit ardent «
qu'on obtient des graminées, n'eſt pas en «
raiſon de la quantité de matière ſucrée qui «
s'y trouve contenue ; & que les autres prin- «
cipes conſtitutifs ont quelque part à ſa «
formation ; ce qui me porte à penſer ainſi, «
c'eſt que les grains ſont peu riches en ma- «
tière ſucrée, & qu'au rapport de M. de «
Juſti, le froment qui fournit un tiers de plus «
d'eau-de-vie que l'orge, ne ſemble pas con- «
tenir autant de ſucre que ce grain, ſur-tout «
lorſqu'on l'a développé par la germination. «

Si les ſucs ſucrés, contenus dans la plu- «
part des fruits, paſſent ſpontanément à la «
fermentation vineuſe ſans avoir beſoin d'opé- «
rations préliminaires, il n'en eſt pas de même «
du corps farineux ; il ne ſuffit point de «
l'aſſocier avec un levain approprié & la doſe «

» d'eau néceffaire, il faut des proportions
» juftes dans les mélanges, un degré de feu
» convenable, des foins pour établir la fer-
» mentation, la ralentir, l'accélérer ou la fuf-
» pendre; enfin, une attention à faifir le
» véritable moment de diftiller à propos &
» fans interruption: voilà une bonne partie
» des conditions, fans lefquelles les grains,
» quels qu'ils foient, ne donnent que des
» atomes de fpiritueux.

» Peut-être ai-je négligé dans ce nouveau
» genre d'effai, quelques circonftances parti-
» culières: d'abord je ne me fuis pas fervi de
» levain, & cette fubftance eft importante;
» car enfin, comme je viens de l'obferver;
» pour porter la farine au mouvement de fer-
» mentation fpiritueufe, ce n'eft pas le tout
» d'y introduire un levain & de l'eau, il faut
» encore des procédés particuliers qui aug-
» mentant la vifcofité de la matière, déve-
» loppent la fubftance fucrée, qu'il en réfulte
» enfin une tranfpofition de parties, une
» combinaifon de principes, enfin, un corps
» approprié à la fermentation.

» Si on établit que le produit de l'efprit

ardent n'eft pas toujours en raifon de la «
fubftance fucrée, renfermée dans le corps qui «
fubit la fermentation fpiritueufe, il s'agira «
enfuite d'examiner fi l'amidon feul & pur, «
mais diffous dans une certaine quantité d'eau «
& réduit à l'état d'empois ou de colle, étant «
foumis au travail du Bouilleur, ne fourni- «
roit pas auffi de l'eau-de-vie; alors il ne fau- «
droit pas encore en conclure que des «
fubftances, autres que la matière fucrée, «
font en état de fournir de l'efprit ardent, car «
l'amidon lui-même pourroit fort bien n'être «
que ce fel effentiel, neutralifé, pour ainfi «
dire, par la végétation : cette idée n'eft «
peut-être pas auffi ridicule qu'elle le paroît; «
l'amidon, jeté fur les charbons ardens, «
exhale une odeur qui approche du caramel, «
& donne par l'analyfe à la cornue, les «
mêmes produits que le fucre. La folution «
de toutes ces queftions ne peut manquer de «
jeter un grand jour fur les opérations de la «
Nature; il fuffit qu'elles intéreffent la Société «
économique pour m'impofer le devoir de «
m'en occuper, & de lui rendre compte «
des réfultats. » J'ai l'honneur d'être, &c. -

VINGT-CINQUIÈME ET DERNIÈRE OBJECTION.

PUISQUE les pommes de terre, cuites dans l'eau ou sous la cendre, assaisonnées de quelques grains de sel, sont une sorte de pain très-digestible, que la Nature présente tout fait aux hommes, qui nourrit également bien, qu'est-il nécessaire de soumettre ces racines à une préparation compliquée & dispendieuse, qui ne fait que diminuer leur volume & ajouter au prix de l'aliment ! l'opération de les cuire est si simple, si peu coûteuse, elle est pratiquée avec un succès décidé chez des Nations éclairées, bien au fait de l'économie rurale, & dans quelques-unes de nos provinces où ce genre de nourriture ne trouve plus aujourd'hui que des partisans !

RÉPONSE.

PERSONNE, j'ose le dire, n'a plus fait valoir la force de cette objection que moi, & il n'est aucun de mes Ouvrages où je n'aie cherché à couvrir de ridicule cette manie dont sont atteintes quelques personnes qui veulent

tout convertir en pain, en prouvant que la
plupart des ſubſtances, deſtinées à la nourriture, perdoient une grande partie de la
faculté alimentaire dès qu'on les ſoumettoit à
une préparation pour laquelle elles n'étoient
pas propres. L'Europe eſt le petit coin du
Monde où l'uſage du pain eſt devenu le plus
familier ; beaucoup de contrées qui en dépendent, n'en font pas même leur nourriture
principale : en France même, où cet aliment
paroît plus indiſpenſable qu'ailleurs, n'avons-
nous pas des cantons où non-ſeulement les
pommes de terre en nature en tiennent lieu,
mais encore la châtaigne ou d'autres farineux
avec leſquels on fait de la bouillie, des galettes & non du pain ?

Toutes ces raiſons bien connues, & une
infinité d'autres ſur leſquelles j'ai beaucoup
inſiſté, & qu'il feroit trop long de rappeler
ici, prouvent de reſte que, ſi je propoſe
d'introduire la pomme de terre dans la pâte
des différens grains, ou d'en faire du pain ſans
aucun mélange, je ſuis bien éloigné de prétendre que ce ſoit l'unique forme qu'il faille
donner à ces tubercules pour s'en alimenter.

Je le répète, ce n'eſt que dans la circonſtance où il n'y auroit pas ſuffiſamment de
grains pour fournir à la conſommation journalière; alors ne ſeroit-il pas eſſentiel d'avoir
de quoi les remplacer, puiſqu'il faut abſolument du pain aux hommes, & que ſi l'aliment ne leur eſt pas préſenté en cet état,
ils croient n'être pas nourris? le peuple, en
ceci comme en toute autre choſe, ſe tient
bien plus à la forme qu'au fond; ſur-tout
dans les temps de détreſſe: il lui faut ſa
nourriture habituelle ſous la figure accou-
tumée, quel qu'en ſoit l'état ſubſtanciel: on a
vu dans les années malheureuſes, des Seigneurs bienfaiſans faire préparer chez eux du
très-bon riz, qu'on refuſoit avec ce refrain,
ce n'eſt pas-là du pain.

Il ne faut pas regarder toujours cependant
le bénéfice de changer la pomme de terre
en pain, comme ſatisfaiſant ſeulement l'imagination du peuple, & ſans vouloir déprécier ici l'uſage où l'on eſt de manger cette
racine avec toute ſon eau de végétation,
j'obſerverai que dans le cas où il ſeroit néceſſaire de la convertir en pain, cette forme

doit être fupérieure à la première, car quoique l'homme ait befoin de trouver dans fa nourriture du volume & du left, il y a des vifcères qui ne peuvent être furchargés fans inconvénient ; d'un autre côté il eft affez défagréable de manger perpétuellement fans fe raffafier ; l'opération que je fais fubir aux pommes de terre, confifte à leur enlever l'humidité furabondante, à les concentrer en une maffe qui a deux fois moins de pefanteur & plus de nourriture : or s'il faut deux livres de pain à un homme par jour, il eft néceffaire qu'il mange fix livres de pommes de terre & plus pour obtenir le même effet ; que l'on juge le temps qu'il mettra à en faire la maftication, c'eft auffi ce qui fait dire que les pommes de terre ne raffafient point ; converties en pain, elles permettroient qu'on en formât un repas entier.

Ainfi la pomme de terre contient les deux tiers de fon poids d'eau ; il faut en manger beaucoup & fouvent pour être nourri ; on eft obligé de la cuire à mefure qu'on en a befoin ; que fait la panification ? elle concentre non-feulement les propriétés nutritives de ces racines, mais elle fournit l'occafion d'en tirer encore parti dans les différens états où elles fe trouvent, foit qu'elles aient été furprifes par la gelée ou par la germination, foit qu'elles pèchent par quelques défauts de maturité, enfin c'eft l'unique moyen de procurer aux habitans des campagnes où il ne croît que des pommes de terre, l'avantage de s'en fuftenter toute l'année, fans donner exclufion néanmoins aux autres formes fous lefquelles on les mange ordinairement.

Un autre avantage de la pomme de terre fous la forme de pain, c'eft de pouvoir être mangée froide & quelque temps après fa cuiffon, au lieu que cette racine n'eft bonne qu'au fortir du feu & prefque bouillante: cet avantage doit être compté pour beaucoup dans l'opinion de ceux des Médecins qui penfent que la plupart de nos maux de dents & d'eftomac viennent de l'ufage d'alimens ou de boiffons pris dans l'état trop chaud; mais il feroit fuperflu d'accumuler ici les preuves pour démontrer que la pomme de terre fous la forme panaire, peut dans bien des cas devenir une reffource précieufe pour s'alimenter.

Au refte, je ne puis affez le répéter en terminant mes réflexions fur la culture & l'ufage
des pommes de terre; le but principal de mes
expériences ayant été de m'affurer bien pofitivement de la poffibilité de changer la pomme
de terre en pain, je me fuis reftreint à propofer
la méthode qui m'a paru jufqu'à préfent la plus
certaine pour y parvenir; c'eft à M.^{rs} les
Intendans qu'il appartient plus fpécialement
d'ajouter à mon travail ce qui y manque
encore, en le faifant connoître dans les endroits
de leur département où ces racines font connues, & en engageant les perfonnes éclairées
à s'en occuper: plufieurs Sociétés favantes ont
déjà fignalé leur patriotifme en encourageant
la culture de cette plante par des récompenfes
de toute efpèce : oui, je fuis même perfuadé
que fi une de nos Académies propofoit pour
fujet d'un Prix: *trouver les moyens de conferver*
d'une récolte à l'autre les pommes de terre avec leur
faveur & leur fraîcheur, & d'accoutumer la terre
à produire nos racines dans les différentes faifons,
les recherches du Phyficien & l'induftrie du
Cultivateur nous mettroient certainement dans
le cas de ne plus craindre les temps de famine.

Nous terminerons l'expofé des Objections faites fur la culture & l'ufage des pommes de terre apprêtées fous différentes formes, & de leurs Réponfes, par la defcription d'un moulin-râpe deftiné à extraire en grand l'amidon de toutes les racines farineufes.

Pour faciliter les véritables recherches à faire fur cet objet, nous avons expreffément avancé qu'un inftrument qui diviferoit en coupant ou en broyant, ne rempliroit nullement l'objet, parce qu'il ne s'agiffoit point d'écrafer les pommes de terre pour exprimer leur fuc, qu'il falloit néceffairement déchirer les réfeaux fibreux, brifer le tiffu vafculaire, pour forcer l'amidon qui s'y trouvoit renfermé comme dans des étuis, de s'en féparer; qu'en conféquence la râpe opéroit complètement cet effet, mais qu'au lieu de la monter fur un chaffis, comme cela s'étoit pratiqué jufqu'à préfent, on pourroit en armer une meule & imiter en quelque forte le moulin dont on fe fert dans nos Ifles pour la préparation du *magnoc*, ce qui abrégeroit infiniment le travail & expédieroit davantage d'amidon.

Dans le nombre des eſſais entrepris à cet égard, il n'en eſt point, ſans contredit, qui ſemble avoir plus approché du but deſiré, que ceux de M. *Ravelet,* qui eſt venu généreuſement nous en offrir le réſultat : ce patriote zélé dont le génie inventif eſt propre à tout, ayant conçu l'idée d'une machine d'après la ſimple opération de la râpe, n'a épargné ni ſoins ni dépenſes pour l'exécuter & ſeconder nos vues ; il nous a paru utile de faire graver cette machine dont l'Auteur a acquis des droits inconteſtables à la reconnoiſſance du Gouvernement & des bons Citoyens : c'eſt lui-même qui s'exprime dans la deſcription que nous en publions.

DESCRIPTION *du Moulin-râpe, & de ſes acceſſoires.*

DEPUIS que la culture des pommes de terre a été adoptée en Europe, pluſieurs Nations ont tenté différens moyens pour en extraire l'amidon qu'on y a découvert. Un Seigneur Suédois, qui m'a fait l'honneur de me venir voir l'année dernière, connoiſſant toutes les machines imaginées à cet effet, fut frappé d'étonnement à la vue de la mienne, en m'avouant qu'elle lui paroiſſoit un chef-d'œuvre dans ſon genre. Je ne crains donc pas d'avancer qu'il n'en exiſte nulle part de ſemblable à celle dont je vais donner la deſcription.

Ne dût-il réſulter des travaux publiés ſur les pommes de terre qu'une culture plus abondante de ces racines, le but principal ſera toujours rempli, abſtraction faite des différentes formes ſous leſquelles on en fait uſage. Quels avantages pour nos pauvres Vignerons, ſi au lieu de ſe nourrir de mauvais pain, compoſé & mélangé d'orge, d'avoine, de criblures de blés où l'ivraie domine, ils plantoient au pied de leurs vignes des pommes de terre! elles leur donneroient la moitié de l'année au moins un aliment ſain, ſubſtanciel, & en même temps cette vigueur & cette fraîcheur qui caractériſent les habitans du Nord de la France, auxquels ces racines ſervent en partie de nourriture; c'eſt alors que je me féliciterois d'avoir concouru pour ma part à cette révolution heureuſe qui doit être l'objet des vœux de tout Patriote!

Le Moulin-râpe a une forme cylindrique,
& repréfente un tonneau ; il eft divifé dans
fon intérieur en trois parties ; un arbre de fer
furmonté d'une manivelle porte une roue de
même métal, fur laquelle eft placée une râpe,
& traverfe dans toute fa profondeur toutes
les différentes pièces qu'il contient, pour aller
fe repofer perpendiculairement fur une crapaudine pratiquée au fond. La première divifion eft une trémie de la capacité de deux
boiffeaux qui aboutit à la râpe, & dont le
fond eft un engrénoir où les pommes de terre
s'introduifent & fe fixent pour être râpées
enfuite par le mouvement horizontal & circulaire de cette râpe ; le tonneau pour cette
opération eft rempli d'eau.

La fubftance râpée tombe dans un réfervoir pratiqué à cet effet au-deffous de la
râpe ; elle eft continuellement divifée & délayée par le moyen d'une machine adaptée
à l'arbre, & l'amidon paffant par un tamis
de crin croifé, tombe dans un réfervoir
qui lui eft deftiné & qui forme la troifième divifion : à chaque réfervoir eft une
bonde pratiquée pour extraire au befoin les

différentes matières qui s'y trouvent dépofées.

L'extraction de l'amidon ne doit fe faire que le foir après l'opération du râpage : on doit porter cet amidon fur des épuroirs dont les fonds font de coutil fin, pour y fubir les lavages néceffaires, enfuite fur les féchoirs, puis au moulin à broyer pour le renfermer enfuite dans des facs.

Ce moulin, du mécanifme le plus fimple, peut être mû, par un feul homme, qui râpera en quatre minutes deux boiffeaux de pommes de terre : les pièces les plus effentielles font la râpe & l'engrénoir ; toutes deux exigent une attention fingulière, car de leur perfection & de leur dimenfion, dépend le fuccès de la machine que nous allons décrire.

Le corps du moulin doit être compofé de fortes douves, bien ajuftées de largeur & d'épaiffeur, contenues par quatre cerceaux de fer : le fond eft femblable à celui d'un tonneau, renfermé dans une rainure profonde & fupporté deffous par une traverfe de deux pouces d'épaiffeur en forme de *T* renverfé dont les extrémités correfpondantes aux trois pieds du moulin compofés de trois douves,

qui

qui pour cet effet excèdent en longueur les
autres de ſix pouces : ces pieds ſont renforcés
chacun par un demi-rondin adapté à la partie
intérieure, dont l'effet en donnant de la ſolidité aux douves, eſt encore de ſupporter
les barres du fond entaillées & incruſtées à
l'extrémité ſupérieure de ces rondins.

Au centre de ces barres, ſur le point
même du compas, doit être percé un trou,
à pouvoir y introduire une vis d'un pouce
de gros & ſept de longueur, portant un œillet
à un bout, afin de la pouvoir introduire au
moyen d'une tringle de fer qui ſe paſſe dans
l'œillet, & à l'autre extrémité, cernée comme
un dez à coudre, pour ſervir de crapaudine
& recevoir dans l'intérieur du tonneau la
pointe de l'arbre de fer, le moteur de toute
la machine.

Cet arbre, placé perpendiculairement dans
le centre intérieur du moulin, excède les bords
de trois pouces, afin d'y placer une manivelle
dont il eſt couronné : pour l'empêcher de
déverſer & lui faire conſerver la ligne per-
pendiculaire, on doit placer dans l'intérieur
du tonneau, à quatorze pouces de ſes rebords

O o

fupérieurs, un croifillon de bois de deux pouces d'épaiffeur & deux pouces & demi de largeur, en dos d'âne, afin que l'amidon en tombant des iffues de la râpe ne puiffe s'y dépofer; il eft fixé par fes extrémités aux parois, avec des vis & incrufté dans des fupports à bois debout : il doit être percé au centre, pour pouvoir y introduire le corps de l'arbre, & garni d'une douille de fer polie dans l'intérieur, précifément du même diamètre, afin qu'il ne puiffe vaciller dedans, caufer par fa rotation des reffauts, & déranger par cet effet le niveau de la roue de fer auquel eft adaptée la râpe.

Pour fixer cette roue, dont je vais donner la defcription, on doit ménager à la forge dans le corps de l'arbre, & précifément fur le niveau du croifillon, une ambafe de fix lignes de faillie en tout fens, fur laquelle la roue doit repofer, & y être fixée folidement dans un carré parfait, où elle eft emmanchée de force.

Cette roue a quatre rayons, emmanchés au ceintre à queue d'aronde; ce ceintre porte neuf lignes en carré, & treize pouces

& demi dans tout ſon diamètre : à deux pouces & demi de diſtance de celui-ci , & pour mieux ſupporter la plate-forme de la râpe , on en doit placer une deuxième de tôle , d'une ligne d'épaiſſeur & de ſept de diamètre , incruſtée à demi-fer dans les rayons qui contiennent le premier , de manière que la plate-forme de la roue préſente une ſurface bien égale , dreſſée à la règle ; & pour que la plate-forme des rayons ne puiſſe obſtruer la piqûre de la râpe qui porteroit deſſus , les vives-arêtes ſupérieures en doivent être abattues , pour n'en préſenter qu'une ſeule en forme de faîte : de plus , ces rayons ſont inclinés verticalement de gauche à droite , afin que par le mouvement circulaire de la roue , l'eau dont le tonneau doit être rempli juſqu'à la hauteur de la râpe , ne puiſſe refouler contre , & nuire au dégorgement de la pulpe qui arrêteroit l'effet du râpage.

La râpe , dont le modèle eſt repréſenté à la *figure 3* , eſt l'agent le plus eſſentiel du moulin ; elle doit être du même diamètre que la roue dont nous venons de donner la deſcription , s'y adapter en l'introduiſant par

ſon centre à travers l'arbre & s'y fixer par des
vis à têtes fraiſées ; pour cet effet il faut tracer
avec le compas, dans toute la circonférence,
à quatre lignes & demie de ſes extrémités,
un trait ſur lequel ſont percés huit trous
de la groſſeur des vis, qui doivent correſ-
pondre à huit autres du même calibre, pratiqués également dans le ceintre de la roue,
en obſervant que ces vis jouent librement, vu
que la râpe a beſoin d'être enlevée chaque
jour de ſervice pour être nettoyée & remplacée
par une autre en bon état ; elle doit être faite
de tôle laminée, d'une demi-ligne d'épaiſſeur,
& après avoir tracé au compas un trait à vingt-
huit lignes du centre, & un deuxième à ſix
pouces, on doit la diviſer en trente-deux
rayons ; on trace enſuite diamétralement, par le
moyen d'un calibre ſur chacun de ces trente-
deux rayons, à partir du premier au centre
de l'axe à celui parallèle & oppoſé de l'extrémité, une ligne de forme ſpirale qui doit
ſervir de guide pour la piqûre & faciliter le
dégorgement de la pulpe & des pellicules des
pommes de terre : ſeize de ces lignes ſpirales
doivent être piquées d'un ſens, & les ſeize

autres de celui oppofé : celles dont la piqûre paffe à l'envers étant deftinées à fervir
d'iffue à la matière râpée, doivent avoir trois
fois plus d'ouverture que celles deftinées au
râpage, dont les trous ne font que d'une demi-
ligne d'ouverture.

A la râpe doit aboutir la trémie au fond de
laquelle eft pratiqué l'engrénoir ; cette trémie
ne doit être éloignée de la râpe que d'une ligne
au plus pour la liberté de fon jeu : lorfqu'elle
eft fixée on en approche ou on en éloigne
la râpe à volonté, à la faveur de la crapaudine
à vis fur laquelle porte la pointe de l'arbre
mentionné, cette trémie eft compofée comme
le corps du moulin & cerclé de trois cerceaux
de fer, garnis à fes rebords de deux poignées
du même métal, pour la placer & l'enlever
à volonté ; elle eft revêtue dans fon intérieur
de feuilles de fer-blanc ; fa circonférence du
fond doit être la même que celle de la piqûre
de la râpe, ce qui revient à douze pouces de
diamètre dans œuvre ; & celle d'enhaut, à
prendre extérieurement depuis fes rebords,
doit correfpondre précifément à l'ouverture
du moulin, afin de pouvoir y être emmanchée

jufte & s'y repofer au moyen d'un rebord d'un pouce de faillie pratiqué à la circonférence, qui lui donne une affife, formant en même temps un cordon régnant tout autour du tonneau qui lui fert de couronnement.

Sufpendue ainfi par fes rebords à une ligne au-deffus de la râpe, la trémie doit y être fixée folidement; pour cet effet, on doit adapter à fa circonférence extérieure, & à trois pouces de l'extrémité inférieure des douves, quatre équerres de fer, de fix lignes carrées & de trois pouces de branche; une de ces branches eft percée de trous à paffer des vis pour être adaptée aux douves, & l'autre eft limée de manière à pouvoir aboutir à une retraite pratiquée aux douves du tonneau, pour les recevoir chacune & y être chaffée comme une baïon-nette à un fufil.

Ce qui doit compofer le fond de cette trémie eft donc l'engrénoir: il confifte dans un croifillon de bois, percé à fon centre d'un trou à pouvoir paffer l'arbre, ayant des branches de trois pouces d'épaiffeur & quatre de largeur; il eft contenu par les extrémités dans un cerceau de tôle de même hauteur que

l'épaiſſeur de ſes branches , & dont le dia‑
mètre doit ſe rapporter à celui du fond de
la trémie, auquel il doit être incruſté & adapté
par le moyen de quatre vis.

Pour que les racines à râper puiſſent s'engré‑
ner ſous la plate-forme inférieure des branches
& ſe fixer ſur la râpe , il faut en détacher
en - deſſous, à partir d'un trait de ſcie dirigé
ſur chacun, à un pouce du trou du centre,
depuis la vive - arête du carré à droite pour
pénétrer à dix-huit lignes d'épaiſſeur la vive‑
arête oppoſée , toute la partie fixée par le
trait ; répéter à ſens oppoſé la même opéra‑
tion à la plate - forme ſupérieure , & ainſi à
chaque branche , en ſorte que la pièce dé‑
coupée de cette manière , repréſente les ailes
d'un moulin à vent, dont l'inclinaiſon , chan‑
tournée de droite à gauche, offre aux racines
une ouverture, où elles ſont attirées par le
mouvement circulaire de la râpe , & rapées
juſqu'à la pellicule à meſure qu'elles y pé‑
nètrent.

Le moulin-râpe eſt diviſé en trois parties :
la première eſt la trémie où l'on met les racines
à râper ; la deuxième, le réſervoir de la pulpe ;

& la troifième enfin eft deftinée à fervir d'entrepôt à l'amidon : ce qui fert de féparation
à ces réfervoirs, eft un tamis repréfenté
à la *figure 3*; ce tamis eft une toile de crin
croifé, montée fur un cerceau de gros fil de
fer qui doit occuper tout le diamètre du
moulin, & fe placer fur un autre de bois,
appliqué dans toute fa circonférence fur les
douves pour fervir de taffeaux; il doit être
percé dans fon centre, & garni d'une douille
pour paffer la pointe de l'arbre qui va fe
repofer fur la crapaudine.

Pour pouvoir extraire l'amidon, on doit
pratiquer au niveau des douves qui compofent
le fond du moulin, une bonde de quatre
pouces de diamètre & de deux de faillie;
cette bonde eft garnie d'une gorge de fort
fer étamé, renforcée à l'orifice d'un cordon,
& foudée à l'autre extrémité à une plaque de
fix pouces de diamètre, en forme de bobèche,
qui s'applique fur les douves du tonneau, &
y eft clouée par deux rangs de clous d'épingle
à têtes rondes, & garnie entre deux de vieux
linge pour empêcher la filtration de l'eau.

A l'égard de l'extraction de la pulpe, on

doit pratiquer une femblable bonde au réfervoir qui lui eft deftiné, précifément au niveau
du tamis; l'une & l'autre font fermées d'un
tampon de liége : il y a de plus deux trous
pratiqués dans le corps du tonneau ; le premier,
placé au réfervoir de l'amidon, précifément
fous le cercle qui porte dans l'intérieur du
tamis, fert à défigner fi le réfervoir eft plein,
ce qu'on aperçoit en débouchant, par l'eau
ou l'amidon qui en découle ; le deuxième, placé
au niveau de la roüe qui porte la râpe, détermine la hauteur de l'eau dont le moulin doit
être rempli lors de l'opération.

Ces trous font garnis d'une douille de fer
étamé, d'un pouce de faillie & du même diamètre, adaptée d'ailleurs de la même manière
que les bondes & de la même forme dans
leurs proportions ; au moyen de deux fortes
poignées de fer attachées à chaque côté au
corps du moulin, on peut le tranfporter aifément fuivant le befoin : il doit être garni
en outre de quelques clous à crochets, ainfi
qu'on peut le voir à la planche, pour y accrocher une fpatule de bois dont le râpeur
doit fe fervir pour dégorger de temps à autre

la trémie; d'un crochet de fer, afin de pouvoir extraire l'amidon amoncelé dans son réfervoir, & d'un poëlon pour puiser de l'eau confacrée à divers ufages.

Dans cet état, le moulin eft pofé fur un marche-pied, s'y trouve fixé par les deux pieds de devant, au moyen d'un couplet, dont une moitié adaptée à chacun, & l'autre au marche-pied, doit cependant lui laiffer la faculté de pouvoir être penché en devant : le noyau qui unit les deux couplets, qui eft une cheville de fer, doit être amovible pour pouvoir déplacer le moulin au befoin ; ce marche-pied compofé de deux fortes planches de deux pouces d'épaiffeur & de huit pieds de longueur, doit être fupporté par huit pieds, de hauteur à pouvoir approcher un baquet qui aboutiffe précifément fous le fond du moulin, & échancré fur le devant, pour que ce baquet puiffe être recouvert d'environ fix pouces par le fond du tonneau.

Le baquet placé ainfi fous le moulin, eft également compofé de douves bien jointes, ferrées de même & garnies aux extrémités fupérieures de deux fortes poignées pour

pouvoir être tranfportées facilement ; on doit
de plus pratiquer à fa face, à égale diftance,
quatre trous d'un pouce de diamètre, garnis
de douille femblable à celle du moulin : ces
quatre iffues font deftinées à l'écoulement
graduel des eaux après le dépôt de l'amidon
obtenu des divers lavages de la pulpe.

Il eft indifpenfable d'avoir au moins trois
de ces baquets pour fubftituer l'un à l'autre,
afin que le travail ne fouffre nulle interruption : il doit y avoir à chacun de ces baquets,
à quatre pouces de leur ouverture dans l'intérieur, deux taffeaux oppofés & cloués aux
douves, pour recevoir une planche qui doit
les traverfer dans tout leur diamètre, & fur
laquelle doit fe placer un tamis repréfenté à
la *figure* 1.re deftiné à recevoir la pulpe chaque
fois que l'extraction s'en fait : ce tamis, dont
le fond eft une toile de crin croifé, & de
hauteur à aboutir précifément fous la gorge
de la bonde fupérieure, doit y être incliné
par le moyen d'un croifillon, qui, des bords
du baquet répondant à ceux du fond du tamis,
doit le tenir comme arc-bouté fous cette bonde:
la forme en étant repréfentée à la planche ;

fupplée à la defcription qu'on pourroit en faire.

Au mur oppofé à celui du moulin, doivent être endoffés trois épuroirs deftinés à purger l'amidon de toutes fes parties hétérogènes ; ils font compofés d'un chaffis de douze pieds de longueur, divifé en trois parties, & porté par huit pieds, dont l'élévation de terre aux extrémités des plates-bandes doit être de deux pieds huit pouces : ces plates-bandes font de bois de chêne, de quinze lignes d'épaiffeur fur cinq pouces de profondeur, & folidement affemblées. A un pouce des extrémités du fond, eft clouée une toile de coutil très-fin, dont la largeur & la longueur doivent excéder celle du chaffis de quatre pouces en tout fens, afin de donner lieu à la toile de former une pente néceffaire aux écoulemens & à l'opéra-tion de l'épurage ; ce coutil eft percé enfuite au milieu en incifion cruciale, afin de pouvoir y adapter une douille de fer étamé d'un pouce de diamètre, fait en forme de bobèche ; cette douille doit être très-folidement foudée, & emmanchée à la plaque, percée au poinçon de trois rangs de trous à paffer une aiguille ;

afin de pouvoir être couſue ſolidement à la toile : cette plaque y eſt placée à l'envers, & il ne doit excéder à l'endroit qu'un cordon ménagé à l'embouchure de la douille, & un anneau de fer étamé ſoudé dans toute ſa direction intérieure ; de cette manière, la queue de la bobèche doit pendre à l'envers, afin de diriger l'écoulement des fluides dans les terrines placées deſſous.

Cet anneau eſt deſtiné à élever le milieu de la toile à volonté, avant de la charger d'amidon, & à la baiſſer lorſqu'il s'agit de faire écouler les eaux ; pour faciliter cette opération, une traverſe de bois à trois pans doit être placée en couliſſe, en forme de queue d'aronde ſur les plates-bandes de l'épuroir ; cette traverſe eſt percée dans le milieu d'une mortoiſe à pouvoir recevoir une crémaillère de forte tôle dentelée, portant un anneau à l'extrémité ſupérieure & un crochet à la partie inférieure, deſtiné à porter l'anneau ſoudé à la bobèche ; cette crémaillère doit être renfermée dans ſa mortoiſe par une cheville de fer qui la traverſe en paſſant entre la bandelette ſur laquelle ſont priſes les dents

& l'autre oppofée : c'eft fur cette cheville que doivent s'accrocher à volonté les dents, pour fufpendre à l'élévation qu'il convient, le fond de l'épuroir.

Au refte cet atelier doit être meublé de divers uftenfiles dont il feroit fuperflu de donner une defcription détaillée : ce font de grands cuviers pour pouvoir laver les pommes de terre ; des paniers d'ofier à mailles ouvertes pour les égoutter & les plonger dans une nouvelle eau ; une pelle pour les agiter dans le cuvier, ainfi qu'un ballet pour en détacher les parties tenaces ; des baquets d'entrepôt, des tonneaux à portée du fervice, pour dépofer la pulpe & l'eau ; plufieurs feaux ; une mefure de boiffeau, & enfin quelques terrines de rechange.

Paffons maintenant à la defcription du fecond atelier & des uftenfiles dont il doit être meublé ; il eft deftiné à recevoir l'amidon au fortir des épuroirs, pour y être féché, broyé, tamifé & renfermé dans des facs de coutil de la contenance de cent livres : une pièce effentielle eft le féchoir ; il confifte en un chaffis de quinze pieds de longueur, ſelon l'emplacement, les plates-bandes de même hauteur & épaiſſeur que celles des épuroirs, le fond garni également de coutil fin cloué de la même manière.

Le chaſſis, ainſi garni de ſon coutil, doit ſe placer en couliſſe ſur un coffre fait à panneaux, de même dimenſion que le chaſſis, & lui ſervir de chapiteau & de fond par le haut : une cimaiſe qui doit régner tout autour, à l'exception de la face adoſſée au mur, doit maſquer la jonction des deux pièces & ſervir en même temps de couliſſe, ne devant être clouée qu'au chaſſis, qui, pour la ſolidité de l'aſſemblage, doit être également diviſé en trois parties, ainſi que les trois épuroirs dont nous avons parlé.

On pratique à la face, entre deux panneaux, deux portes, pour pouvoir y introduire deux poéles remplies de braiſe, qu'on aura ſoin de remuer de temps en temps lorſque la toile ſera chargée de l'amidon, qui ſe trouvant alors en maſſe, aura beſoin d'être diviſé en le remuant & le retournant ſouvent avec une pelle à blé, pour éviter que la fermentation ne s'y établiſſe, & que l'amidon ne contracte

une odeur aigre & un goût défagréable de
levain.

L'amidon étant bien féché, on le paffe
par un tamis de foie; ce qui refte fur le
tamis, fe trouve pour lors dans l'état d'amidon
en grain; mais d'une plus forte confiftance,
& par conféquent plus difficile à fe laiffer
pulvérifer. Ce feroit induire en erreur que
de propofer les moyens dont fe fervent les
Amidoniers pour réduire l'amidon en poudre;
l'ufage de deux cylindres de bon bois cannelé,
me paroît plus propre à remplir cet objet:
placés horizontalement, à une diftance convenable l'un de l'autre, furmontés d'une trémie
garnie d'une auge à balançoirs, ainfi que les
bluteaux de foie en ufage chez les Boulangers;
que l'amidon qui pafferoit du cylindre tombe
dans le bluteau de foie, & que ce bluteau
foit enfin renfermé dans un coffre proportionné à la grandeur de toute la machine, le
tout mis en mouvement par le moyen d'une
manivelle, on broyeroit & on tamiferoit en
même-temps; on repafferoit enfuite les grains
qui fe trouveroient à l'extrémité du bluteau;
on mettroit l'amidon dans des facs, en
obfervant

obfervant toujours de les tenir dans un endroit fec.

Il feroit encore effentiel que dans cet atelier, on pratiquât trois ou quatre étages de rayons compofés de perches rondes, éloignées de fix pouces l'une de l'autre, dont la profondeur fût relative à la grandeur des facs & à la diftance des étages, telle à pouvoir les placer facilement; par ce moyen, on peut être affuré de conferver pendant une longue fuite d'années, l'amidon de pommes de terre, pourvu qu'il foit pur, parfaitement féché, & dépofé dans un endroit à l'abri de l'humidité.

Après avoir fait la defcription de tout ce qui concerne le Moulin-râpe & de fes différens acceffoires, nous aurions pu entrer dans le détail de fes effets & de la manipulation en général; mais on en aura aifément l'idée au bout de quelques jours de travail, & d'après la légère efquiffe que nous allons en tracer.

Le Moulin établi fur les principes énoncés plus haut, il eft néceffaire pour en tirer le parti le plus avantageux, qu'il foit fervi par quatre hommes; les deux plus robuftes feront

P p

occupés au râpage, le troifième à nettoyer les
racines, à en remplir le coffre, à tenir toujours
plein d'eau le réfervoir deftiné à l'opération;
enfin le travail du quatrième auroit pour objet
d'enlever l'amidon, de le purger de fes hétérogénéités, de le fécher, de le tamifer &
de le mettre en facs.

Le travail ainfi diftribué, le Moulin rempli
d'eau à la hauteur convenable, & la trémie
chargée de pommes de terre, un des deux
Ouvriers chargés du râpage, fe place fur le
marche-pied, &, par le moyen de la manivelle,
met en action la râpe, qui en quatre ou cinq
minutes doit réduire en pulpe les deux boiffeaux ; pendant cet intervalle le camarade place
le tamis fous la bonde, & après l'opération
retire le tampon pour donner lieu à l'écoulement des eaux & de la pulpe du réfervoir,
le remplit de nouveau du *deficit* d'eau, ainfi
que la trémie, de pommes de terre; en montant
fur le marche-pied, il répète à fon tour la
même opération, & ainfi fucceffivement l'un
& l'autre toute la journée.

L'écoulement des eaux provenant du râpage
d'un fetier de pommes de terre, fuffifant

pour combler le baquet deſtiné à le recevoir; l'Ouvrier chargé du ſoin de l'amidon, doit retirer ce baquet & en ſubſtituer un autre ſous la bonde; tandis que ce ſecond baquet ſe remplit à ſon tour, le dépôt de l'amidon étant achevé dans le premier, il en doit faire écouler graduellement la totalité de l'eau par les différentes iſſues pratiquées à cet effet, afin de n'y laiſſer que l'amidon, enſuite retirer de deſſous le Moulin le deuxième baquet pour lui ſubſtituer le premier, & alternativement pendant que dure l'opération.

Après quoi l'Ouvrier doit retirer l'amidon de ſon réſervoir, au moyen du crochet de fer deſtiné à cet uſage, pour n'en former qu'une ſeule maſſe avec celui qui a paſſé par les écoulemens de la pulpe, la rafraîchir à pluſieurs repriſes avec de nouvelle eau, puis la paſſer au travers du tamis de ſoie ſur les épuroirs où elle ſubit encore différens lavages; là avant d'être porté ſur les ſéchoirs, la diviſer & la remuer de temps à autre juſqu'à ce qu'elle ſoit parfaitement sèche, & enfin pour dernière opération, la broyer, la tamiſer & la renfermer dans des ſacs : il ne nous reſte plus maintenant qu'à donner l'explication de la Planche.

EXPLICATION de la Planche.

La *première Figure* repréſente le Moulin - râpe.

A, Le Marche - pied ſur lequel il doit être placé.

B, Le Baquet au pied pour recevoir les écoulemens des bondes.

C, La Bonde par où doit s'extraire l'amidon de ſon réſervoir.

D, L'Orifice pratiqué au réſervoir pour connoître s'il eſt rempli.

E, Le Crochet de fer dont on doit ſe ſervir pour cet effet.

F, La Bonde du réſervoir à la pulpe.

G, L'Orifice pratiqué à la partie ſupérieure de ce réſervoir, afin de déterminer la hauteur de l'eau dont le Moulin doit être rempli avant d'opérer.

H, La Spatule de bois dont l'Ouvrier doit ſe ſervir pour engréner au beſoin.

I, Le Poêlon pour puiſer l'eau.

K, Le Couvercle qui doit fermer l'orifice de la trémie.

L, Ce même Couvercle détaché à droite.

M, L'Excédant de l'arbre qui repoſe dans toute la profondeur du tonneau ſur la crapaudine adaptée au fond.

N, La Manivelle dont il eſt couronné.

O, Les Poignées de fer à chaque côté du Moulin.

P, Les trois Orifices pratiqués au baquet pour l'écoulement graduel des eaux après le dépôt de l'amidon.

Q, Le Tamis qui doit ſe placer ſur une planche deſtinée à le recevoir dans l'intérieur du baquet pour aboutir à la bonde du réſervoir de la pulpe.

R, Le Croiſillon de fer qui doit le tenir incliné.

La *deuxième Figure* repréſente le coffre deſtiné à l'entrepôt des Pommes de terre conſacrées à l'amidon.

La *troiſième Figure* repréſente les trois épuroirs.

A, La Barre à trois pans qui doit traverſer en queue d'aronde, la plate-bande du premier épuroir, pour aller ſe fixer ſur celle oppoſée.

B, La Crémaillère qui doit la traverſer pour accrocher l'anneau de la douille adaptée à la toile du fond.

C, Le Fond de l'épuroir qui doit déſigner la toile clouée à un pouce des extrémités inférieures des plates-bandes.

D, Le Simulacre de l'eau qui s'échappe par l'orifice de la bobèche, dont la douille, passant à l'envers de la toile, est supposée devoir conduire le filet dans la terrine *E,* placée dessous.

F, Désigne de plus une petite pelle accrochée au pied de l'épuroir, dont l'usage est d'enlever l'amidon de dessus les toiles.

La *quatrième Figure* doit enfin représenter le même Moulin coupé & chacune des pièces qu'il renferme.

A, Désigne l'arbre de fer surmonté de sa manivelle, auquel est adaptée la roue qui porte la râpe, & la même lettre, les mêmes pièces détachées, éparses, qui dépendent de cette Figure.

B, La Crapaudine sur laquelle doit tourner l'arbre.

C, Le Tamis de crin qui sépare les réservoirs de la pulpe & de l'amidon.

D, La Pièce de fer destinée au lavage de la pulpe & à la précipitation de l'amidon.

E, Le Croisillon de fer destiné à soutenir le revers de l'arbre.

F, La Roue de fer adaptée à l'arbre, & qui doit porter la râpe.

G, La Râpe adaptée à la surface de la roue par huit vis.

H, L'Engrénoir adapté au fond de la trémie.

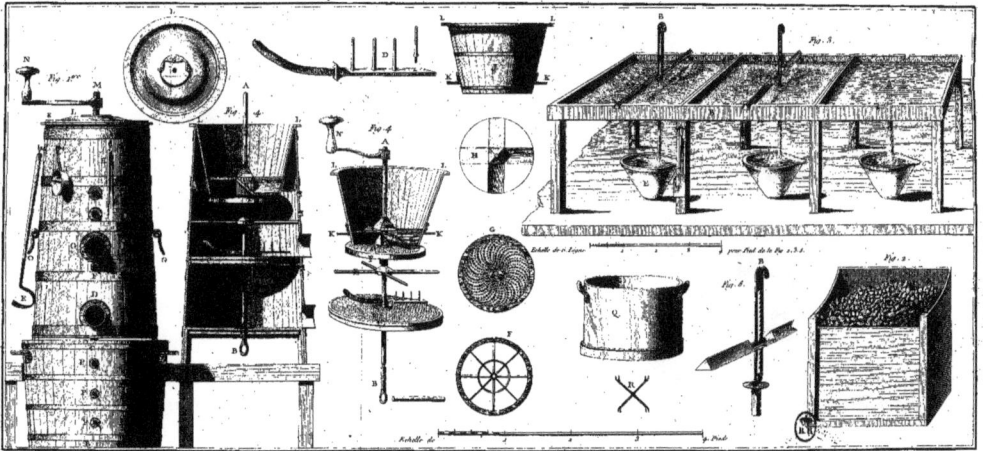

MOULIN-RÂPE.

I, La Trémie appuyée par fes rebords fur ceux du Moulin, & fufpendue à une ligne de diftance fur la râpe.

K, Les Équerres de fer adaptées à trois pouces de fes extrémités inférieures pour la fixer au moyen d'une retraite pratiquée aux parois du tonneau, fous laquelle chacun doit être chaffé par un petit mouvement que l'on fait faire à la trémie.

L, Défigne les poignées de fer attachées aux rebords de la trémie pour la placer & la déplacer à volonté.

Le tout dans les proportions déterminées par l'Échelle placée au bas de la Planche.

F I N.

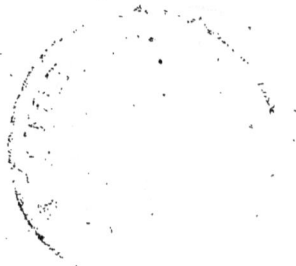